青年美学论坛

AESTHETICS

第一辑

广西师范大学出版社

·桂林·

王浩
周黄正蜜

主编

图书在版编目（CIP）数据

青年美学论坛. 第一辑 / 王浩，周黄正蜜主编. 一
桂林：广西师范大学出版社，2019.10
 ISBN 978-7-5598-2299-4

Ⅰ．①青⋯ Ⅱ．①王⋯②周⋯ Ⅲ．①美学－文集
Ⅳ．①B83-53

中国版本图书馆 CIP 数据核字（2019）第 237885 号

广西师范大学出版社出版发行

（广西桂林市五里店路 9 号　邮政编码：541004）
网址：http://www.bbtpress.com
出版人：张艺兵
全国新华书店经销
衡阳顺地印务有限公司印刷
（湖南省衡阳市雁峰区园艺村 9 号　邮政编码：421008）
开本：787 mm × 1 092 mm　1/16
印张：19　　　字数：320 千字
2019 年 10 月第 1 版　　2019 年 10 月第 1 次印刷
定价：70.00 元

如发现印装质量问题，影响阅读，请与出版社发行部门联系调换。

目 录

柏拉图的灵感说与灵魂学说简释

李学梅

商务印书馆

———————— * ————————

[摘 要] 灵感（ἔνθεος）作为古希腊诗学的关键概念，在柏拉图之前已经有其独特的发展历史。通过《斐德罗篇》等对话，柏拉图根据灵魂学说赋予灵感说全新的意涵，而灵感说对于理解柏拉图的灵魂学说也具有独特的意义。灵感说所涉及的实际上是灵魂显示并实现其超自然的特性的关键瞬间，揭示了与肉体相结合着的个别的灵魂如何按照神灵的指引而向实现诗人与哲学家转变。这意味着作为灵魂特定状态的灵感，不仅回答了就可能性而言诗歌创作的必要条件，而且回答了为什么特定的诗歌是"美的"（καλός）或者"出类拔萃的"。柏拉图所阐述的灵感说，恰好因为其以灵魂的特质并不是神秘的，而是透彻的，把握了诗歌创作的根据，因而对作者和作品的判断具有了灵魂的坚实的根据。

[关键词]技艺（τέχνη） 灵感 精灵（δαίμων） 不和谐 至善

从古希腊流传下来的诗学理论来看，灵感说似乎与诗歌创作有某种天然的联系，但柏拉图却把这个学说从诗歌及诗人的相关争论中转移出来，并与自己所建构的灵魂学说关联起来，同时将灵感说广泛地用于解释神与人之间的关系，以及灵魂在创作时的心理状态。神力不仅是诗人创造力的一个来源，而且是政治家、哲学家产生正确信念和优秀品德的原因。因此，不只是诗人，各行各业爱智者在神灵的鼓励下、在灵感的状态中努力地创造出最优秀的作品。诗歌之所以是优秀的，当在于自身本性的实现，诗歌作品自身的善不仅是生成的动力，也是其显现出美与感染力的原因。诗歌本身的善，以及诗歌之所以如此之美并具有感染力的原因，在柏拉图看来，不是由诗人的灵魂所赋予的，而是源于某种神力的直接作用。

一、传统灵感说的起源及衰落

灵感说被用来解释诗歌的起源。这与古希腊神话和宗教信仰的文化背景有关。《荷马史诗》中《伊利亚特》和《奥德赛》的开篇就是诗人向文艺女神——缪斯的祷告，祈求其赐予赋诗的灵感与才能。在希腊传统的宗教信仰之下，人们普遍认为优秀的诗歌源于神的恩赐。在柏拉图的《伊安篇》中，苏格拉底通过论证向伊安指出，诗人创作诗歌的能力或者动力，并不是源于某种技艺或者知识，而是源于神灵的感召，诗人在神灵的推动下说出了具有真理性的话语。

> 这是一个古老的故事，我们的诗人总是这样说，而世上的人也普遍相信这种说法，当诗人们坐在缪斯的三足祭坛时，他已经失去了理智。他就像那涌出清泉的泉眼一样不断地吐出诗句来。[1]

柏拉图把灵感说归结为古代的信念，也是诗人们代代传递着的信念。虽然古代诗人和当时人们都相信诗歌的起源在于灵感的作用，但对灵感本身的解释却十分模糊，只说明它与神灵缪斯有关，在诗歌的创作中有神力起作用，但是无法明白它是如何产生作用，以及神力究竟对诗人来说是决定性的原因还是成功的条件。

不管灵感说在古时如何被广泛认可，在柏拉图时代它被一个更有影响力的观念取代了，那就是"制作"。诗歌顺应当时推崇技艺与知识的潮流并拥有了新的名称，那就是"制作"或者"创作"，诗歌是创作或者说是作品，这种制作与其他的技艺类似，都是源于制作者的知识。陈中梅在《诗学》附录（十四）中描述

---

[1]　柏拉图《法篇》，见《柏拉图全集》（第三卷），王晓朝译，北京：人民出版社，2007 年，479 页。

了这样一个改变的过程。

　　诗，荷马称之为 aoide，意为"歌"，或者"诗歌"。《阿波罗颂》的作者用 sophia 指诗。这一用法也见之于索隆、塞诺法奈斯等人的作品。在诗人中，品达有时亦把诗比作 sophia。至迟在公元前五世纪，mousike 已经被用于指诗。和他的同胞们一样，柏拉图常用 mousike 统指诗和音乐。自公元前五世纪起，人们开始渐趋于用 poiesis 指诗。①

可以看出，人们对诗歌称谓的不断变化，其背后原因是诗歌观念的改变。而观念改变不仅在于对诗歌本质的看法及其解释的变化，同时由于诗歌创作形式的变化。诗人的作品同其他技艺一样，是以某种知识或者能力为前提的制作，被称为技艺。其他技艺随着不断发展而拥有独立名字时，诗歌甚至独占了这个名称。②值得注意的是，在诗歌被归之于技艺的同时，另一个用来指称诗歌的名词也几乎同时出现了，即摹仿（μίμησις）。这似乎并不是一个巧合，人们在认为诗歌是人的制作的同时，也觉察到它的另一个明显的特征，即摹仿。亚里士多德的《诗学》提到：

　　人和动物的一个区别就在于人最善摹仿，并通过摹仿获得了最初的知识。其次，每个人都能从摹仿的成果中得到快感。③

这说明，一个精巧的摹仿，不仅是让人喜欢的，而且是诗人精妙技艺的一种体现。摹仿是诗人的一种能力，而且通过这种能力能使事物逼真展现于观者的眼前。无论技艺还是摹仿，都显示了诗人的自我觉醒以及人们诗歌观念的变化。

　　持技艺说的人认为，诗人创作不是凭借某种神力，而源于知识与技能的掌握。人们推崇"技艺"与"知识"，灵感说逐渐沦为一个空洞的观念，不再被广泛地认

---

① 亚里士多德《诗学》附录十四，陈中梅译，北京：商务印书馆，1998 年，278 页。
② 在柏拉图的《会饮篇》205C 处，苏格拉底在讲述狄奥提玛爱神的故事中有一段讲到："我们给不同的技艺起了不同的名称，只有那种与音律相关的技艺我们才称之为诗歌，而这个名称实际上是各种技艺的总称。只有一种技艺现在称为诗歌，而那些从事这门技艺的人就是所谓的诗人。"
③ 亚里士多德《诗学》附录十四，陈中梅译，47 页。

可。当时的诗人或者颂诗者似乎羞于把自己的作品归结为灵感的作品，而宁愿把它们称为技艺的创作。在《美诺篇》中，即使是像伊安这样的荷马史诗的颂诗人都认为自己是凭借了某种技艺，而不是灵感。如果没有苏格拉底论证上的步步逼近，颂诗人伊安几乎不愿承认荷马的作品和自己颂诗的能力是与某种神灵的激励相关。可见，当时的诗人认为拥有技艺和知识是优越的，灵魂的理智的状态是好的，非理智的状态是可耻的。当时的社会精英们认为人应该拒绝非理智的冲动，甚至会认为应该接受一个有理智但没有爱情的爱人，而不应该接受一个有爱情的人。①

二、灵感说的重提与重塑

柏拉图的灵感说与当时的技艺说是有冲突的，不仅是与技艺说直接冲突，从某种角度来看，他的灵感说正是建立在驳斥技艺说的基础上，为诗歌的创作提供了另一种可能性的解释。他回溯了古希腊诗歌的古老传统，并且赋予了这种传统新的解释。

柏拉图的灵感说与之前的灵感说不太一样的地方有三点。第一，直接点明了非理智或者迷狂（μανία）的心灵状态是灵感者内心状态的标志。第二，灵感由半人半神的精灵直接引发，而不是由神直接引发。第三，他把灵感说诠释的范围明显拓宽，认为各行各业的人都在以一定的方式感受这种灵感，并且在灵感的帮助下达到技艺的完善。

（一）灵感与迷狂

简单地考察一下灵感说的观念史就会发现，没有哪个作家像柏拉图一样对诗人创作的灵感问题投入了如此多的关注，并且在自己作品中屡次提到。后世的创作理论也深受其影响，作为和摹仿说相对立的这样一个诗歌的起源理论，一直被人们所关注。在最初的宗教背景下，仪式和神话，使灵感成为一个可以理解的信念，而脱离了宗教环境，人们则无法获得灵感说之独特意义的源头，沦为一种空洞的、

---

① 在柏拉图的《斐德罗篇》中，修辞学家吕西阿斯作文论证，选择一个理智的但不爱自己的人要好过一个非理智的爱人。这从一个侧面反映了当时人们对理智与技艺的崇尚。

无意义的说法。

在《斐德罗篇》中，柏拉图把非理智与灵感联结起来，指出诗人所获得的灵感状态是一种非理智的迷狂状态。

> 若是没有这种缪斯的迷狂，无论谁去敲诗歌的大门，追求使他成为一名好诗人的技艺，都是不可能的。与那些迷狂的诗人和诗歌相比，他和他神智清醒时的作品都黯淡无光。你瞧，我们在任何地方都找不到这种人的地位。[①]
>
> 这样的人一见到尘世的美，就回忆起上界真正的美，他的羽翼就开始生长，急于高飞远走；可是这时候他还是心有余而力不足，无法展翅高飞，于是他只能像鸟儿一样，昂首向高处凝望，把下界一切置之度外，因此被人指为疯狂。[②]

此种说法剥夺了诗人的理智，诗人在创作中变成完全被动的，没有付出努力的。"迷狂"是一"激情"的状态，以及观众由灵感的作品感受到的激动的状态。对于这种状态成因的解释，是柏拉图灵感说不同于之前灵感说的重要方面。

柏拉图认为处在灵感状态下的诗人的灵魂是"非理智"的迷狂，诗人在迷狂的状态下写出动人的诗歌，而不是凭借技艺。之前的灵感说解释了诗歌的起源与生成原因，但这些解释对于理解诗人的心灵是创作的起源，对于诗歌魅力的产生原因来说，仍然是不清楚的、不具体的。柏拉图的灵感说，从两个角度，一方面是灵魂的内在运动，在感召下见到事物的形象，另一方面诗人在神力的驱动下写出的诗歌具有神灵般的感染力，可以把这种力量通过诗歌传递给其他人，就像一块磁石一样。

灵感不仅作为灵魂在两个世界里都会感受到磁力，而且也成为沟通两个世界的纽带。"迷狂"是灵魂的状态，其内在机制则是回忆。[③]在灵感的状态下，诗人可以回忆出古代发生的事情，哲学家可以获取另一个世界里的知识。

---

① 柏拉图《柏拉图全集》（第二卷），王晓朝译，158 页。
② 柏拉图《柏拉图全集》（第二卷），王晓朝译，164 页。
③ 阎国忠《柏拉图：哲学视野中的爱与美》，《北京大学学报》2012 年第 4 期，20 页。

有一种东西在我胸中奔腾，使我感到自己能够找到并说出一篇文章，与吕西阿斯的不同，但比它更好。我当然明白它不是我心中的原创，因为我知道自己无知；因此我假定它只能是从外界通过我的耳朵而灌输给我的，有一个外部的源泉，而我的心就像一个器皿，不过我实在太笨，记不得自己是从谁那里听来的。①

任何物体的运动如果来源于外部，那么这个事物是没有灵魂的；但若一个物体的运动源于自身，那么这个物是有生命的，或者有灵魂的。②

这里似乎出现了矛盾，一方面在灵感的状态下，灵魂感觉到了某种强大的推动力，并且在这种强大的推动力下进行运动，但是另一方面，灵魂是自动的，可以自我运动。这种外在的推动力对灵魂来说是非自然的。这种由外在的源泉推动的运动适合于肉体的存在，却不适合于灵魂的存在。如果灵魂的本性是自动的，那么，灵魂不可能接受任何的推动。那么，有可能就是一种认识上的误置，就是灵魂的被动的部分把自己当成是灵魂自身，并且把自己被动的运动当成是灵魂的本性。因此，在灵感状态下的人，把自身的被动的部分当成了主动的部分，或者把神圣的部分当成是外部的部分，而不是把这种神力当成是自身的部分而产生的一种误置。

（二）"精灵"观念与传统灵感说的不同

苏格拉底被判死刑有两个重要原因，一是他腐蚀青年，一是他不信仰城邦的诸神。很多证据可以表明，苏格拉底的神明理论与传统的希腊诸神是不同的。他相信一类精灵的存在，这一类精灵与传统希腊诸神的不同体现在两个方面，首先，苏格拉底的神是一种非人格化的精灵，有的时候这类精灵的出现，只是以一种"声音"形式，而不是一个神的形象显现在面前，也没有典型的人格特征；另一个方面，这个精灵不仅是城邦的守护者，而且是每一个人的守护神，他甚至会干预到一个人的私人的生活，直接向个人发出指令，而不通过某个宗教预言家。

苏格拉底在多处说自己听信自己守护神的指示，并且提到经常有精灵向自己发

---

① 柏拉图《柏拉图全集》（第二卷），王晓朝译，北京：商务印书馆，2003 年，146 页。
② 柏拉图《柏拉图全集》（第二卷），王晓朝译，159 页。

布命令，提供指点，而这些对他进行劝告和鼓励的守护精灵，并不向苏格拉底提供确定的教诲和知识，而是要他去寻找。人的行为能力需要某种能力或者知识，或者是正确的意见，而苏格拉底所获得的神圣的指点常常是一类含糊的指示或者命令句。[1]

> 其原因就是你们以前曾经多次听我说过的，我服从神或超自然的灵性，亦即美勒托在他的讼词中讥笑过的那位神灵。我与之相遇始于童年，我听到有某种声音，它总是在禁止我去做我本来要去做的事情，但从来不命令我去做什么事情。[2]

柏拉图在灵感说中指出神力是引发灵感的原因，但是神力的来源并不是人格化的希腊诸神，也不是至善无形的神灵，而是一种介于有知与无知、美与不美之间的"半神"。精灵作为一种半神是沟通神灵和人间世界的信使。因此，柏拉图把引发灵感的原因归结为某种精灵。这一方面削弱了诗歌的权威性以及宗教性，另一方面也为解释诗歌提供了理由。因为灵感是由精灵带来的，而诗歌的作品也是某种精灵的传递而来的消息。诗歌因为间接的传递而有可能导致某种误解，而必然要通过追求某种神圣的智慧，我们才能正确地解释这些诗歌的真正意义。[3]精灵说的出现，不仅使我们对灵感说有了新的看法，更把我们认识的取向转向对灵感过程以及产生的原因的关注，甚至对灵感过程可能产生的各种差别进行辨别。

（三）灵感的不同类型

在《斐德罗篇》中，柏拉图把在不同的情境下受到灵感启示的情况分为四类，

---

[1] 柏拉图的《斐德罗篇》《斐多篇》《欧绪弗洛篇》中，苏格拉底都提到了，自己受到某个精灵或者是神灵的启示，并且听从神灵的告诫采取某种行为。在色诺芬的《回忆苏格拉底》中所描述的苏格拉底的形象，也提到了苏格拉底听从某种守护神灵的指引，在神灵的引导下规范自己的言行。

[2] 柏拉图《柏拉图全集》第二卷，王晓朝译，20 页。

[3] 《会饮篇》542B 。在《伊安篇》对话的结尾，苏格拉底劝告颂诗人伊安，"记得赞美荷马时要用我们神圣的心灵，而不要艺术家的心灵"。这样说，不仅指颂诗人，而且诗人亦是如此。诗人的创造力来源于他们如何诠释由神灵降下的那些启示，或者是用自己的心灵的神圣的部分来契合神灵的意图。

分别为宗教仪式的主持者、预言家以及诗人和哲学家。他们是不同层次、不同类型的受神灵启示的群体，受神灵的指点而产生了有意义的行为。

柏拉图的灵感说不仅联结了古老的宗教信仰，并与苏格拉底的精灵半神联系起来，还与柏拉图自己的灵魂三分学说联系起来。柏拉图把灵感与发生灵感的条件之一归结为灵魂的特定的部分。从前面所说的不同类型，我们看到，灵感已经不再是宗教人士独特的经历，由于精灵的引入，同时又把灵感划分为不同的类型，灵感在柏拉图这里变成一个与所有灵魂相关的体验，是灵魂富有创造力的瞬间所感受到的灵力。因此，不仅是诗人和宗教人士可以体验到，而且所有的追求灵魂之美的人，都可以不同程度地体验到。因此，这样的一个宽泛的灵感学说，与之前的不太一样。

例如，在《会饮篇》里讲到，各行各业的人都因为受到爱神的启示而产生了创造力。为什么呢？这或是因为他们直接感受到这种灵感与神灵发生关系，或是因为这些最初受神灵启示的人，以作品的形式——政治家的管理能力、诗人的作品、哲学家的智慧，他们会在使用自己能力的过程中传播神力。从事其他各门技艺的人也或多或少地感受到这种神力。在柏拉图的灵感说中，灵感或者是神灵之力不仅在诗歌的创作中体现出来，作为一种力量，它贯彻于与人类所有的心灵活动相关的事情当中。追求知识或者是某种技艺的人，他们心灵中的善皆受灵感的启示而生成。灵感或者是神灵之力作为一种要素，与人力共同混合构成人类的行为与知识之善。

如果说技艺以及知识都可以正当地凭借人的力量，或者是说部分凭借人的力量，也部分地凭借神的力量，而在有些事情上人力是无所作为的，或者根本就没有发挥作用，起作用的只是神的善而非人的善，而在有些行为之中，是人的善与神的善共同的作用。没有人的善是不可能完成的，在这个意义上，我们把技艺归于人的善。人的技艺，也就是人类发明的那些技艺，以及人的关于现象的知识，都是人的自身的发明，以及人的善的体现。可以说在这样的事情上，神力虽然有一定的作用，但是最终决定这些技艺形式的，其实是人力，就像是柏拉图所说的床的理念问题，神会制作一个理念的床，但不会去制作一个工匠的床。因此神掌管着一切事物，但是并不干预一切行为，而只是干预事物中最本质的那一部分，通过它来干涉人的行为。在具体操作的事情上，人凭借着自己有限的自由而行动。这些自由表现在在神力的帮助下来实现我们的技艺之善，同时也在一定程度上获得了行为与思考的自由。行为上的自由与创作事物的自由来自我们的知识，而德性的自由与心灵的自由则来自另一些知识。心灵的自由源于从神灵那里获得的一些理念的知识，在这些知识许可的范围内，我们获得与我们自身相关的行为的自由，为善的自由。

凡是在获得自由与善性的地方，我们都在一定程度上获得了某种神力。比如政治家所受到的灵感和激励。[①]柏拉图认为一个政治家的政治的技艺之所以是完善的，恰恰是因为他的自我心灵中有一种可以引导心灵各种结构的一种原则。也就是说，政治家之所以富有感染力，可以向民众以及各行各业的人发布自己的要求并且引导，正是因为政治家的灵魂在一定程度上上升到了人的灵魂自身的一个理念。这个理念或者是"幸福"，或者是"自由"，这些关系到我们自身的本质的东西，以这些理念为出发点，他可以讲出所有的灵魂都为之痴迷的话语。而之所以有这样的能力，也正是因为他独特的训练和卓越的天赋，这些让他的灵魂可以通过反思自身并努力追求与德性相关的知识，上升到理念的世界。

神灵不仅会抓住诗人，而且会抓住其他各种行业的人们，使他们处于神圣的感染中，然而这些行业的人如果缺少人的智慧和知识作为辅助，则不能完成神赋予的使命。灵感是除了诗人之外的其他技艺中优秀的人们也可以体验到的一种境界。神灵对人的理智的干预不仅表现在灵魂在出现困惑与非理智的时候降下启示，而且也体现在对那些最终完成事项必然伴随着理智的辛劳的人们，引导他们走向至善。

三、灵感说与灵魂学说

由上所论可以看出，柏拉图灵感说显示出一些显著的特点，灵感的心灵处于非理智的迷狂状态，而这种非理智的迷狂状态是由一个半人半神的精灵引发的，在这种感染下，心灵现出不同类型的感染，诗人创作了诗歌，预言家做出了预言，哲人明白了尘世生活的意义。不仅如此，他们可以借助灵感而感染其他人，如果孜孜不倦地探索这些事情的真理，也有可能在这方面成为最优秀的。柏拉图对灵感问题的

---

① 柏拉图在《法篇》中认为，我们认为神灵不仅与我们有关，而且会干预人类的事务。在这里柏拉图所说的神灵的干预，更多地体现在神灵的启示与发布的命令，通过这种方式激励人们为善，禁止人们为恶。《美诺篇》99D："政治家也一样，他们的言行成就了伟大的功业，但却不知道自己在说些什么，只是在神灵的激励下和推动下采取行动。"

独特阐释，可以从其灵魂学说找到依据。灵感这类的体验与灵魂的本性之间有何联系？作为非理智的灵感状态与灵魂本身的结构有什么关系？灵感这种状态如何预示了灵魂的不朽？

（一）理智与欲望的冲突

《斐德罗篇》是柏拉图灵感说具体展开的一篇对话。此篇一开始，吕西阿斯为了说明自己的情爱理论，引入了一个简单的灵魂二分结构。即灵魂包括两个部分，理智的部分与非理智的部分，理智的部分统治的时候，灵魂处在好的状态，而非理智部分的迷狂会带来不幸。接下来的内容都是一些例证以及体验的描述。在这个灵魂的二分结构中，我们看到，理智与非理智处于一种对抗的状态，二元对立的心灵的两个部分，一个是好的，一个是坏的。在好的部分统治下会产生好的结果，在坏的部分统治下的状态会产生坏的结果。但是这个二元对立的心理结构，在对理智与非理智的关系问题没有解决之前，只是个假设。或者说是，灵魂的二分结构也不是在所有地方都可以适用的假设。而灵魂的理智与非理智的对立与冲突，所预示的关于灵魂的本质的问题，也不是终极的解决。

但在这里，苏格拉底并没有直接引入灵魂的三分结构来解决这样的一个问题。也就是说，他并没有麻烦到把这个问题上升到一个更高级的问题来解决，而是接受了一个二元分立的模式，他所做的就是对这样的二元划分，进行再划分。也就是说，理智与非理智的结构是前提，但是在这个前提下，对非理智这个部分实行重新划分，即把非理智的部分划分为一部分是好的，一部分是坏的，而灵感则属于好的一种非理智。

要真正的解释这样一个问题，就不得不重新追问灵魂的本性是什么，即使在灵魂中发生着这样的理智与非理智的冲突，以及非理智被理智引导下的善，也不代表着这是善的唯一的一种存在方式。那么也可能意味着，灵魂不一定就只有这两种对立的力量，也不意味着只有这样一种存在着的方式。仅从理智与非理智的关系这两个方面出发，我们不能完整地理解灵魂本性。只有更清楚地了解灵魂的本性，即灵魂是什么，我们才知道灵魂包含哪几个部分，以及灵魂中存在的冲突有哪几种类型，灵魂中可以产生善的结果可能性有哪几类。

（二）苏格拉底式的"不和谐"

在《斐多篇》中，苏格拉底以不同的方式论证灵魂的不朽，其中在批评灵魂是某种和谐的毕达哥拉斯派灵魂学说时，苏格拉底特别指出了灵魂所存在的内在冲突，以及在这种冲突中所显现的灵魂不朽的本性。但是与这一段相矛盾的是，我们在《法篇》689D-E处看到了柏拉图对灵魂中和谐状态的赞美。

> 雅典人：……确实，我的朋友，在没有和谐的地方，怎么会智慧最微小的颗粒呢？这是完全不可能的，而最美好、最伟大的和谐可以非常恰当地称作最大的智慧……①

但是对比这两处，我们发现这两种观点处于不同的情境中，而对话想要阐释的目标也不同。《斐多篇》通过对和谐的批评是为了认识灵魂的本性。而在《法篇》中，在一个以和谐共同体的建构为目标的对话中，和谐具有重要的价值和意义。当然，和谐对灵魂的功用似乎也在这里显示。但是，我们仍然有疑问的是，柏拉图在这里强调的是"最大的智慧"。我们知道，最大的智慧以及最大的有用性，不同于在探索灵魂时哲学家所追求的那一类"最纯洁"的"最神圣的"理智。灵魂的本性，并不能由一种理智引导下的节制或者是一种平静或者是和谐来完全说明。灵魂凭借自身可以"拥有的"那一类"人的智慧"不同于灵魂的本性的终极显现。这也是《斐多篇》之所以与《法篇》对许多问题的处理存在极大地不同的原因。

赫拉克利特认同了一种伟大的冲突。比如，他在谈到战争时这样说：

> 战争是一切之父，一切之王。他使有的成神，有的为人；他让有的沦为奴隶，有的获得自由。②

不仅如此，他还把斗争，或者是矛盾，当成事物存在必然要经历的过程。

---

① 柏拉图《柏拉图全集》（第三卷），王晓朝译，445页。
② 赫拉克利特《赫拉克利特残篇》第53条残篇，T.M.罗宾森英译评注，楚荷中译，桂林：广西师范大学出版社，2007年，66页。

人必须意识到战争是平常事，正义是斗争，一切事物都通过斗争而
存在，并如此被注定。[①]

柏拉图灵魂的三分结构，更是使这种冲突多样化，不可见的冲突与不可见的调和之
间的关系。灵魂与肉体的冲突，其实不过是灵魂中自身的那种超越性的善在处理不
同的对象之间的一种显现。非理智这个型所预示灵魂的"至善"、灵魂的和谐，不
仅意味着不同的要素之间的和谐，而且意味着不同的要素之间的冲突中所体现的这
种灵性的崇高。

因此我们说，灵魂中有不同的冲突，这种冲突也不能简单地归结为理性与非理
性冲突。灵魂的内在中有不同的元素，这种元素之间的冲突，不仅是灵魂不和谐的
一种表现，更是灵魂伟大的一面。也就是说，灵魂不仅是通过和谐来使冲突和解，
而且会通过一种不和谐促使灵魂上升。灵魂中不只是有一种引发和谐的力量，而且
有一种引发不和谐的力量。理性能力不仅是通过理智来引导对立元素的和谐，而且
通过故意引发不和谐来使灵魂从一种限制中摆脱出来，使它转向对自身本质的追求。

这种由追问本质而故意引发灵魂的各个部分重新陷入不和谐之中，也就是说把
由理智引导下的和谐的各个部分分解开来，欲望的部分与激情的部分，都从已经建
构的和谐中摆脱出来。灵魂借此不是为了构成某种现实的美德，而是为了摆脱现实
的牵绊。一方面可以对这些部分进行净化来审视，一方面可以通过这样的方式来练
习一种纯粹独立的理性的观照。也就是说，灵魂借理性来观察自身，不是在一种和
谐之中来观察，在这种不和谐中，灵魂的选择和趋向，在没有特定理智的引导下它
会不会自然向着理性的目标前进，或者灵魂自身会不会因为这样一种混合而迷失了
自己的本性。灵魂是否在摆脱了理智限定的情境下，凭借自身的本性而趋向于某种
善，是我们对灵魂的终极的观察与认知。

（三）灵魂冲突与灵魂三分

灵魂不仅在和谐中显示了自身的善，而且在冲突对抗与不和谐中显示了自己
不朽的本性，或者是灵魂本性对绝对的美与善的追求。灵魂的冲突显示了灵魂的本

[①] 赫拉克利特《赫拉克利特残篇》第80条残篇，T.M.罗宾森英译评注，楚荷中译，90页。

性，即灵魂对不朽的神圣事物的追随是源于自身的本性，而只有追随着这些事物，灵魂才能认识自身，才能在此世再次恢复（获得）智慧，才能正确地应用自己的判断以及推理能力。

在柏拉图的《国家篇》中可以看到，柏拉图对灵魂三分的论证，即把灵魂划分为理智、激情和欲望三个部分。论证的方式就是通过典型的事例来显示灵魂具有不同的要素，这些要素通过不同的倾向而使灵魂显现出明显的冲突与对立。而这些冲突与对立，又使灵魂可以意识到自身内在的不同部分在分别起着作用。柏拉图认为激情的部分，是我们用来感受愤怒的那个部分。

> 我们不是还有许多其他的场合看到过这样的事情，当一个人的欲望超过了理智并支配着他的行为时，他会咒骂自己，对支配着自己的内心的欲望表示愤怒，而激情就好像在一场派别斗争中成了理智的盟友。①

但是在别处，柏拉图则不仅指出了激情与欲望的不同，也指出了激情的部分与理智的部分的不同，激情与理智有时候也处于冲突状态，而良好教养会让这样的冲突以最后优秀的部分占领上风结束。柏拉图在《法篇》716C 说到：

> 有特定尺度的事物"同类相亲"。因为，没有特定尺度的事物既不能相互亲爱，也不会得那些有尺度的事物的爱。②

有特定尺度的事物之间，如果他们并不是同一类，那是否不可避免地会产生一定的冲突？它们之间的和谐，不可避免地要经历一个冲突的过程才能实现相互之间的亲善。如果在这个过程中寻找到可以共同达成的尺度，那么就实现了某种和谐，但是如果没有找到恰当的比例与尺度，也有可能是某一类不和谐的产生。如果灵魂恰恰也有理智、激情和欲望三个部分，这三个部分之间可以相互区别，可以从自身的目的出发，而不考虑到一个共同的尺度，就会产生冲突。在冲突中优秀的部分如

---

① 柏拉图《柏拉图全集》（第二卷），王晓朝译，419 页。
② 柏拉图《柏拉图全集》（第三卷），王晓朝译，475 页。

果胜利了，我们认为是节制的，而不优秀的部分胜利了，则是不节制的。因此，和谐必然是在某个已经建构良好的共同的正义的前提下才是容易产生的，而尚未完成这种建构的心灵，必然的不是出于某种恶，而是由于某种理智的原因，发生不同的各类冲突。一个和谐的心灵是节制的，但是一个节制的心灵，有可能是伴随着冲突与对抗的过程。

正因为如此，我们才能认识到，灵魂的三个部分都可以不依赖于另一个部分而依从自己的本性进行独立的抉择，满足此部分的需求，有其自身的目的。在这里柏拉图向我们显示，不仅在欲望与理性的和谐之中有善，在心灵内部的这种和谐与对立，在一些非理智的状态，仍然显示着灵魂的选择以及趋向各自善的运动。而且在灵感这一类的不和谐中，不仅是显示了灵魂的善，而且显现了灵魂的整体之善异于部分，异于某个特定的部分的追求。柏拉图在第四类的灵感即爱欲引发的灵感中表达这样一种观点——在灵感中，灵魂明白了自己在尘世生活的意义，或者说灵魂在现世的生活中获得了一个朝向永恒之善的使命。

（四）灵魂不朽与灵魂的真实本性

灵魂不朽的证明是论证灵魂是至善的一个方面。因为一切完善的事物，都应该是永恒的、不朽的。同样可以说，这个不与非理性的型直接混合的部分有没有可能存在，如果存在，它既然不与非理智直接混合，必有一种中间者的存在。这个中间的要素，是灵魂之所以能够达成一种动态的善的指引，同时也是保存自身不朽的一个重要论证。对其他种类的灵魂来说，激情的部分并不是必然存在的，但对于人的灵魂之善来说，激情的部分却是必要的，为了我们的技艺的、德性的善的实现，我们必须假设灵魂的这个部分存在。发现这第三个部分，有助于我们认识到灵魂不朽，理解灵魂的本质。

不和谐、非理智的状态对展示灵魂的本性具有一定的意义。既然我们已经看到，灵魂的三分学说，从解释技艺的创作过程以及灵魂的向善的运动方面是一种比二分更加好的学说。引入激情的部分以及灵感之后，这样一个灵魂学说更加丰富了。灵魂不再是一种静态的和谐，而是一种动态的善规定的灵魂运动。这种动态的善意味着，即使在冲突与对立以及不同的要素混合的过程中，出现某种灵魂不自然的或者是不和谐的对立冲突，灵魂仍然在这样的一个过程中正趋向于善本身。灵魂的灵感状态，既不是由灵魂的理智所引导的那种和谐与守序，也不是由欲望部分的僭越而引导的矛盾与冲突。因此，灵魂有一种异于和谐与不和谐的状态，在这种状态下，它不受到两者的指引，似乎外在欲望的矛盾冲突也不跟随着某个既定的秩序，而是由于灵魂的本性而不断地生成某种新的理智。灵感状态的这种极端的不和谐就是灵魂之善的一个例子，通过这样一种非理智的状态而产生的善，使我们对灵魂的本质有了一个新的理解。这个理解超越我们知识论的二元对立，是在善的观念引导下的三分结构。

灵魂的欲望部分与激情部分似乎都是可朽的，随着灵魂的情境变化而不断地生生灭灭，变化多端。但是在柏拉图看来，激情的部分作为灵魂三个部分之一，对我们认识灵魂的不朽的本性有着重要的意义。

> 我们当前的论证以及其他证据都在迫使我们承认灵魂的不朽。但是要知道灵魂的真实本性……我们必须把目光转向别处。
>
> 转向哪里？
>
> 转向灵魂对智慧的热爱。我们必须注意灵魂渴望加以理解并与之交往的事物，因为灵魂与神圣者、不朽者、永恒者有亲缘关系。[①]

柏拉图在这里认为，对灵魂状态的真实描述并不能让我们清楚地认识灵魂的本性，而在灵魂对神圣一类事物的"热爱"与"追求"中，灵魂的本性以一种更清晰的方式向我们显示出来。灵魂在这样的状态中，可能是不理智的，充满了冲突的，超越了自身存在的界限，而向某个至善的目的努力。而正是灵魂的这样一种天性，使灵魂获得了一种类似于神圣的力量，恢复了一种超自然的力量，这种超自然的力量，是灵魂之所以成善的真正的原因。

灵感说源于柏拉图的灵魂学说，对解释诗歌以及宗教方面的体验来说具有一定的价值，而且灵感即灵魂的这种非理智的体验，也是引入诸门技艺的从业者在自身的灵魂中发现至善的契机。换言之，美能不能作为一种独立的追求为所有的技艺所分有，并且引导所有技艺服务于真正的心灵的技艺，灵魂的激情与美的独特性就不

---

① 柏拉图《柏拉图全集》（第二卷），王晓朝译，636 页。

能被忽略。这不仅是诸种技艺走向真正不朽的途径，也是诗歌之美的根源。技艺在灵感的激励下不断地生产美的作品，人的灵魂在神灵的引导下通过生产美的作品接近至善的品质。

结　语

灵感说更好地解释了艺术作品之所以产生魅力的原因，这种魅力是诗艺所特有的能力。灵感说是不同于摹仿说的艺术理论，这个理论不是描述艺术作品现实的制作过程，而是重点刻画这个过程中的神圣的始点。正因为心灵获得了一个由神力引发的心灵运动，由她制作出的作品才可能成为最优秀的。不是所有的艺术作品都如此，而只是少数优秀的作品。灵魂这个实体是独立于我们的意识的某种"超越性"的存在，超越了人的理智所规定那一类，人的灵魂会不自觉地屈从于某个神圣的意图。在柏拉图看来，一个有灵气的作品与一个没有灵气的作品相比，经常是更能出色地完成诗歌的使命，借助这种神力来影响其他的心灵，这是优秀的诗歌独特的魅力所在。从灵感说中，我们可以看到，一方面，柏拉图从他的灵魂学说中汲取理智的源泉来阐释诗歌的心灵效果；另一方面，柏拉图也试图通过普遍存在的审美体验来引导人们认识灵魂的本性。

亚里士多德《诗学》原则发微

——基于亚里士多德哲学原则的简要考察 *

黄水石

武汉大学

·········· * ··········

[摘　要]《诗学》在亚里士多德哲学的完整呈现中占据关键位置。《诗学》是对诗艺的根据和原则在本质意义上的展现。亚里士多德哲学的开端性原则先行规定了《诗学》原则。作为哲学的第一原因和最高原则，努斯自身的根本区分在逻各斯的自相区分中得到把握。基于亚里士多德哲学的整体及其根本原则，《诗学》的诗学原则可以得到透彻阐明：1. 逻各斯所担当的行动必须合乎逻各斯，亦即按照必然或者基于期待而为之可能来展开为如此这般的情节；2. 逻各斯所要展开呈现为整一行动的"一切"通透地区分为开端、中段和结束；3. 这一逻各斯的完满整体由此就其作为逻各斯技艺的如真现相而言是如此创制实现了的"这一个"。逻各斯在其区分中展开的本质之相必然实现为完满的整体"这一个"。完满地洞见逻各斯如此这般的"这一个"完满整体，这也是净化在爱智慧意义上的应有之义。

[关键词]亚里士多德　诗学　逻各斯　"如真现相""本质之相"

---

* 本文是武汉大学自主科研项目（人文社会科学）研究成果，得到"中央高校基本科研业务费专项资金"资助。

一

国内对亚里士多德《诗学》的译介与研究，经久不衰，蔚为显学，近年来进一步拓展深化。① 从哲学角度考察《诗学》诗学思想的研究也不乏新进展。赵振宇博士尝试从生存的存在论形而上学角度解读《诗学》——已然在生活世界的维度下打量归结为"形而上学"的哲学和与此相涉的诗学。② 刘小枫教授在施特劳斯学派视域内的诗学研究尤其引人注目。③ 他将《诗学》放在古典政治哲学的视域之内来加以考察的做法，深受施特劳斯学派的戴维斯《哲学之诗——亚里士多德〈诗学〉解诂》的影响。④ 根据戴维斯的解诂，《诗学》实质上是对悲剧的"摹仿"，即作为哲学的"悲剧诗"，而摹仿所关涉的是古典政治意义上人的行动。刘小枫特地选取《论诗术》为译名，将之置于古典政治哲学的规定之下，实质上也就是将《诗学》当作政治学和伦理学的附属，由此论诗术与人性的相通，前者之鹄旨在为后者张目。与通常将《诗学》放在文学理论和美学的范畴内来加以把握的做法相比，仅仅将亚里士多德哲学把握为所谓的古典政治哲学，这显然是过犹不及。与国外古典学和古代哲学的研究情形相似，在通常的研究视野里，即便作为亚里士多德哲学的构成部分，《诗学》的重要性始终不曾得到澄清，往往放在最后才略加提及，其用意甚至仅仅在于保证亚里士多德著作（Corpus Aristotelicum）的完备而已。

---

① 研究近况概述参见秦明利、罗贤娴《近 10 年国内亚里士多德〈诗学〉研究综述》，《外语教育研究》2014 年第 3 期，61—66 页。

② 参见赵振羽《通往卡塔西斯之路——亚里士多德〈诗学〉的形而上学研究》，《理论月刊》2012 年第 10 期，40—43 页；《诗与现实的矛盾——亚里士多德〈诗学〉与〈形而上学〉比较研究》，《晋阳学刊》2013 年第 2 期，87—91 页。

③ 参见刘小枫教授在"译名争议"中的阐述。刘小枫关于《诗学》写有一系列论文：《"诗学"与"国学"——亚里士多德〈诗学〉译名争议》，《中山大学学报（社会科学版）》2009 年第 5 期，123—131 页；《作诗与德性高低——亚里士多德〈论诗术〉第 2—3 章绎读》，《中山大学学报（社会科学版）》2011 年第 3 期，126—132 页；《谐剧与政体的德性——亚里士多德〈论诗术〉第三章中的题外话试解》，《重庆大学学报（社会科学版）》2011 年第 3 期，1—5 页；《诗术与人性》，《现代哲学》2011 年第 5 期，56—62 页。需要特别说明的是，为了强调诗学与政治哲学的关系，刘小枫将"诗学"译作"论诗术"。与此不同，鉴于诗学本身始终是在"技艺"的意义上来论诗，笔者主张译作"诗艺学"，但考虑到"诗学"译法通行已久，行文中仍遵从旧译。

④ 迈克尔·戴维斯（M. Davis），《哲学之诗——亚里士多德〈诗学〉解诂》，陈明珠译，北京：华夏出版社，2012 年，25 页。

以上所列举的对亚里士多德《诗学》的哲学研究，都难免对亚里士多德诗学有所错失。这是因为上述研究都以各自对亚里士多德哲学的判断为前提，而对其哲学的整体判断却不乏偏颇。若论偏颇之处，可一言以蔽之：亚里士多德哲学作为得到彻底区分了的科学的完满整体并没有得到真正承认，没有以这一哲学整体的原则为基础而得到透彻把握。有鉴于此，本文旨在基于亚里士多德哲学整体视野揭示其哲学原则对于把握诗学原则的重要意义。

本文尝试回答这一问题：为什么亚里士多德在对诗艺作出如真呈现（μίμησις）以及本质之相（οὐσία）的具体规定之后必须对如此之诗艺的完满整体作如此这般的原则性规定，并且不做也无需任何进一步的详细阐明？[①]通常的研究方式对此无济于事。只有基于亚里士多德的哲学整体，进而基于这一哲学的根本性原则才能对这一问题有所揭示。因此，只有明了对亚里士多德哲学及其《诗学》的基本判断，才能基于这一哲学原则来展开对诗学原则的基本把握。

要阐明诗学原则的哲学意涵，不仅关涉到对亚里士多德哲学整体的判断，也与对《诗学》整体的哲学判断紧密相关。先行判断如下：1. 作为整体的亚里士多德哲学包括创制、实践和理论三种逻各斯的"知"（ἐπιστήμη），在这一自身区分的意义上是当下把握住自身根据奠基的逻各斯科学；2.《诗学》在亚里士多德哲学之知的完整呈现中占据关键性的位置而并非无足轻重；3. 亚里士多德哲学的开端性原则业已先行规定诗艺就其本质而言的当下实现完满（τέλος）——作为如此发端、如此中介、如此实现的"这一个"（τόδε τι）整体。

二

什么是希腊意义上的亚里士多德哲学？哲学（φιλο-σοφία）：1. 在亚里士多德这里，作为"爱智慧"亦即"与智慧相与为友"的思想活动，意味着有朽之人就其

---

① μίμησις 一般译作"摹仿"，这里行文作"如真呈现"（强调动词含义）或者"如真现相"（侧重名词含义）；οὐσία 往往译作"实体"或者"本质"，这里行文作"本质之相"。但这并非单纯为了标新立异，也不是要刻意提供新的译名，旧译已经很好，只是在本文的语境中总还不够贴切，因此要展开阐述论说，不得不在译述上对旧译名略作变通。这应该是研究性文章常见的情况。读者可以据此对涉及这两个概念之处加以注意；争论的空间是敞开的。

本质自然而言面向"实事的知"亦即"智慧"（σοφία）而求其知；2. 对于有朽之人而言，哲学之思所能把握住的知，犹如柏拉图的苏格拉底所宣称的，正是"人的智慧"（ἀνθρωπίνη σοφία），[①]智慧在亚里士多德这里则是合乎实情的有朽之人的"哲学"（φιλο-σοφία），并且就在哲学求知的自身展开中呈现为当下把握住的科学的知（ἐπιστήμη），但不是在狭义的自然科学意义上的科学的知，而是基于原则而自身展开根据奠基并在这一展开的呈现中赢得其当下实现的知。准确地说，即逻各斯的科学，这始终以诸第一开端和原因[②]——在究竟意义上，则是开端性原则和当下实现之完满——为其思想之事情的真正关切。

作为当下把握住自身根据奠基的知，逻各斯科学可以区分为创制的、实践的和理论的。[③]这是亚里士多德自己所作的区分，但他没有明确说这一得到区分的科学在其哲学整体中的顺序。为了从整体上严格把握亚里士多德哲学，这一顺序必须得到合乎逻各斯的揭示和展现。当然这是一种整体性建构，但这是基于逻各斯自身根据奠基和自身区分而来的建筑。[④]

所谓的"工具论"（Organon）或者"入门先导"便已经是思想着的逻各斯基于自我区分的纯净化。这里逻各斯自身即是创造性的，它在自身区分中根据原则实现为完满整体。证明的三段论构成纯粹逻各斯的必然推理整体。但哲学并不停步于此，哲学必须与自身的事情打交道，必须以思想的力量开辟这一事情，最终使之实现为圆满——在巴门尼德业已开辟的希腊哲学意义上，这正是逻各斯自身的事业和使命。在自身的区分中为自身奠定根据，这具备创造性的逻各斯切中哲学的事情。每一次逻各斯在对所关涉事情的把握中自身成为哲学的事情。只有在基于自身区分而奠定根据并当下如此呈现的逻各斯当中，哲学所涉及的事情才作为哲学的事情来出现并得到把握。也就是说，这里哲学（φιλοσοφία）自身的事情即自我区分并当下实现着的逻各斯。

但是基于所关涉事情的差别，逻各斯科学所把握住的知作为完满整体同样得

---

① 柏拉图《申辩篇》，见《柏拉图对话集》，王太庆译，北京：商务印书馆，2004年，29页。

② 亚里士多德《形而上学》，见苗力田主编《亚里士多德全集》（第七卷），北京：中国人民大学出版社，2016年，29页。

③ 亚里士多德《形而上学》，见苗力田主编《亚里士多德全集》（第七卷），146页。

④ 限于篇幅和主题，这里只是勾勒整体把握亚里士多德哲学的相关步骤。

到根本性的区分，并且就呈现为如此这般的逻各斯区分。在这个意义上，什么是这里哲学的事情本身？逻各斯所把握住的本质（οὐσία κατὰ λόγον）或者"所以是的是"（τὸ τί ἦν εἶναι）；[①] 但这同时是关乎"所以是的是"的逻各斯（ὁ λόγος ὁ τὸ τί ἦν εἶναι λέγων）或者关乎本质的逻各斯（λόγος τῆς οὐσίας）。作为逻各斯科学，哲学的知呈现为自身具备整体性区分的完满"逻各斯秩序体"（λόγος-κόσμος）。

逻各斯科学首先切中并把握住作为技艺（τέχνη）的逻各斯创制，这是关涉人的行动之如真呈现（μίμησις）的知。这一知以最为直观的方式展现了逻各斯的创造性力量，它决然地开始，必然地展开，断然地知止。进而逻各斯科学切中并把握住作为逻各斯的行动，这是关涉合乎人之本质的行动的知。实践的知展现了逻各斯如何规定人的行动并实现人的完满（τέλος）；配得上人之为人的德性而展开的卓越行动归根到底是逻各斯的行动。不论是技艺创制还是实践行动的知，对于有朽之人而言，始终呈现为可以改变的（ἄλλῳ ἐνδεχόμεναι）。

最后逻各斯科学所切中的则是对于有朽之人而言不可改变的（οὐκ ἄλλῳ ἐνδέχομεναι）自然显现的万物。这是在观察探究中按照逻各斯来把握住显现着的"一切"的根据和原因，直到其最高的开端性本原。基于原因来考察和把握显现者的所是，这是自然哲学。但最高的本原和尺度、原则和根据则基于逻各斯赢得在逻各斯之中的当下把握。也就是神圣努斯（νοῦς θεός）被当下把握在"第一哲学"或者"神学"（θεολογία）之中。从自然哲学到第一哲学的过渡事实上是一个飞跃。就第一哲学与先行的自然哲学相关联而成为哲学之思的事情而言，仍然可以作为完满的理论科学来看待，但是就哲学整体和哲学的使命而言，第一哲学实际上不再受理论科学的限定，相反，鉴于第一哲学把握住的开端性原则，不论是创制的、实践的还是理论的科学和相关的知才都成为具备了根据的科学或者知。在这个意义上，这不再是通常所理解的知识，也不是关于知识的知识，而是鉴于原则及其在逻各斯自相区分中的当下呈现，是最真切意义上爱智慧的即哲学的知。只是鉴于这最高原则和根据，作为逻各斯科学整体的亚里士多德哲学才能够作为得到区分了的、自身奠定根据的科学之知的"秩序体"（κόσμος）当下完满地给予有朽之人——首先

---

① "所以是的是"（τὸ τί ἦν εἶναι）是苗力田先生译语，在《形而上学》"译者注"中专门提出，见苗力田主编《亚里士多德全集》（第七卷），33 页。

是哲学地思想着的哲学家。

　　作为最高的逻各斯科学，"第一哲学"统领一切在整体中得到彻底区分的逻各斯科学。亚里士多德哲学完满的知展现为创制的、实践的和理论的诸逻各斯科学的"逻各斯秩序体"（λόγος-κόσμος）。作为第一哲学原则的神圣努斯（νοῦς θεός）事实上是整个亚里士多德哲学的尺度，贯穿一切得到区分的逻各斯科学的展开与实现，而每一逻各斯科学自身奠定根据的展开与实现最终都要归结到这一原则上来——不是笼统抽象地或者经过各环节的发展后归结到作为原则的努斯（νοῦς），而是努斯自身已经在逻各斯科学当中得到区分。每一得到区分的逻各斯科学都归结到得到区分的努斯。但努斯的自身区分在每一科学当中仍然是不清楚的，只有在诸科学的相互区别与相互联结当中，才能变得清晰明了，最终在第一哲学当中才得以通透把握和当下观见，因为在这里努斯自身即思想的事情及其根据，观见与所观见同一，知与所知无别。①

　　亚里士多德哲学以把握有朽之人的本质为旨归，因此逻各斯的自相区分关涉人与自身的区分，逻各斯科学则是关乎人之所以为人的知。逻各斯的区分切中人与自身的区分。这一区分展开为在灵魂（ψυχή）中的区分，准确地说，展开为灵魂与自身的区分。但这里涉及的人，并非在直接性意义上的人；同样所涉及的灵魂，也不再是直接性意义上的灵魂。在柏拉图那里，人业已是"灵魂之人"；② 人的区分展现为灵魂中的自我区分。③ 有鉴于此，亚里士多德哲学的"人"，其区分同样展现为灵魂在自身中与自身的区分。但只有最终实现为灵魂之中努斯（νοῦς）的区分，人在自身中与自身的区分才达致纯粹。努斯与自身区分说的正是人与自身的纯粹区分。在此人之为人的开端性本原（ἀρχή）和究竟性完满（τέλος）透彻明了，对于得到区分的有朽之人而言，完全洞彻无碍。这样的有朽之人的努斯（νοῦς ἄνθρωπος），正是"第一哲学"或者"神学"的真正关切。

　　但努斯（νοῦς）绝不是逻各斯（λόγος）。努斯原则为逻各斯所展开的一切区分奠定根据，统领逻各斯的一切区分。努斯自身也基于逻各斯的自身区分而展开其自

---

① 关于第一哲学的论述尤其参看亚里士多德《形而上学》第十二卷。

② Boeder, H., *Topologie der Metaphysik*, Verlag Karl Alber, 1980, S.135.

③ 柏拉图的论述尤其体现在《理想国》第四、六两卷，具体参见郭斌和、张竹明译《理想国》，北京：商务印书馆，2002年重印本。

身纯粹区分并为逻各斯当下把握住，由此人与自身的纯粹区分才能基于努斯的自身区分而当下实现为逻各斯基于区分把握住的知。作为人与自身的纯粹区分，努斯的自身区分被逻各斯把握到灵魂的自身区分当中来，因为这里所涉及的人是"灵魂之人"；对于这"灵魂之人"而言，努斯是这有朽之人所独具的神（θεός）。[①]在此神与人的区分也不再能够从直接性意义上加以理解和把握。神与人的区分正是人与自身的单纯区分，因为这里是对于有朽之人而言的努斯自身的单纯区分：神圣努斯（νοῦς θεός）和有朽之人的努斯（νοῦς ἄνθρωπος）。与逻各斯科学的区分相应，努斯鉴于创制的（ποιητικός）、实践的（πρακτικός）以及理论的（θεωρετικός）逻各斯区分而得到彻底区分。[②]但最为单纯的区分仍在于：创造性的努斯（νοῦς ποιητικός）和承受性的努斯（νοῦς παθητικός）。[③]

努斯原则不仅是理论科学和实践科学的最根本原则和根据、最原初开端和最究竟完满，同样也是创制科学的最究竟完满和最原初开端。与得到区分了的努斯相关涉，诗学原则才是得到如此规定的逻各斯技艺的创制原则。只有基于对哲学整体原则的规定，才能有根据地把握住诗艺的原则；通过诗学原则规定下的《诗学》对于把握在哲学原则规定下逻各斯科学的整体呈现具有关键意义。也就是说，一方面努斯作为哲学原则对诗学原则具有规定性，另一方面《诗学》的逻各斯是科学整体得以呈现的关键一环。诗学原则归根到底是哲学原则，但这是切中事情并得到区分的哲学原则。二者并非普遍与特殊的关系，而是整体在得到区分的事情中的实现。哲学整体基于逻各斯的区分而在区分中被展开为相应的原则性区分，并且这一区分每一次都实现在每一得到区分的科学整体的当下。

---

① Aristotle, "Protrepticus", 10c, In: Ross, W. D., *Aristotelis Fragmenta Selecta*, Oxford university Press, 1958, p.42.

② 亚里士多德没有按照这个顺序做出明确的阐述，但在多处涉及。尤其可参看《灵魂论》卷三，《尼格马可伦理学》卷一，《形而上学》卷十二。

③ 现代古典学研究习惯将《灵魂论》放在诸如物理学亦即自然科学视角下，放在身心问题的框架之下，放在现代心理学当中来加以研究。这使得亚里士多德的灵魂论支离破碎不可把梳。尤其是对卷三努斯（νοῦς）的阐述，可谓众说纷纭，莫衷一是。与此相反，不妨回忆黑格尔的伟大洞见。在其哲学理念的规范之下，他将灵魂的区分直到灵魂中努斯的区分把握为亚里士多德精神哲学的制高点（Hegel, F. W., *Vorlesungen über die Geschichte der Philosophie*, In: *Vorlesungen: Ausgewählte Nachschriften und Manuskripte*, Bd.8, hrsg. Von Garniron, P. und Jaeschke, W., Felix Meiner Verlag, 1996, S.78—95.）。尽管仍然不乏偏颇，却道出了关于灵魂和努斯的深刻洞见，这恰好不是在中世纪的意义上——尽管阿奎那同样有其自身对努斯区分的卓绝洞见。

有鉴于此，《诗学》不是描述性的，而是概念把握着的，基于根据和原则而通过逻各斯的区分来展开与其相应的思想和事情。《诗学》并非某种关于文艺现象的理论描述，而是就其本质而言对诗艺源出于根据和原则之规定的展开。[①]这里逻各斯技艺展现了自身奠定根据的逻各斯的创造性力量：逻各斯技艺能够按照逻各斯的规定而造就合乎本质的"这一个"整体，即创制或者创造逻各斯整体，并且进而具备如此创造性的力量，按照逻各斯的区分而造就为如此完满的"逻各斯秩序体"（λόγος-κόσμος）。作为科学之知的"这一个"整体，沉思洞见可以当下把握并就其为如此的知而予以创造的整体呈现——如此而赠予有朽之人，如此而有朽之人把握住自身的区分，并得以作为人而有所安顿。

<h2 style="text-align:center">三</h2>

　　什么是概念把握着的《诗学》的真正事情？逻各斯技艺（τέχνη）。但并非空洞的技艺，也非通常所说的手艺。它是逻各斯自身创造其所造就者的技艺。它创制"这一个"整体：它如其所是，因为如其所应是，因为业已先行规定如此而是其所是。诗歌本身作为逻各斯技艺的每一个作品，并非"知识"，更不是"科学"，因此诗学不是关于具体诗歌作品的，而是关于诗艺自身在自身所造就者，即由逻各斯把握住的"本质之相"（οὐσία κατὰ λόγον）。这里本质（οὐσία）是在"相"（εἶδος）的意义上，因而不再直接与作为"所与者"的质料（ὕλη）相涉，毋宁是无所与质料的本质之相（εἶδος ἀνεῦ ὕλης），是创制性逻各斯技艺（τέχνη）完满实现的"这一个"，正如其作为科学之事情而被当下呈现为如此这般的关乎本质之相的逻各斯（λόγος τῆς οὐσίας），在此意义上作为创制性的逻各斯科学。

　　然而，不可忘记：逻各斯作为技艺的自身创制，所关切者并非其他，就是有朽之人自身，人之为人的行动。逻各斯能够担当人自身与自身展开的区分，担当人

---

①　Söffing, W., *Deskriptive und normative Bestimmungen in der Poetik des Aristoteles*, Grüner Publishing, 1981. 他将《诗学》视作描述性与规范性规定的混合，该研究旨在对此作详尽梳理。对此笔者不能赞同。比较：Boeder, H., "Vom Begriff in der aristotelischen *Poetik*", In: *Sitzungsberichte der Braunschweigischen Wissenschaftlichen Gesellschaft* 34, 1982, S.47-65. 现收入氏著 *Das Bauzeug der Geschichte: Aufsätze und Vorträge zur griechischen und mittelalterlichen Philosophie*, hrsg. von Gerald Meier, Königshausen & Neumann, 1994, S.257-277.

之为人的行动，并在此意义上造就如此之逻各斯，后者展现为与自身进行区分的创作或者创制。就其切中人自身及其行动而言，逻各斯技艺的创作，每一次都要与"无逻各斯者"（ἄλογον）相遇，每一次都要将"无逻各斯者"（ἄλογον）放置于逻各斯之中来加以如此的把握，从而呈现为如此的创作。[①]

这样的创作当然是逻各斯技艺的成果。诗艺自身要按照合乎逻各斯的方式创制这样具体的本质之相，并且每一次都是作为合乎诗艺之原则的"这一个"整体——逻各斯技艺在逻各斯如此这般的自我区分中展开，并呈现为情节或者行动的发展。在这一展开或发展中，每一个逻各斯，每一个行动都是相互清楚地区分而又得到合乎逻各斯的联结。这种展开或者发展最终要实现完满，即达到目的或者完成，这意味着要实现一个得到区分的逻各斯的通透整体，并且就是"这一个"而非其他。

通透的整体"这一个"才真正构成了诗学的事情："本质之相"经由逻各斯技艺"如真现相"，"如真现相"当下实现为这"本质之相"。"这一个"通透整体构成这一诗艺哲学事情无所与质料的本质之相（εἶδος ἀνεῦ ὕλης）。这已经完全不是在描述现象的意义上，因而不再直接关涉到每一诗歌作品，后者作为所与质料（ὕλη）甚至在"如真现相"（μίμησις）的先行规定当中就已经被彻底排除了。诗歌的可能作品和繁多类别也不在《诗学》的视线之内，因为就其合乎本质并作为"这一个"通透完满整体而言，只有最好的（ἄριστον）才成其为真正的"诗歌"。因为基于最原初开端（ἀρχή）和最究竟完满（τέλος）的哲学原则，亚里士多德哲学归根到底只关心何为最好的并且为何是最好的。

但诗艺的本质之相，就其当下由逻各斯把握住并呈现为完满的整体"这一个"而言，在《诗学》中不是直接就能涉及的，而是必须先行展开思想对"如真现相"的规定，随后所涉及的每一最完满最好的本质之"相"才得到规定。这种展开始终基于诗艺创制中"本质之相"的根本原则，因此要把握住如真呈现的先行规定以及诗艺的自身事情，最终要指明诗学原则的所在。

《诗学》通过"如真现相"（μίμησις）先行规定逻各斯技艺（τέχνη）：将人的行动放在特定逻各斯技艺所塑造的逻各斯自身中来加以"如真现相"（μίμησις）。这一

[①] 亚里士多德在《修辞学》中已经将激情（πάθος）作为无逻各斯者（ἄλογον）来加以把握。逻各斯（λόγος）在此展示了自身面向无逻各斯者（ἄλογον）的创造性力量。

先行规定展开为：1. 如真现相的媒介，即具备韵律限定的逻各斯（ἐν ῥυθμῷ καὶ λόγῳ καὶ ἁρμονίᾳ）；① 2. 如真现相的对象，即人的高贵或者卑劣行动；② 3. 如真现相的方式，要么经由叙述来辨别和整合逻各斯，要么逻各斯担当人的行动而使之成为逻各斯的自身呈现。③

　　基于如真现相（μίμησις）的这种先行规定，各种可能的和相关的艺术形式都被排除在外。逻各斯技艺由此变得纯粹而具体。如果如真现相（μίμησις）所限定的逻各斯技艺具备自身的"历史"，那么它的起源必须返归于人自身的自然及其相应的行动，而它的历史发展则在赢得它的自然（φύσις）之时戛然而止——当然，这是在实现诗艺的单纯完满的意义上。④ 只是在逻各斯技艺得到了如真现相（μίμησις）这样的先行限定之后，《诗学》的真正事情，即逻各斯技艺创作所关涉的本质之相（εἴδη）才得以和盘托出：悲剧诗（及史诗）和喜剧诗。

　　亚里士多德显然无意泛泛而论各种希腊文艺形式，尤其是诗歌，更无意泛泛而论希腊的戏剧创作。毫无疑问，相（εἶδος）具有多种含义。但这里并不意味着诗歌的类型和体式，毋宁说，这是逻各斯技艺在创制中"如真呈现"独一无二的这一个"相"，也就是作为真正合乎其本质的实现了的具体相。合乎本质，这意味着只有最好的悲剧诗和最好的喜剧诗才成其为《诗学》所要打交道的事情。二者都不是如通常所理解的那样作为诗歌"类型"来予以把握的。进而《诗学》合乎本质地所要把握的是最好的悲剧诗和喜剧诗的本质之相。这种把握始终鉴于诗学原则才得以展开和呈现。

　　对于亚里士多德而言，悲剧诗包含了史诗的一切因素，史诗实质上在悲剧诗之下才能得到理解和把握。⑤ 喜剧诗的论述基本散佚，缺乏可靠的传世文献。对于我们而言，最终《诗学》要操心的事情，只有这独一无二的"本质之相"（εἶδος），即

---

① 亚里士多德《诗学》，陈中梅译，北京：商务印书馆，1996 年，27 页。

② 这里涉及亚里士多德《诗学》第二章的论述，参见陈中梅译《诗学》，38 页。

③ 这里涉及亚里士多德《诗学》第三章的论述，参见陈中梅译《诗学》，42 页。

④ 亚里士多德《诗学》，陈中梅译，48 页。关于诗艺的起源和历史展开，主要参见《诗学》第四章和第五章。这里不是对诗艺的一般历史追溯和描述，而是基于原则和根据展示诗之为诗的历史开端（荷马），以及在时间历史的意义上诗艺如何根据"自然"而实现为真正的本质之相。

⑤ 亚里士多德《诗学》，陈中梅译，58—59 页。比较《诗学》第 26 章的论述。

最好的悲剧诗的本质。具体而言，即悲剧诗本质之相的界定（ὅρος τῆς οὐσίας）："悲剧是对一个严肃、完整、有一定长度的行动的摹仿，它的媒介是经过'装饰'的语言，以不同的形式分别被用于剧的不同部分，它的摹仿方式是借助人物的行动，而不是叙述，通过引发怜悯和恐惧使这些情感得到疏泄。"①

究竟在什么原则下才能为诗艺如此呈现的本质之相奠定根据？逻各斯"这一个"整体应该是具备恰当"体量"（μέγεθος）的完满整一（ὅλος καὶ ἕν）。"一个完整的事物由起始、中段和结尾组成。起始指不必承继它者，但要接受其他存在或后来者的出于自然之承继的部分。与之相反，结尾指本身自然地承继它者，但不再接受承继的部分，它的承继或是因为出于必须，或是因为符合大多数情况。中段指自然地承上启下的部分。"②开端、中段和结束，这是逻各斯技艺本质之相的"一切"——甚至作为悲剧诗情节的六个构成成分也同样消融于这个三分的"一切"——如此才能得到逻各斯的完满整体。然而这首先意味着从根本上对"杂多"的排除。在何种意义上？

1. 与开端相涉，开端是一个斩钉截铁的决断。一旦开始，便是决然的开始，指向结束与完成。不能再回溯，因为这会导向无尽回溯（regressus ad infinitum）；不能后无相续，因为鉴于完成才能确定自身为这必然如此的开端。2. 与中段相涉，中段是开端与完成相互联结的中介。没有牢固的连接，整体就不能建构起来。不论出于自然如此，抑或必然如此，抑或大概如此，凡是不能如此而接续开端导向完成的杂多一概排除在外——这样的杂多甚至还不成其为情节或者行动。3. 与完成相涉，这是毅然的结束。只是基于中介的联结而与开端相呼应才必然止步于此；不能再向前发展，因为这导向无穷进展（progressus ad infinitum）。这一完成同时意味着完满，包含开端、中段与完成的整体作为包含彻底单纯区分的"这一个"而当下现身。完满并不意味着好的结局，恰好是不好的结局，但这是逻各斯基于开端和中介要达致的结局，由此开端与中介都因为这一必然如此的结束而豁然贯通为一体：如其是这样的整体"这一个"，因为如其所应是，即按照诗艺原则而发展

---

① 亚里士多德《诗学》，陈中梅译，63 页。κάθαρσις 的译法，行文从众作"净化"。对于悲剧诗的具体研究，笔者将另外撰文阐述，此不赘述。

② 亚里士多德《诗学》，陈中梅译，74 页。

为这样的整体。这是逻各斯技艺所实现的完满。

逻各斯技艺按照必然性或者可然性创制包含开端、中段和完成的整体"这一个"。但在逻各斯的展开与呈现中，情节或者行动却始终作为可能的而得到连缀，以便在情节或者行动结束的时候整体"这一个"得以出现。这里逻各斯担当起人的行动并加以如真呈现。人的行动每一次都必然带着预期（προαίρεσις），行动者的性格（ἦθος）始终伴随着行动的展开。卓越的行动，只有合乎逻各斯受逻各斯规定了的行动才是具备德性的卓越行动（ἀρετή），因而是可以合乎逻各斯而加以预测和发展的，否则就是无逻各斯的（ἄλογον）；合乎逻各斯，卓越的行动才可以作为卓越行动而继续。但行动始终鉴于无逻各斯者而展开为具备激烈冲突的情节，最终要导向不好的结局。①观见者明知这样的合乎逻各斯（λόγος）的行动是如此这般，而行动者则受限，包括受限于那搅动行动的无逻各斯者（ἄλογον），导向的是如其所不应是的如此这般的行动——甚至是在与习常意见相悖（παρὰ τὴν δόξαν）的意义上，即违背观见者就其习常所知而言合乎逻各斯的期待，但就诗艺原则而言，整体关联上则合乎逻各斯②——行动者由此推进他的行动，亦即展开为进一步的情节，最终在冲突的高潮中要达到醒悟——如其不是，因为如其所不应是，这是真正的合乎逻各斯，但行动是不可逆的，行动者必须为此承担行动的后果，即便是死亡——死亡并非仅仅是悲惨、无望或者绝望，不，这是成全，成全行动本质所要求于人之为人的行动的卓越德性，它就当下实现在包含着行动结果的完整行动本身。在此，人之为人如其所应是的规定乃得以真正彰显：当下如此呈现于这一逻各斯把握住的行动整体。观众则当下看见这一逻各斯整体完整的如真现相。

历史纪事（ἱστορία）同样被特别地认作逻各斯。但根据诗学原则的必然性和可然性的规定，历史纪事必须特别地排除在创作的逻各斯技艺之外。亚里士多德说，诗比历史纪事更富于"哲学"的特性，更为高贵肃穆，更为普遍。③首先，历史纪

---

① 悲剧应当表现高贵行动者由顺达之境转入败逆之境，主人公结局是不幸的。亚里士多德《诗学》，陈中梅译，97—98 页。

② 比较《诗学》第九章，尤其参考 1452a2 及以下，见陈中梅译《诗学》，82 页。

③ 比较《诗学》第九章 1451a36—1451b11，见陈中梅译《诗学》，81 页。更为哲学，更为严肃是因为更为普遍，而更为普遍则是因为"所谓'带普遍性的事'，指根据可然或者必然的原则某一类人可能会说的话或会做的事——诗要表现的就是这种普遍性"。

事，例如希罗多德的历史，不能达致合乎逻各斯技艺的整体，并且始终将人的行动作为对显现的"一切"个别来加以观察探究（ἱστορία）——它不能达到原则，不能在逻各斯的自身展现中达到自身根据的奠定，使原则在此呈现中当下得到确定，并且规定所涉及事情的、这逻各斯如此这般的呈现。其次，历史纪事所关涉的是已经发生的事情，已经发生的事情得到如其所是的描述和记叙，即便试图归结到某些原因，但不能达到根据。这里的逻各斯不能够创制开端、中段和完成的这一个整体。诗所关涉的是可能发生的事情，这里可能并非单纯在未来可能发生的意义上来理解，相反，这是在逻各斯技艺的创作中根据原则的规定而作为可能的来展开和呈现，但就其为逻各斯所担当的事情而言，这恰好是业已发生的事情，并且为人所熟知，即作为已知的事情，恰好在这个意义上，已经发生的事情，并不就如其所是来展开和呈现，而是就像其作为所知，业已如其所应是地得到规定，并且据此而在逻各斯的呈现中作为可能的来出现——考虑到逻各斯技艺所要创制的包含开端、中段和完成的这一个整体，这一按照可能逻辑所作的呈现却必须遵循合乎逻各斯的必然和可然规定。

究竟在何种意义上包含着开端、中段和完成这"一切"的这一个整体明澈而且通透？正如亚里士多德一再强调的那样，作为整体的这一个应该具有合适的"体量"（μέγεθος）。这意味着：1. 这一个整体具备界限，止于完满。2. 合适的"体量"与活生生的生命（ζῷον）相应，构成环节紧密关联，没有多余，是好的，是美的（καλῶς）。3. 过大或者过小都会丧失边际不可认识，即不可作为这一个整体来通透地加以观见。[①]就这一整体为逻各斯基于自身区分并在自身中作为整体来把握而言，关涉着人之为人的努斯（νοῦς）对此当下洞彻无余。

这一整体原则对于在哲学的最真切意义上理解怜悯（ἔλεος）和恐惧（φόβος）可谓至关重要。怜悯与恐惧作为在悲剧诗的观见中得到特别的唤起激情（πάθος），尤其彰显着无逻各斯者（ἄλογον）的搅动力量。逻各斯的创制力量，并不是消除这一无逻各斯者，毋宁是使之在逻各斯技艺造作的秩序中得到安顿。逻各斯技艺创制这具备根本区分的完满整体，作为"这一个"，观见者不仅在舞台的表演中看见它

---

① 参见《诗学》第七、八章，尤其参考第七章 1450b34–1451a5，第八章 1451a30–35，此外比较第二十三章 1459a17–20，见陈中梅译《诗学》，74 页、78 页、163 页。

（这恰好无足轻重），而且首要的是灵魂之眼看见它，①带着"惊异"（θαυμάσον）感受到由此唤起的作为无逻各斯者（ἄλογον）的激情（πάθος），却将行动作为合乎逻各斯的这一个完满整一来加以观见，这里，努斯（νοῦς），尤其是创制性的努斯（νοῦς ποιητικός）伴随着逻各斯同时展开的"思想推演"（διάνοια）当下得以实现。②于是人之为人的高贵行动（卓越德性如其所应是，从而如其所是地呈现）或者低劣行动（不合乎人的行动之所应是，从而如其不是地呈现）皆由逻各斯以如此必然的方式带向完满直观。

甚至悲剧诗中的死亡都不再是重要的，毋宁是，必须如此实现人之为人的卓越德性的规定——不是在狭义的道德伦理的意义上，而是在人之为人这一规定的意义上，即：必须如此行动，以便这是如其所应是的行动，是投向人之为人的完满实现（τέλος）的行动；而这是始终伴随着作为无逻各斯者（ἄλογον）的激情（πάθος），亦即伴随着如其所不应是而来的限定——悲剧诗是在逻各斯当中将人如此行动的如真呈现在合乎其本质（οὐσία）进而合乎其完满实现（τέλος）的意义上使之变成当下可见的亦即可把握住的。

悲剧诗中行动者的不幸固然是悲惨的，引起的情感首要的却不是悲伤，而是恐惧和怜悯。合乎本质的悲剧诗要求严肃而高贵的呈现，这样的呈现关涉到人之为人的如其所应是。在何种意义上？就作为这一个整体的当下呈现而言，悲剧诗是逻各斯的结筑。把握这一整体的结筑，即把握这个逻各斯，经由这一逻各斯的中介，人之为人所应是的本质也得到透彻把握。生灵之中唯有人具备逻各斯。不是仅仅在政治哲学意义上的行动才由逻各斯所规定，逻各斯同样规定着伦理哲学意义上的行动，只有出于逻各斯规定的行动才是具备德性的卓越行动。人的行动，就其合乎逻各斯而言，是合乎人的本质而如其所应是地展开的，就其缺乏逻各斯而言，则作为有朽之人的行动始终不合乎本质而如其所不应是地展开。就其为创制的技艺而言，逻各斯能够在自相区分中担当起人的行动，将之带向得到整体性区分的"如真现相"

---

① 比较《诗学》第六章1450b15-20，第十四章1453b7，见陈中梅译《诗学》，65页、105页。演出与悲剧诗的呈现不能直接等同起来。悲剧诗不必搬上舞台，阅读同样可以达到效果。比较《诗学》第二十六章1462a5-13，见陈中梅译《诗学》，190页。

② 参见《诗学》第六章1450b5-12，第十九章1456a34-1456b8，见陈中梅译《诗学》，65页、140页。"思想推演"（διάνοια）主要在《修辞学》当中得到了讨论。

这一整体的当下呈现。逻各斯技艺创制具备开端、中段和结束的这一个整体，归根到底是一个能够在合乎人之为人的本质而如其所应是地把握住的逻各斯当下呈现。这不仅仅是通达人之为人的中介，即人由此可以洞见人所应是的本质，而且就是人的本质安顿之所在，即人之为人的本质如其当然地就是如此这般而向着有朽之人当下敞开、当下现相的——最终是人对自身的"知"。

这实际上对面向逻各斯这一个整体的"观看"本身提出了最高的要求：只有合乎人之为人本质的人，只有合乎人的本质的观看，才配得上这样的逻各斯如真现相，才能在观赏中把握住这样的逻各斯整体，进而只有基于人之为人所应是的观看，才能洞见到如此现相的逻各斯整体是人如其所应是的本质安顿之所在。只有在这个意义上，悲剧诗的"净化"或者文艺的"教化"才能得到具备原则和根据的透彻把握，准确地说，作为哲学的亦即爱智慧的"知道"。最终在逻各斯这一个整体的观见中，在以如此这般方式达致的对人之所以为人所应是者的"知道"中，人赢得对如此诗艺所造就的"生命"（ζῷον）的愉悦（ἡδονή）。①

由此可以把握住真正意义上的亚里士多德哲学的"净化"（κάθαρσις）。这不仅仅是在心理学和医学病理学的意义上，也不仅仅是在狭义的伦理道德的意义上，尤其不是在人格意义上的道德（例如近代康德所说的人格）。在悲剧诗的六个关键成分当中，性格（ἦθος）始终只是第二位的，附属于第一位的行动本身。逻各斯所担当的行动本身才具备决断性的和造就区分的意义。②这里净化只有基于诗学的整体性原则才能得到透彻的把握。作为无逻各斯者（ἄλογον）的激情（πάθος）消融在逻各斯技艺创制的这一个整体。一方面，行动者通过始终由无逻各斯者（ἄλογον）伴随的如此之逻各斯行动而展开并实现包含开端、中段和完成的逻各斯整体。另一方面，观见者在观照中将这行动把握为如此结束而完满的逻各斯整体。这始终关联到哲学的最高原则努斯，后者尤其是在涉及有朽之人的意义上，作为有朽之人的努斯（νοῦς ἄνθρωπος），始终在各个具体事情的科学中具有尺度的规定性——因为这努斯乃是有朽之人所独具的神圣。③

① 《诗学》第二十三章，尤其参考 1459a20，见陈中梅译《诗学》，163 页。
② 情节或行动是悲剧诗的灵魂。性格占据次要的位置，尽管是不可缺少的构成成分。参见《诗学》第六章，1450a15–1450b4，见陈中梅译《诗学》，64—65 页。
③ 比较 Aristotle, "Protrepticus", 10c, in: Ross, W. D., *Aristotelis Fragmenta Selecta*, p. 42.

四

创制的逻各斯科学先行，不仅展示了逻各斯就其事情而言的、面向无逻各斯者（ἄλογον）的创造性，而且马上就要求对人之为人的、行动之本质的直接规定和把握，因而必须步入实践的逻各斯科学。这里，人之为人的自然（φύσις）及其完满目的（τέλος）不仅为把握行动提供了根据，而且自身就在逻各斯的行动开展中当下实现于如此规定的行动。但真正合乎人之自然与完满（φύσις 和 τέλος）的行动却只是哲学的行动，亦即纯粹沉思的行动——后者将行动直接转化为逻各斯科学意义上的知（ἐπιστήμη），因为在此最原初开端与最完满实现自身当下行动，亦即当下实现，这为创制科学和实践科学奠定根据，亦即创制和实践在逻各斯根据奠定和自身区分中当下把握为如此的科学之知。

创制性科学展现了逻各斯创造性的力量，因此在整个逻各斯科学自身奠定根据当下呈现的展开中，在亚里士多德哲学当中具备关键地位，它甚至先行于实践科学，而并非某种点缀，某个附录，像通常的做法那样，仅仅放在哲学体系的末尾。但是对于逻各斯科学完备的自身展开而言，亚里士多德真正浓墨重彩地加以阐述的则无疑在于，也必须是，实践和理论科学。实践的逻各斯科学直接在人之为人的行动中把握人与自身的区分。理论的逻各斯科学则把握住对于有朽之人如此显现的"万物"，最终通过对第一原因和最高开端的追根究底，把握住了对于有朽之人而言得以将"一切"把握为逻各斯科学的原则和根据，即得到区分的努斯。这里将人与自身的区分把握为努斯的单纯区分——这只有那独一无二的哲学家才能洞见。但对于亚里士多德而言，将按照努斯原则相互区分又相互联结的逻各斯科学把握为整体的这一个——这是在此：作为得到整体性区分的逻各斯秩序体（λόγος-κόσμος）——这才是哲学家的真正事情和使命，因为这涉及有朽之人所能知和所当知的智慧。人与智慧相与为友，安顿于哲学的知，始终关系到人的安顿——如何实现自我区分并由此安顿于人之为人的真正原则。

《诗学》文本传世的命运相对坎坷，作为创制科学的关键性文本始终没有受到足够重视也算事出有因。但最根本的原因则在于：亚里士多德哲学的完满，具有划时代的意义，希腊人之为希腊"人"的规定业已完全成熟，希腊的哲学时代已经圆满，抵达了它的界限（πεῖρας）。成熟之后的脱落，这意味着希腊人之为希腊"人"

的规定的败落。亚里士多德之后兴起的斯多葛学派和伊壁鸠鲁学派，不再能够为希腊人之为希腊"人"再添着一墨，相反，他们意味着转折和过渡，意味着新时代的兴起和开辟。哲学，在爱智慧的意义上，不再反顾那曾为希腊人之为希腊"人"提供规定性原则的智慧，而是另一种智慧，而此智慧在希腊化的败落时代中，还没赢得它自身的真正开端——这需要一场希腊之外的革命：道成肉身，耶稣上十字架所迎来的"神—人"的死亡与复活。这需要翻开西方哲学历史的另一页。让我们暂且停在这一页，欣赏这美妙的完满。

康德哲学的感性之维 *

周黄正蜜

北京师范大学

———— * ————

[**摘　要**]康德哲学历来被视为理性主义的代表，但不管是在依照理性的先天原则建构起来的先验哲学当中，还是关于普通理性在日常使用的经验性的哲学和人类学中，感性都是不可或缺的维度。本文分别展示了认识、道德和审美三个领域中理性和感性分别在先验和经验性层面的对待性使用——理性的高级运用与感性的积极功能、理性的低级运用与感性的消极功能，并试图在这种系统性的展示之后总结感性维度的特殊属性。

[**关键词**]感性　理性　普通人类理性　道德感　康德　美学

通过对三种先天地为自己立法的高级认识能力的分析，康德在认知、道德和审美三个领域建构起他的批判哲学。这三种高级认识能力都可以被归属于最广义的理性。理性学说可以说是康德哲学的核心，相关的论述也成为康德研究中的主体部

---

* 　此文已发表于《浙江社会科学》2017 年第 3 期，66—74 页。中国人民大学复印《外国哲学》2017 年第 6 期全文转载。

分。虽然理性是自律的，即能给予自己的运用以先天原则，但是，理性从来不是单一地起作用，感性始终不可或缺并与之相伴：或者在理性的高级运用中，作为相对（gegenüberstehend）概念的感性与理性互相补充；或者在理性的低级运用中，作为相反（widerstreitend）概念的感性阻扰理性的功能。广义的理性在认知、实践和审美的领域分别具体表现知性、实践理性和审美判断力，与之相应的，感性也表现为各种形态，并对它们的运用发挥着重要作用——不管这些作用是积极的还是消极的。那么，感性在各个领域中具体形态为何，它与理性如何相互作用，以及各种不同作用之间是否存在关联，就成为亟待厘清的问题。这些较少受到学界的关注和解答的问题不仅对于康德先验哲学的构建至关重要，而且对于展示康德哲学的全景以及其多元性和复杂性——不仅仅有先验的和批判性的思考，而且也有经验性的和人类学的关注；不仅仅关注的是一个理性主体的存在，而且也体现一个理性—感性主体的实存——也是不可或缺的。

在简单地介绍了感性概念的词语学来源和哲学史上的背景之后，本文第一部分介绍了先验认识论中形式性的知性相对的质料性的感性（以及感性自身之内的质料和形式），以及在普通人类知性的使用中感性在错误认识中所扮演的角色；第二部分一方面展示了康德在先验层面对道德感的创造性界定，另一方面澄清了感性并非恶的原因；第三部分分析了康德美学的感性属性，并勾勒了感性在经验性审美中的消极作用；最后一部分对感性在各个领域的积极和消极功能系统性地加以概观，并试图探知感性的独特属性——包含在被动性中的主动性以及与身体性和时间性的关联。

德语词感性（Sinnlichkeit）是形容词"感性的"（sinnlich）的名词化形式，而最早见于 13 世纪的这个形容词又来源于"感官"（Sinn）。"感性的"和"感性"在其使用之初就主要被限定在外在感知（äußereWahrnehmung）和愉悦与不愉悦情感之上[①]。一般的，前者可以看作外在对象刺激外感官的结果，而后者则是内感官当中的心灵和心理状态。前者多用于被当作认识的来源或者成分，而后者则与价值的认

---

①   H. R. Schweizer/ F. Belussi, „Sinnlichkeit", In: Joachim Ritter (Hrsg.): Historisches Wörterbuch der Philosophie. Bd. 9. hg. v. Karlfriedrich Gründer. Schwabe. Basel 1995, S. 892–897.

康德哲学的感性之维   034 | 035

定和行为的动力有关。在延伸的意义上，感性也指代感性认识的对象，以及由情感引起的行动。但不管在何种意义上，感性都是与理性相对的：认知当中感性直接感知到具体杂多，而理性则对其感知进行处理从而获得抽象的概念和规律；在实践中身体的—感性的维度中的人常常在欲望驱使下走向罪恶，而心灵的—理性的维度则是道德的。

在西方哲学的主流传统中这种对峙十分明显。自柏拉图起，相对于理性的感性就一直被界定为低等的、消极的和不完善的。到近代，笛卡儿、斯宾诺莎强调心灵的激情（passion）对于理性的干扰，因此理性要摆脱爱好的影响。莱布尼茨继承唯理派的观点，认为与知性的认识相对的身体的感性是一种低级能力，作为其结果的感受（Empfindungen）常常是不确切的知识或者错误的假象。按照莱布尼茨—沃尔夫学派的观念，感性只可能提供杂乱和模糊的认识，产生假象，只有知性才有清晰的认识，提供知识。与唯理派相对，英国经验派则认为知识的基础在于感性经验，并且，感性的奠基性作用不仅仅体现在认知领域，而且也体现在伦理学和美学之中：道德感是道德判断的标准，而审美判断则是基于情感。当然，虽然唯理派在认识中贬低感性的价值，但也有哲学家试图在新的领域发掘它的意义。鲍姆嘉通创建了一种新的学科——感性知识的科学，即美学（感性学），他不仅反对将感性看作一种不完善的知识形式，而且也否认情感和激情是有害的。与传统逻辑相平行的美学只是处理了一个不同的领域，前者针对的是客观对象，而后者指向主体心灵，前者具有知性的完善性，而后者则具有感性的完善性。在这种背景下，康德在哲学史上第一次将感性作为独立的基本概念纳入到自己的哲学体系之中，并在认识、实践和审美三个领域都赋予了感性重要的作用。

一、认识中的感性

康德将感性定义为一种被动地接受对象对感官刺激而获得表象的能力，而知性是对感性的表象杂多先天地进行综合的能力，二者合作才能产生知识。通过感性，对象被给予；通过知性，对象被思维。这两种属性对彼此都是不可或缺的，"思维无内容则空，直观无概念则盲"①。知性无法直观，缺乏现象，作为形式知性就没有反思的对象，无法产生知识；而感性的直观杂多不经过思维的综合就无法被我们认识。

莱布尼茨—沃尔夫派认为感性是错误和假象的来源，只有知性才能提供清晰的认识。康德不赞同这种看法，他认为这仅仅是对感性和理性进行了逻辑上的区分，而非先验的区分。前者只是一种程度上的区分，而非从本质的、来源性上进行区分。康德从主动自发性和接受性（就来源而言）、规定性和被规定性（就功能而言）的角度来区分二者。另一方面，康德也不赞同经验派对感性功能的认定，感性并不能提供普遍有效的知识，只有知性的先天概念才能保证表象杂多连接的客观必然性。

虽然感性无法思维和判断，但它仍然可以提供清晰可靠的现象——先天的直观形式保证了现象主观上的普遍有效性。康德认为纯粹的直观形式就是空间和时间，前者作为外感官的形式使得对象的形状、大小及互相的位置关系得以确定，后者作为内感官的形式规定着我们内部状态中诸表象的关系。这样，感性直观本身也是由质料和形式两个部分组成——由对象刺激而产生的结果（感觉 Empfindung）和使现象杂多在某种关系中得到整理的先天条件。

以上是感性在知性的高级运用（纯粹知性的先天运用）中所起的作用。除了纯粹的运用之外，知性也会在日常经验中有不纯粹的使用，即普通人类知性。在这种情况下，虽然知性的先验作用是奠基性的，但并无法保持形而上学中的纯粹状态（即高级的运用），经常会伴随知性的低级运用而产生错误。如果说正确的认知在于感性和知性之间恰当的合作关系——知性通过概念对感性杂多进行综合，那么错

---

① KrV A52/B76。康德著作的引用除《纯粹理性批判》采用 A、B 版页码外，其他均采用普鲁士科学院的版本，即 Kant's gesammelte Schriften. Königlich Preußische Akademie der Wissenschaften (Hrsg.). Reimer, später de Gruyter. Berlin, später Berlin und New York 1900 ff.. 文中所涉及引用文本的缩写对应如下：

AA: Akademie–Ausgabe von Kants Werken –Kant's gesammelte Schriften

ApH: Anthropologie in pragmatischer Hinsicht

EE: Erste Einleitung in der Kritik der Urteilskraft

KpV: Kritik der praktischen Vernunft

KU: Kritik der Urteilskraft

Religion: Die Religion innerhalb der Grenzen der bloßen Vernunft

误则产生于感性与理性之间的不恰当的关系——作为高级认识能力的知性没有统帅和规定感性，而是被低级的感性所僭越和误导，偏离了自身的使命，这种情况下连接表象杂多的规则不再是知性的先天范畴，而是想象力的经验联想；也就不再具有必然性，而只具有偶然性。

康德将认识过程比作物体的运动，物体的直线运动是由于在一个方向上的力的作用，如果有另一股另一个方面的力夹杂进来同时影响物体，那么它就会转化为曲线运动。不依照知性指引的感性就是另外一个方向上的力，使认知偏离了正确的轨道。①相对于沃尔夫学派将错误仅仅归咎于感性，康德在认识中将感性看作中性的要素，从知性和感性合作的关系和方式入手探讨错误发生的原因。在晚期的《实用人类学》中，康德甚至专用一节为感性进行辩护②，为其正名。他认为：1."感性并不发生错乱"，表象杂多之所以没有整理好是因为知性的"玩忽职守"；2."感性并不控制知性"，那种看起来是直觉性的判断，都是出自知性的，即使是模糊的判断；3."感官并不欺骗"，所谓的感性假象其实最终也是知性的错误所致。

二、道德中的感性

与认识领域中对感性功能的确定界定不同，康德在道德领域中对感性作用的认识经历了一个发展的过程。前批判时期，康德受哈奇森学派的影响试图从传统的道德感概念中发掘德性的最初原理，并试图通过道德感所能提供的经验性、普遍性为道德法则的有效性奠基。但这种经验性的普遍性无法满足康德先验哲学对严格性和彻底性的要求。成熟时期的康德认为道德法则只能先天地奠基于理性，因为只有理性才能保证道德法则的普遍性和必然性，而经验性的道德感则会导致道德标准的差异性和偶然性。关于感性在道德实践中的作用，他既不赞同唯理派将情感排除在道德之外，也与英国经验派的观点——将道德感作为道德判断的决定性标准和道德法则的唯一来源——保持距离。他一方面反对感性在道德中的奠基性作用，另一方面也注意到感性在实践中不可或缺的作用（特别是对他自己的形式化的道德哲学而

---

① KrV A 295/B 351。

② ApH AA7:144。

言）——理性需要感性的协助才能实现其道德法则在有限理性主体上的运用。他将传统的经验性道德感修订为一种由理性作用而产生的先天情感，并将这种道德感定义为纯粹实践理性的动力，通过它，让因感性偏好的羁绊不能自然而然地跟从道德法则的感性—理性存在者感受到道德法则的命令、意识到自己作为智性存在的规定性，从而将道德判断通过行动实践出来。

康德对道德感这样的一种界定旨在处理道德哲学中的这一个问题：抽象的、先天的道德法则如何落实到具体的、经验性的有限理性主体的行动中。就道德法则在实践行为——实践行为始终是由认知的（kognitiv）和意动的（konativ）两个要素组成——中发生和实现的层次而言，虽然理性法则可以在判断中作为"判断的原则"（principium diiudicationis），但它同时还要成为"执行的原则"（principiu mexecutionis）推动行为者将判断身体力行出来，而这个原则只能是对理性法则的敬重。同时，就评判实践行为的价值而言，行为不仅要从形式上符合道德律，而且只有当行为是出于道德的原因被推动的时候，我们才能说这个行为不仅具有合法性，而且包含道德性。

之所以作为实践主体的人需要一种动力，是因为作为有限理性存在者的人始终无法摆脱感性的规定性，而感性偏好阻碍着他的意志与道德法则相一致。道德感，作为一种对道德法则的感受性和在这种感受性中推动主体实践法则的力量，就承担着在理性的抽象法则和感性的具体经验之间的衔接作用。这样，道德感就一方面具有由其理性的来源而得到保证的普遍有效性，另一方面它也是主观性的，但这种主观性并不意味着私人性和特殊性，而是可以被主体感知的、作为客观道德原则之效果的内心状态。

在这种意义上，康德对道德感含义的改造和功能的赋予一方面摒除了传统道德感概念中经验性的不确定性，另一方面弥补了形式主义伦理学的抽象性，也在一定程度上对理性与感性、先天与经验、本体与现象以及道德与幸福之间做了勾连或调和。在这种改造中，感性作为一种接受性的能力不再（像认识中那样）是接受外在对象的刺激，而是接受内在理性的规定；感性所具有的直接性——行为主体的身体与外在世界的接触直接性——不再体现为通过内外感官对世界的直观和知觉，而是体现为通过身体的行动对世界的改造。但与在理论领域中一样，康德的感性已经被赋予了理性的普遍形式，不论这种形式是在内感官的整理下为知性的统觉做准备，还是被实践理性所规定，进而推动其自身的实现。

在认识领域，对感性纯形式的探讨主要集中在《纯粹理性批判》的"先验感性论"，它构成了纯粹理性"先验要素论"的第一部分，其后是探讨知性的第二部分"先验逻辑"。因为对纯粹理性的分析是从感性开始，进展到直观的诸对象的概念，在此基础上才以原理论结束。或者可以说，我们的认识从感性接受对象的直观表象开始，进而运用知性对这些表象杂多进行综合。而在实践领域，这个顺序颠倒过来了。我们不再着眼于对外在对象的认识，而是关注自己的目的在外在世界的实现。在此，首先要考虑的不是一种接受性的能力——感性，相反，是一种包含有原因性规定根据的能力——（实践）理性。这样，对纯粹实践理性的分析则是从考察先天实践原理的可能性开始的，进展到实践理性的对象——善和恶的概念，最后才探讨实践理性与感性的结合，即前者在经验性主体上的实施。如果说对实践理性法则和概念的论述属于"逻辑"，那么关于道德感的论述则可以被看作为纯粹实践理性的"感性论（Ästhetik）"①。这种感性论所讨论的不再是一种对外物刺激的感知，而是对主体自身至上天职（Bestimmung）的感受性，具体的，因意识到道德法则而产生的情感。②

在道德领域，实践理性应该成为意志的规定根据，排除属于感官世界的因果性的干扰——这种实践理性的纯粹的、高级的运用是康德对先验的道德哲学的设定。但就日常经验中的道德实践而言，自由任性的人却并不一定会将理性法则接受为意志的规定根据。有限的理性主体意识到道德法则的命令的同时，私人性的偏好和激情也在蒙蔽和败坏理性，使得纯粹的道德法则最终无法单独决定意志。在理性的命令和感性的要求同时作用下，人经常无法服从理性法则，而产生实践理性的一种低级运用，即意志受到感性欲求的决定，违反道德法则行事。在《道德形而上学奠基》的第一章中，康德就指出，普通的实践理性虽然拥有完善的判断善恶的标准，但却难以保持自身的纯洁，常常会因需要和爱好的要求而背离责

---

① KpV AA5:90。

② 不可否认，在道德实践当中我们也需要对事务的感知能力，以便能对具体事件进行认识和做出道德判断。就此而言，道德领域中的感性也涉及感性表象的能力，甚至也涉及表象不在场对象的能力——想象力，见 Bernard Freydberg, *Imagination in Kant's Critique of practical Reason*, Bloomington and Indianapolis, Indiana University Press, 2005。但由于篇幅的限制和康德自身文本的偏重，本文对这一点不展开论述。

任，从而根本上被败坏。

与认识中康德并不把感性当作错误的原因类似，在实践中他也同样强调感性并非理性败坏的罪魁祸首，无法行善的根本原因还是在于理性自身。在《纯然理性限度内的宗教》当中，康德明确地将恶的根源确定在理性而非感性之上。他认为自然的倾向是无所谓善恶的，也与道德责任能力没有关系，恶的倾向必须是基于自由任性，所以我们只能在背离道德法则的准则之可能性的主观根据中寻找恶的源泉。康德将趋恶的倾向分为三个层次：1. 人的本性的脆弱——道德的动力因软弱而无法战胜感性偏好；2. 人的心灵的不纯正——非道德的感性动力与道德的动力混为一谈；3. 人的本性的败坏——将非道德的动力放在道德的动力之先，这也被称为人心的颠倒。如果说前两种恶的倾向只是无意的，那么第三种则是出于蓄意，是思维方式根本上的败坏，因而也被视为根本的恶。

康德认为，恶的根据既不能像人们通常认为的那样在人的感性以及由此产生的自然偏好之上，因为动物性的主体是不自由的，也不能为其行动承担责任；恶的根据同样也不能放在理性的完全败坏之中，因为人永远无法摆脱自己的道德禀赋。所以善与恶并不在于对感性偏好和道德法则的选择，而是对二者的排序，即对作为动力的二者之间的主从关系的确定，即"把二者中的哪一个作为另一个的条件"①。对于感性—理性的主体而言，自爱的感性偏好和道德法则的强制性是始终并存的两个维度，正是在这种抉择和斗争中，人的自由和理性的承担才彰显出来。如果他选择了将自爱的动力及其偏好当作遵循道德法则的条件，那么不管他在经验中的行为是否是善的，他从理知上就已经是恶的。

三、审美中的感性

审美中的感性似乎是最显而易见的，但对于康德的哲学而言却是最困难的。在最首要的意义上，康德将审美定义为通过愉悦和不愉悦的情感对对象所做的评判②，而愉悦的情感如何能成为普遍（可传达）的，就成为康德批判美学的核心问题。在

---

① Religion AA6:36。
② KU AA5:211。

理论哲学和道德哲学中，感性都是作为质料与作为形式的理性（理论的或实践的理性）相结合，以服务于后者的高级运用，并为了这种服务性的功能（更易为知性或理性所规定）而被赋予了先天的形式或规定性：在认识中，在先天的直观形式下获得的现象是具有确定性的，这些直观杂多经过知性先天思维形式的整理产生知识；在道德中，根源于理性的敬重不再是经验性的，而是先天性的情感，它作为实践理性的动力推动道德行为的发生。在这两种情况下，被康德改造过的感性（直观和情感）已经变得不那么偶然（不确定）和主观（私人化），这种改造可以看作是一种感性的理性化。而康德要在先验哲学的背景下探讨关于美的科学要面临的最大挑战也在于此——对经验性、主观性情感的理性化改造。

这里对审美情感的改造比他对道德情感的改造会更为复杂：首先，感性 / 审美性（ästhtisch）的属性是美学的基本属性，而不再是哲学的一个部分。如果说在理论领域，感性直观作为认知的质料是开端性的；在实践领域，作为动力的道德情感关乎的只是理性法则在主体及其感性上的应用和实现；那么感性在审美中则是贯穿始终的——在这种意义上，美学（Ästhetik）本身就是感性学，而作为质料的感性和作为形式的理性的相对关系也不再是感性论与逻辑论的关系，而是贯穿在康德美学的整体当中。

这种困难性其次在于美学的独立性要求。道德哲学中的敬重感可以看作理性对感性规定的结果，这种规定性也保证了道德情感的普遍必然性。要使美学真正独立于认识和道德，感性就不能再被知性或理性的原则所规定，而需要有一种针对情感能力的先天原则，以保证审美的普遍有效性和必然性。为经验性的情感寻找先天的原则，曾一度令康德自己也视为是不可能的。《纯粹理性批判》中，康德曾明确批判鲍姆嘉通创立一门独立学科（美学）的做法是"不恰当的愿望"，他并不认为讨论鉴赏力批判的美学（Ästhetik）能有理性的原则、能上升为科学。[①]但在 1787 年一封写给莱因赫尔德的著名的信中，康德改变了这种观点，他宣称，继前两个批判中分别发现了认识能力和欲求能力的先天原则之后，他终于发现了第三种能力（愉快和不愉快的能力）的先天原则。这种原则就是康德后来在《判断力批判》中赋予

---

① KrV A21/B36。

反思判断力的自然的主观的合目的性原则。^①如果说愉悦的情感是鉴赏判断的质料性要素，那么合目的性原则就可以看作是它的形式条件。

鉴赏判断中作为形式的理性与作为质料的感性之间的对待首先体现在合目的性原则和愉悦情感的关系上——前者作为审美反思的先天原则调节了想象力与知性的自由游戏，而后者则是这种协和一致的结果。虽然愉悦的情感是审美判断的标志和规定根据，但这种鉴赏判断并非通过感官（如感性的感官判断中那样）与愉悦情感直接发生联系，而是通过首先意识到在对给予表象的反思中诸认识能力之间主观合目的性原则（这个原则在"审美判断力的辩证论"中进一步被康德确定为来源于一种对超感官之物的先验的理性概念），之后才在这个单纯形式所引起的愉悦情感中得到确定的。与认识和实践不同，这里的形式并不规定质料，质料也并不服务于形式，审美反思中的合目的性原则并不预先设定任何目的，且质料本身成为形式所指向和存留的意义——诸认识能力之间协和一致的关系正是因为其自身自由和激活的状态（这种状态合乎了感性的目的，即活跃感性生命力）而被维持着的。

感性与理性的对待关系不仅体现在鉴赏判断的构造层次当中，而且也体现在审美反思内部的运行机制之上。在对美的对象中，我们反思到想象力与知性的自由游戏，在这种游戏中，知性作为一种智性的表象能力服务于作为感性表象能力的想象力，也就是说，知性的合规律性在此并不急于行使自己的规定性，即运用概念判断对象，而是辅助想象力生产性的和主动的创造活动。在此，想象力是自由的，但同时也是合规律的。第一批判中想象力在知性范畴的框架之下作为一种先验图型对表象杂多进行整理，想象力与知性的协和一致表现为知性对想象力的规定；而在审美中想象力是一种独立的、自发的产生表象的能力，是一种"可能直观的任意形式的创造者"^②。与其说想象力与一种概念性能力协和一致，不如说想象力本身的自由活动同时也是合规律性的，甚至可以将这种关系看作想象力自身内部的两种功

---

① 康德对合目的性原则的寻找也并非一蹴而就。在持有经验主义美学立场阶段，康德曾试图用"感性的法则"解释审美类似知性的经验性的规律性。后来，康德也曾用感性直观的法则，即时间和空间的先天形式当作审美的原则。见 Manfred Frank, Kants„ Reflexionen zur ästhetik":Zur Werkgeschichte der„ Kritik der ästhetischen Urteilskraft", In: Revue Internationale de Philosophie, Vol. 44, No. 175 (4), pp. 552-580。

② KU AA5:240。

能——领会功能和时间性规则的图型的展示功能——的和谐一致。^①

在对崇高者的反思中，想象力不再与知性的概念相关，而是与理性的理念协和一致。但这种感性与理性的关系又与道德感中的不同，在后者当中，理性的欲求能力对于感性欲求能力是强制性的和规定性的，因此，这种协和一致是一种有目的的合目的性，所合乎的目的是理性的目的。而在崇高中，想象力一方面在遭遇到绝对的大或者强力之时受挫和受到强制，但另一方面，受挫中的对理念的不适合性和不愉快却唤起了对某种我们自身心中的某种超感官能力的情感——对于唤起的这种理念而言，这种不合适性却恰恰被表现为合乎目的的，所以对它的情感表现为愉悦的。所以，主观的合目的性正是通过一种不合目的性、愉悦正是通过不愉悦才是可能的。

如果说在认知和道德中，感性被理性所规定，并为其服务；那么在美的鉴赏中，感性有了更为自由的空间，知性服务于感性，而在关于崇高的判断中，感性与理性处于一种更为复杂的关系："理性施加感性之上的强制力，为的只是与理性自身的领地（实践的领地）相适合地扩大感性，并使感性展望那在它看来为一深渊的那个无限的东西"^②，就是说，理性的理念被感性化呈现的同时，感性也得到了扩展，理性和感性在此互相促进，彼此服务。总之，在审美中，人之存在的两种维度——感性和智性更加自由、平等，也更富有张力、具有创造性。

前面提到，康德在认识和道德领域中为感性做辩护——认识中的错误和道德中的恶不能归咎于感性，那么他的美学可以看作对感性最为彻底的正名：感性虽然是主观的和偶然的，但却能通过先天原则的调节，成为普遍的和必然的；感性也不再是完成知性认知和理性实践的辅助性要素，相反，成为独立的、与知性和理性平行的维度。

以上是就先验层面上判断力的高级运用而言。与知性和理性一样，判断力也会"犯错"，同样存在低级的运用。在认知和道德领域，感性的主观性和偶然性都会阻碍和破坏知性和理性的普遍和必然的规定机制（在认知中是经验的有限性和

---

① 见 Rudolf A. Makkreel, *Imagination and Interpretation in Kant,* Chicago and London, University of Chicago, 1990, p. 56。

② KU AA 5:265。

对表象杂多进行连接的偶然性；在实践领域则是私人感性欲求的私人性和其作为意志规定根据的偶然性）。与知性和理性作为规定性的能力不同，审美的判断力是反思性的，在反思当中没有一个先在的目的和概念对判断进行规定。感性的主观性和偶然性（感官偏好的私人性和其引起愉悦情感的特殊性）破坏的不再是规定性的结构，而是反思性的形式。在快适（审美判断力的低级运用）中，既没有一个对主体内心心灵中诸认识能力关系的反思，也没有对主体外与其他主体的社会性关系的反思，愉悦的情感仅来自于感官爱好的刺激。如果判断力将这种外感官的刺激—反应的本能性（pathologisch）模式而非对内感官的反思当作判断的依据，那么审美判断力也就放弃了自己判断的机能（反思）以及反思的原则（主观合目的性原则）。

总结来看，在知性、理性和判断力的低级运用中，起着消极作用的感性都是在被动接受现象界的经验性因果律，这种由被动性所决定的感性的特殊性和偶然性区别于具有先天普遍原则的知性、理性和判断力所能赋予判断的普遍性和必然性。诸高级认识能力在各自的运用中是选取自己的原则（自律），还是根据感性的偏好来做判断（他律），就成为区分高级和低级运用的标准。

四、总结以及一种尝试

虽然康德的批判哲学主要探讨的是（广义的）理性先验的运用，但他也并没有忽略理性在日常情景中可能出现经验性的运用。前者探讨的是通过高级认识能力的纯粹运用，即认识、道德和审美是如何可能、如何成为具有普遍必然性的科学的问题，后者探讨的是通过诸高级认识能力的不纯粹的运用（具体体现为三种经验性能力：普通的人类知性、普通的实践理性和普通的审美判断力[①]），即认识、道德和审美怎样不可能、如何没有按照先天原则成为应然的问题。在这两种应用——纯粹的、先验的应用和不纯粹的、经验性的应用中，二者的区别在于诸高级认识能

[①] 与明确地使用"普通的人类知性"和"普通的实践理性"不一样，康德并没有使用"普通的审美判断力"这个概念。对此概念的分析见笔者的论文《向普遍性的提升——康德论教化与艺术文化的融合》，《安徽大学学报》2015 年第 4 期，29—33 页。

力所依据的原则（先天原则或者经验性原则）以及效力（客观的普遍有效性或者经验性的主观有效性），落实到理性与感性的关系上，这种区别在于高级认识能力是否能履行它们的统帅性的职责，能否抵制感性的干扰和误导而坚守其先天原则和运行机理。在这两个层面上理性与感性的具体关系可通过下表呈现：

应用领域	认识领域	实践领域	审美领域
心灵能力	认识能力	欲求能力	愉悦和不愉悦的能力
高级认识能力	知性	理性	判断力
先验层面高级认识能力的高级应用	先天知识	道德行为	鉴赏判断
高级应用中智性的作用	知性的形式	道德法则	调节性的先天原则
感性的积极功能（感性论）	知识的质料（时空形式）	纯粹实践理性的动力（道德感）	愉悦感作为判断表征想象力的创造性运用
日常经验中使用的高级认识能力	普通人类知性	普通人类理性	普通的审美判断力
高级认识能力的低级应用	错误	无法行善	快适
感性的消极功能	经验性联想律连接表象杂多	感性欲求决定意志并成为行为动力	感官偏好引起愉悦的情感

如果说在经验层面，感性的各种消极功能起作用的原理都比较相似，那么在先验层面，即诸高级认识能力的高级运用中，感性的各种积极功能之间却差异较大。虽然都是在感性论（Ästhetik）的标题之下，感性直观的时空形式及其与感受的结合（认识中的先验感性论）、作为道德情感的敬重（纯粹实践理性的感性论）与审美鉴赏（评判能力的感性学[①]）似乎关联并不太大。可以想见，康德对其哲学体系的构造都是以理性能力为框架和中心的，即使感性被从错误根源的名义中解救出

---

① EE AA20: 221。

○ 青年美学论坛 ○

来，但总体上还是用以辅助理性的功用、补充理性构建中的不足，对各个感性论也并没有预设体系性的关联，但我们仍然可以尝试寻找各个感性论之间的关联和规律。

首先，重新回到感性的定义，感性是一种接受性的能力，接受的对象既包括我们身体所接触到的外在对象，也包括我们心灵内在的理性属性，如果说前一情况下我们自身存在的偶然性和有限性导致了所接受的表象的限制，那么后一种情况下感性对理性的法则和原则的感受则使其得到了扩展和提升——它的被动性不再是它的劣势，相反却成为改变自己劣势的优势。其次，感性是被动的，无法给予规则的。对于接受到的表象杂多，它虽然能储存、整理，却并不能按照逻辑的规则综合统一为知识；但正是这种不加以规定的开放性为表象的自由变化提供了相对独立的空间，不仅弥补了智性规定下的呆板秩序，活跃了感性生命力，而且也反过来使得智性理念得到更为充分和生动的展示。

与接受性和被动性相关的，感性是一种与身体密不可分的能力。在认识中，对对象的感知是从身体（感官）接受到对象的刺激开始；在道德实践中，道德感虽然是内在于心灵之中的，但同时对身体是有实实在在的推动力的——这种功能是理性始终无法具备的；在审美中，生命感的激活更是通过身体而得以体现。在审美的愉悦中，认知的任务和实践的目的都被搁置了，只剩下观念的自由游戏之中肉体各种器官的激荡和松弛是有意义的，这种意义在于心灵与肉体互相促进当中"所产生出生命力的某种平衡"①。

正如康德所说，情感总是身体性的，生命力的活跃和彰显同样也是落实在身体之上的："快乐和痛苦最后毕竟总是身体上的，不论它是从想象开始，还是哪怕从知性表象开始，因为生命若没有身体器官的感受就只会是其实存的意识，但绝不会是舒适或不舒适，即促进或阻碍生命力的情感；因为内心自身单独就是整个生命（就是生命原则本身），而阻碍和促进必须到它之外，但有时在人自身之中，因而到与他的身体的结合中去寻找"②。

如果说审美是康德引入身体维度最为明显的哲学部门，那么同时，康德在此对身体实存的维度也是最为警惕的。在鉴赏判断的第一个契机，关于质的契机当中，

① KU AA5:332。

② KU AA5:277f.。

康德一方面展示的是审美愉悦对"主体的生命感"①的肯定，另一方面则强调鉴赏判断的无关利害性，即纯粹的反思排斥其他利益（特别是感性欲求上利害）的干涉（否定性）。在分析力学的崇高时，康德一方面将崇高的对象界定为我们无法抵抗的具有强力的对象，另一方面也强调我们只有在安全不受威胁的时候才能以静观的姿态欣赏崇高，才能从感性的被压制中跳脱出来发现自己人格的崇高。这种对身体运用的警惕可以看作是对身体自身目的的一种维护：在审美中，身体既非接受认知材料的器皿，也非实现意志的生理载体，更不是偏好和欲求的奴隶，而是停留在对自己与心灵的互相激发之中——不管这种激发是温和的（在美的判断中）还是决裂式的（在对崇高的判断中）。

最后一个值得提及的是感性论中一种时间性的视角。认识、道德和审美的感性论中最为明显的差异在于认识中的感性兼指内外感官（时间和空间两种维度上），而审美和道德中则更强调来自内感官的感受——情感。那么三者可能的关联和比较就只能是在内感观以及时间性的维度上进行：认识中对所接受的表象按其时间发生的顺序进行整理，以便进一步被统摄在知性的范畴——最为典型的因果性范畴——之下，这种整理可以看作是对过往事实之间连续性关系的认定；实践的道德感作为一种与欲求能力相关的推动力是朝向未来的，即指向将来意欲发生的行动；而审美中的愉悦则关注主体当下直接的身心状态②，正如康德所言，"保持这种表象本身的状态和诸认识能力的活动而没有进一步的意图"③。这样，从所关注的时间段而言，认识、道德和审美的感性论分别对应的是过去、将来和现在。

这种时间性的维度我们也可以通过与各种感性论所对应的理性形式的时间图型做进一步阐发：如果我们把认知中的合规律性聚焦于因果律，把实践和审美中的合目的性看作是因果律的一种颠倒（将结果设置为目的），那么，在认识中的因果性的时间图型是"时间的连续相继"——"（由原因和结果）构成的不断下降的系列的连接"④；而合目的性则是一种时间上向下降和向上溯两种序列的同时并存——

---

① KU AA5:204。
② ApH AA7:251。
③ KU AA5:222。
④ KU AA5:372。

一方面是正常事情发生和进展的因果序列，另一方面，"被称为的结果的物却在上溯中获得一种它自己的原因之物的原因的称号"①，在道德实践中，我们预先设定了活动的目的，这个活动的结果合乎了目的，我们就说这个活动是合目的性的。在这种客观的合目的性中，目的是外在于活动本身的，所以从时间序列上，从因到果向下推的序列与从效果到目的向上溯的序列可以看作为一个循环。

与道德中有目的的合目的性不一样，在审美中我们并没有预先设定任何目的，这个活动本身所展示出来的主观状态成为一种目的，诸认识能力之间和谐一致的状态既是目的同时也是实现这种目的的手段，康德将愉悦定义为这样一种表象，"它包含有使主体保持在同一状态中的某种表象的理由"②，愉悦不仅是诸认识能力和谐一致的结果，而且就是这种状态维持下去的原因，这样，向下推和向上溯的两个序列所构成的循环就微缩成为一个点上的运动。在这种意义上，审美的合目的性对象的时间图型就是一种典型意义上的"同时性"（Zugleichsein）③，它不仅体现了一种手段和目的的交互性——想象力和知性交替地互相促进④，在各种各样、不停变化的领会和展示中保持这种激活的状态，而且也体现了合目的性关系的内在性——诸认识能力的协和一致（活动和状态）自身就是一种目的，而不再追求外在的目的。在康德美学的时间之维上，一个不断延续的当前构成了所有的意义，"我们留连于对美的观赏，因为在这种观赏自我加强和自我再生"⑤。这种美的时间性维度也被另一位几乎与康德同时的德国伟人歌德意识到，并通过浮士德之口以令人可以放弃灵魂的誓词的形式表达出来："逗留一下吧，你是那么美！"⑥

① KU AA5:372。

② KU AA5:220，重点为原著所加，也参见 ApH AA7:231。

③ KrV A211/B257. Frank 曾通过将审美的合目的性与知性的交互因果性概念和理性的先验合目的性理念进行类比，认为基于一种目的和手段的交互关系的审美合目的性所对应的图型是同时性。见 Manfred Frank, Kants„ Reflexionen zur ästhetik":Zur Werkgeschichte der„ Kritik der ästhetischen Urteilskraft", In: Revue Internationale de Philosophie, Vol. 44, No. 175 (4), pp. 552-580。

④ EE AA20:224。

⑤ KU AA5:222。

⑥ Johann Wolfgang von Geothe, *Faust*, Frankfurt am Main, Deutscher Klassiker Verlag , 2005, S. 76.

感性与主体性

——从现象学的立场略论美学研究面临的根本问题

李建军

武汉大学

———— * ————

[摘 要]本文在扼要回顾美学史的基础上，突出审美活动与精神自由的内在关联；审美的自由的可能性，将感性的丰富内涵重新带回到美学家的视野，促使美学回归到对纯粹感性活动之发生机制的关注；在这个意义上，现象学直观的美学意义也得到了呈现；胡塞尔现象学对主体性问题锲而不舍的探索，也启迪着美学研究者，去面对感性与主体性的微妙关联，进而深刻认识到，此乃美学研究面临的根本问题所在。

[关键词]审美 精神自由 感性 现象学直观 主体性

审美活动事关精神的自由，这是本文的一个基本出发点，因为在审美活动发生的当下，人的精神是愉悦的，是不计较利害的，因而也是不受对象牵绊的。这虽然是康德美学的基本见解，但是，如下文将要简要勾勒的，它其实上承柏拉图、亚里士多德，下启黑格尔等大哲学家，已经将美学研究面临的根本问题和盘托出：感性与主体性的关系问题。当代的阿多诺（Theodor W. Adorno）虽然苛刻地批评康德和黑格尔"能写大部头的美学著作，却对艺术一无所知"，[①]但实际上他也不能无视这一根本问题。[②]

"感性和主体性的关系"之所以成为美学研究面临的根本问题，就在于审美经验的发生一方面是与感性密切相关的，但是另外一方面它却并不依赖于审美对象的设定。从对象的"逼迫"中解放出来的审美主体是谁呢？或者这样的审美自由是谁的自由呢？作为审美者的"我"是自由的，但这个"我"又不是日常自然意识中和对象共生共灭的因而受其牵绊的"我"，他不依赖于对象但是并非没有对象。因此，对审美活动的分析并不能从常规的认知模式入手。审美对象的确定并不是美学面临的真正问题，审美的主体也不同于日常认知活动中的"我"。美学势必回归到对纯粹感性活动之发生机制的关注。这样现象学所强调的意识内容的"现象性"的独特意义就得到了凸显。所以，在讨论中，笔者将引入现象学的话语来契入作为"感性之学"的美学所面临的根本问题。[③]

一、美学研究的实质

黑格尔将艺术、宗教和哲学都看作是绝对精神（der absolute Geist）的显现，因而在本质上最终都关乎"精神的本性是自由"这一共同内容。与之相应的精神的活动方式，在宗教和哲学分别是"表象"（Vorstellung）和"哲思"（Denken），在审美活动中的则是"直观"（Anschauung）。既然精神的这三种活动方式就融合在我们的日常生活中，那为什么"精神的本性是自由"往往是一个与一般人的生活不相关的

[①] Theodor W. Adorno, *Ästhetische Theorie, Gesammelte Schriften* Vol. 7, Frankfurt am Main: Suhrkamp Verlag, 1970, p. 495.

[②] Theodor W. Adorno, *Ästhetische Theorie, Gesammelte Schriften* Vol. 7, p. 410. 此处可见"自由"与"主体性"的问题仍然是阿多诺美学思想的核心关注，正如康德和黑格尔一样。

[③] 国内关于现象学美学的探讨可以参考：汤拥华《西方现象学美学局限研究》，哈尔滨：黑龙江人民出版社，2005 年；王子铭《现象学与美学反思——胡塞尔先验现象学的美学向度》，济南：齐鲁书社，2005年；苏宏斌《现象学美学导论》，北京：商务印书馆，2005 年；张永清《现象学审美对象论——审美对象从胡塞尔到当代的发展》，北京：中国文联出版社，2006 年；张云鹏、胡艺珊《现象学方法与美学——从胡塞尔到杜夫海纳》，杭州：浙江大学出版社，2007 年；张永清《现象学与西方现代美学问题》，北京：人民出版社，2011 年。

抽象的哲学命题呢？此处我们暂且撇开宗教和哲学不谈，而专注于审美活动与精神自由的关系。当精神自由还没有在日常人生的当下被实证的时候，我们的感性活动就尚未是审美的，审美的自由就还是心灵世界中一个若有若无的奥秘。

感性的审美活动关乎心灵的奥秘，这一点我们可以通过一个扼要的美学史的回顾来领悟。

在柏拉图看来，不仅作为现象世界的自然是理念世界的影子，而且一切人为制造的东西，包括不直接以实用为目的的艺术品，也是理念世界的影子（比如木匠制作的椅子）或影子的影子（比如绘画）。这些影子般的美的形体，不管是自然界的还是人为创作的，都启示着爱美者去回归心灵，去学会"把心灵的美看得比形体的美更可珍贵"，最后去领略那超越了个人心灵世界的、更为本源性的理念世界的最高的美，"这种美是永恒的，无始无终，不生不灭，不增不减的。"[①]在这个意义上，探索美就意味着探索心灵。美学史上流行的摹仿说在柏拉图那里就遭到了质疑；自然美和艺术美在柏拉图的眼中是没有本质区别的，都还不是真正的美。

虽然美学中所关注的"诗歌（悲剧）、音乐、绘画、雕刻"等"美的艺术"都被亚里士多德称为"摹仿的艺术"，而且亚里士多德也放弃了柏拉图的理念说，然而诗人——或者一般意义上的艺术家——所选取的摹仿对象，不管其是"过去或当今的事"，还是"传说或设想中的事"，或者"应该是这样或那样的事"，[②]"摹仿的艺术"都是人类心灵的产物。所以，即使是在亚里士多德那里，人为艺术活动所"摹仿"的对象也绝对不是简单意义上的作为"现实"的自然。他在《政治学》中说："美与不美，艺术作品与现实事物，分别就在于在美的东西和艺术作品里，原来零散的因素结合成为一体。"[③]亚里士多德在谈论美时略去"自然"而集中于"艺术"，以及他暗示美的作品不同于"现实事物"是因为它们经过心灵的整合，等等，这些思想在根本上其实仍然接续着柏拉图，即通过分析"摹仿的艺术"，去探索美的本质，进而探索心灵。

---

① 　柏拉图《柏拉图文艺对话集》，朱光潜译，北京：人民文学出版社，1963 年，271—272 页。朱光潜《西方美学史》，北京：人民文学出版社，2002 年，45 页。

② 　亚里士多德《诗学》，陈中梅译，北京：商务印书馆，1996 年，177 页。

③ 　转引自朱光潜《西方美学史》，76 页。

康德对美的分析是围绕着"趣味"（Geschmack）这一概念展开的。[1]他说："审美趣味是一种不凭任何利害计较而单凭快感或不快感来对一个对象或一种形象显现方式［Vorstellungsart］进行判断的能力。这样一种快感的对象就是美。"[2]这是从质的方面看审美判断，同时也为他进一步从量、关系和模态三个方面去丰富对美的分析奠定了基调[3]：审美活动是主观性的（单凭快感不快感进行判断），但却有着客观性的内容（审美对象引起普遍的、必然的、暗合目的性的快感）。审美活动（判断力）的独特之处就在于，它有着"知性"的客观性方面却又不凭借"概念"，它是个人的主观性的，却又关乎人人都可以亲自去印证的属于实践"理性"的精神的"自由"，由此成为沟通"知性"和"理性"的桥梁。在康德那里，"审美快感"体现的是精神的"自由"："所谓'自由'就是审美活动不受欲念或利害计较的强迫，完全自发。这个概念是和［……］'游戏'概念［……］密切相关的，也和'无私'的概念密切相关。"[4]《判断力批判》的核心洞识就在于，要在受到种种限制和规定的知性活动中，突出人类心灵对美（以至崇高）的感知能力，从中见出精神自由的可能性。这种自由显现为精神本身恒具的愉悦感、生命力的畅通、天才的创造性（自由的人就是天才；"康德强调艺术的不可摹仿性以及天才与'摹仿精神'的对立"[5]），等等，最终彻底实现于道德生命的证成（"美的理想"）。康德美学的关键点因此就落在下面这个问题上：感性的审美活动既然必然与对象（不管这对象是自然物还是艺术品）发生关联，那么审美趣味又如何可能是"不凭任何利害计较"而真正"无私"的？究竟说来，这就涉及人类心灵（精神生命）的奥秘了。

　　研究美其实就是研究人的心灵。这一点在黑格尔那里得到了最为有力度的体现。他将"自然美"从美学里剔除，将美学浓缩为"艺术哲学"。黑格尔认为"艺

①　Kant, *Kritik der Urteilskraft*, B 69/A 68, Werkausgabe Band 10, Frankfurt am Main: Suhrkamp Verlag, 1974.

②　Kant, *Kritik der Urteilskraft*, B 17, 18 / A 17, 18. 译文采用朱光潜：《西方美学史》，第 353 页。

③　从量的方面看审美判断："美是不涉及概念而普遍地使人愉快的"；从关系方面看审美判断："美是一个对象的符合目的性的形式，但感受到这形式美时并不凭对于某一目的的构想［Vorstellung］"；从模态方面看审美判断："凡是不凭概念而被认为必然产生快感的对象就是美的。"译文采用自朱光潜《西方美学史》，356 页、360 页、361 页，略有改变。

④　朱光潜《西方美学史》，352 页。

⑤　朱光潜《西方美学史》，377 页。

术美高于自然",是因为"艺术美是由心灵产生和再生的",而心灵比自然高贵："只有心灵才是真实的,只有心灵才涵盖一切,所以一切美只有涉及这较高境界而且由这较高境界产生出来时,才真正是美的。就这个意义来说,自然美只是属于心灵的那种美的反映,它所反映的是一种不完全、不完善的形态。"①黑格尔斩钉截铁将美的本源确定为人的心灵,这使我们不得不重新回到柏拉图,虽然他对美的研究和柏拉图时代相比,已经丰厚且系统化了很多。

综上所述,我们可以看到,感性的审美活动中透露着心灵的秘密,而且立足于感性的艺术的根本内容也是与宗教、哲学相通的,毕竟事关精神的自由。然而,"美在心灵"虽是大哲学家们或明确或暗示的根本见地,而且这也是熟知美学史的学者们的常识,但是要使之成为解决审美问题的最终的明晰的答案,还是有许多疑难摆在我们的面前。这些疑难不仅涉及日常人生,而且也涉及最根本最重大的宗教、哲学问题。②既然感性生活无时不有,那么站在常人的立场,我们要问,为什么过一种审美而自由的生活并不那么现实?要回答这个问题,我们并不能依赖于审美对象的设定。或者换句话说,并不是把所谓美的作品或者所谓的美景呈现在受众面前,就可以让他们必然地获得自由而愉悦的审美体验。此外,为什么在无知性活动(分别、判断等)牵涉的纯粹感性直观中的"忘我"的自由(比如"禅者"的人生境界)是可能的?③

① 以上引文俱见黑格尔《美学》(第一卷),朱光潜译,北京:商务印书馆,2009年,5页。

② 后文即将要涉及的现象学对作为意识活动之根本机制的"意向性"的分析结果表明,在"美学"(aisthesis)、"伦理学"(ethos)和认识论(logos)之间并不存在严格的界限,如果有界限那也是无视"事情本身"(die Sache selbst)的人为造作。参见 Jianjun Li, *Leben als kreatives Antworten, Eine Untersuchung der responsiven Phänomenologie von Bernhard Waldenfels im Hinblick auf den Dialog der Religionen in der Lebenswelt*, München: Herbert Utz Verlag, 2016, pp. 6–13。

③ "忘我"的可能涉及后文将要讨论的"主体性"问题。另外,这里提及了"禅者",是为了暗示在佛教哲学中,也有与"感性"直接相关的修行方式被强调。感官直接获得的"现量"(直接而当下的感知)不同于从知性而来的"比量"(从推理而得来的知识);从"比量"的纷扰中"抽身而出"而安于直接而当下的"现量"被认为是实证佛性(有情生命本俱的精神自由)妙用的一个法门。有关于"现量"和"比量"的论述可参见 Jianjun Li, "What is Time? – Yogācāra-Buddhist Meditation on the Problem of the External World in the Treatise on the Perfection of Consciousness-Only (Cheng weishi lun 成唯识论)," In: *Asian Studies/Azijske študije*, Vol. IV(XX), 1 (2016), pp. 53–55. http://revije.ff.uni-lj.si/as/article/view/4015/5920。

二、从感性之谜到现象学直观的美学意义

如果从传统的认知模式出发，美学研究在反思审美经验时，首先面临着审美对象之确定这样一个问题。美学史上所讨论的审美对象一般被区分为自然物和人为艺术品两大类。而且一般的看法是，艺术品源自对自然的摹仿（mimesis）。可是，如上文所述，这样的一种探索审美经验的思路从古希腊时代开始就被认为是有问题的，因为审美经验的发生与审美对象的关系并非如此的简单。不是说因为审美对象自身就是美的（审美对象的"客观外在"也因此被理所当然的假定了），所以遭遇这个对象的作为审美者的主体就必然获得相应的审美经验。究竟何种意识经验或者精神现象可以被认为是"审美的"？这个问题事关重大。因为对于人而言，审美活动中不经意间所获得的"超越物我对待的愉悦感"隐隐指向"精神自由"的可能性，所以审美对象引发美感的原因一直也都是大哲学家们根本关切的问题。

据古希腊语 Aisthesis 的本义，美学原本旨在探讨感性活动的发生机制。感觉是人与自然世界以及他人发生关联的首要且最直接的认知方式。经由感觉所摄取的信息进一步被知觉、理智等其他层面的各种意识活动（推理、记忆、遗忘等）处理后形成知识（从粗糙的一般经验性知识到高度形式化的理论知识都是意识加工后的产物）。所谓理性的认知能力即就此种形成、创获知识的能力而言，此种知识虽然是可以被修正而不断变更的，但是相比于感觉的稍纵即逝、不可捉摸而言，理论知识有着人类生活所必须的稳定性。因此，在关心、辨析确定性知识何以可能的哲学家眼中，感觉的不稳定性或者成为了怀疑主义的源泉，或者被贬低为与"真知"关系不甚密切的、初级的认知活动。感觉带给哲学家的困惑在于，它虽然是人的认知活动中最基础性的，但又是最无从把握的。直接诉诸感性的审美活动的微妙性也正系于此。因为被带到语言中的"感觉"已经不是原本的感觉了，因此作为理论探讨的"美学"面对的也不再是直接的审美经验。这也正好可以解释，为什么在美学中审美对象的确定一直是个难题。美学之变成艺术哲学，以及美学的关注对象从自然到艺术的转移，都与"感觉"的无从把握相关。

以黑格尔《精神现象学》为例，此书开篇第一章所面临的问题就是感觉的模棱两可：感觉似乎是最确定的，但却无法通过语言传递。黑格尔的美学研究并没有回避这个难题，他也没有认为这是感觉的"弱点"，而是接受反思性的精神活动无法

在感觉阶段逗留这个实相，直接从精神的作品（艺术品）出发来深入精神的本质，最终又回到了感性的真理性："真，就它是真来说，也存在着。当真在它的这种外在存在中时直接呈现于意识，而且他的概念是直接和它的外在现象处于统一体时，理念就不仅是真的，而且是美的了。因此可以这样来定义美：'美就是理念的感性显现。'"[①]黑格尔哲学的这个见地体现在他的整个哲学体系之中。在《精神现象学》结尾处黑格尔也以一种往往令人疑惑不解的方式强调了"绝对知识"具有和感性认知同样的"直接性"（Unmittelbarkeit）。这里以黑格尔为例，就是为了回到直接而当下的"感觉"的"神秘性"，并以此为基础追问美感或者美的本质。[②]

有关于美的思考，究竟是应该从审美对象出发还是应该回到原初的审美经验本身？如果美学研究必须首先假定审美对象的存在，就会陷入审美对象其实无法明晰界定的难题。如果我们事先已经"约定俗成"地假定了某些东西或者事物是美的（比如某些公认为很美的自然景观或者艺术作品），又回过头来反思性地分析这些东西或者事物美的原因，那么我们关注的就不再是审美经验本身。据康德的说法，审美经验是主观的，令人感到愉悦的，但却又不是因为意欲而起的。这里关键性的问题是：在纯粹的审美经验中是否有明确的审美对象呈现？如果在审美活动中，精神是依赖于特定的对象的，那么按照现象学对意识之根本活动机制的分析，审美活动就不可能不关乎意欲。

现象学揭示了意识活动的根本机制是意向性（Intentionalität）。意向性包括解释（Bedeuten）和意欲（Begehren）两个方面，它们交织在一起，互相渗透，相辅相成。任何意识对象的产生都是解释和意欲着的意识活动的产物。[③]如果康德所说的因审美而来的愉悦感是不夹杂意欲的，那么审美活动就是不同于一般的立足于知性的对象性意识活动。也正是因为如此，在探问美的本质的过程中，应该避免先行设定审美对象，回到审美经验本身。我们因此而获得的启示是，美学研究应该回归它的初

---

① 　黑格尔《美学》（第一卷），138 页。
② 　黑格尔打通"感性"和"理性"之间的隔碍的美学慧悟和禅宗"触目遇缘，当下即是"的见地颇有会通之处，笔者曾撰文略论之。可参见 Jianjun Li, "Philosophieren in der Zeit. Eine Überlegung zur denkenden Mystik an Beispielen aus Hegels Philosophie und dem Chan-Buddhismus", In: *Bochumer Jahrbuch zur Ostasienforschung*, Vol. 37. München: IUDICIUM Verlag, 2015, pp. 141-160.
③ 　当代现象学家瓦登菲尔斯（Bernhard Waldenfels）对此有具体的论述，可参见 Jianjun Li, *Leben als kreatives Antworten*, pp. 6-9.

衷，其重点不是先去确定审美对象，然后再在审美对象那里发掘美的本质，而是去分析感性活动的发生机制。

正是在这个背景之下，作为"经验之科学"（die Wissenschaft der Erfahrung）的现象学凸显了其独特的美学意义。感性活动的扑朔迷离重新成为令人惊奇的"事情本身"，美学研究也因此势必回归感性的审美经验。现象学直观的美学意义也正体现于此。1907 年，胡塞尔在一封写给霍夫曼斯塔尔（Hofmannsthal）的信中，对"审美直观"（ästhetisches Schauen）和"现象学的直观"（phänomenologisches Schauen）的共同之处做了简略的说明："对于［艺术家］来说，在他观察世界的时候，世界成为现象，世界是否存在对他来说是无关紧要的（gleichgültig）。这正如哲学家［此处特指现象学家］（在进行理性的批判时［inderVernunftkritik］）的情况一样。"①在这个意义上，现象学直观是有着审美特性的。

在审美的现象学直观中，意识内容的现象性（Phänomenalität）得到了凸显；在意识中呈现的一切，并不被理所当然地视为外在的对象性事物，它们只是意识"荧屏"上显现的象，意识并不能假定它们的独立存在。这样一种直觉性的观照是审美的，因而是令人愉悦的。因此，观照着的生命时时处处享受着这种审美愉悦。观照者就是艺术家，他的生活就是艺术创作。胡塞尔肯定这种直观是哲学家必备的素质，这一点与所有通过审美直观从而获得审美享受的人一样。然而，对"现象性"充满好奇的哲学家并不能仅仅停留在直观性的审美享受之中。胡塞尔接着说，虽然"现象学直观因此是邻近'纯粹'艺术的审美直观的"，但是，"它不是为了获得审美享受，而是为了进一步的再去探索，去求知，去将一个新的（哲学）领域的主张明晰化。"②由此可见，理性的现象学家和沉醉于审美的艺术家的不同乃在于，他们不满足于"仅仅是凭直觉（intuitiv）去领悟（sichzueignen），"他们还要"去探索世界现象（Weltphänomen）的'意义'（Sinn），并通过概念去把握它。"③如下文

---

highest① 　Edmund Husserl, "Phänomenologisches Schauen und ästhetisches Schauen: Brief an Hofmannsthal", In: Edmund Husserl, *Briefwechsel*, Dordrecht: Kluwer Academic Publishers, 1950ff, Vol. Ⅶ, p. 133.

② 　Edmund Husserl, "Phänomenologisches Schauen und ästhetisches Schauen: Brief an Hofmannsthal", In: Edmund Husserl, *Briefwechsel*, Vol. Ⅶ, p. 133.

③ 　Edmund Husserl, "Phänomenologisches Schauen und ästhetisches Schauen: Brief an Hofmannsthal", In: Edmund Husserl, Briefwechsel, Vol. Ⅶ, p. 133.

将要进一步探讨的，从根本上而言，现象学家的这个态度涉及感性与主体性的微妙关系。

三、审美的现象学直观中的"我"是谁？

审美的现象学直观固然指向精神自由的可能性。这里的问题是，沉醉在美的享受中的这个"我"，或者，与一切现象暂时处在一种自由关系中这个观照着的"我"，他到底是谁？当"我"被付诸纯粹感性直观的时候，"我"即从自然意识状态的忙碌（"解释"和"意欲"）中解脱出来了，因而吊诡的是，那个日常的"我"似乎正好被遗忘了。简单地说，在"忘我"的时候，"我"反而是自由的。正是这个"矛盾"使得审美的现象学直观变得"意味深长"，也使得"感性"成为了可以深入"主体性"之谜的一扇最切近却往往又最难进入的"门"。

上述胡塞尔现象学中内蕴着的那股"理性冲动"正是根源于他对主体性问题的进一步思考。"现象学的直观"被他视为继续深入探索意识本质的一个基本训练。他的初衷在于通过这种直观而发掘出意识活动的先验原则，从而为进一步解决主体性问题打下基础。使得一切意识经验或者现象（包括科学认知）成为可能的那个"我"往往被称为"先验自我"（das transzendentale Ich）或者"纯粹自我"（das reine Ich）。康德对哲学史上的主体性问题的解决方案做了一个总结："先验自我"虽然是在一切认知活动中必须被假定的，但却并不能成为知识的对象，它只有在道德实践之中才能得到真正的确证。尽管有康德的"批判"在先，胡塞尔仍然欣喜地宣称他找到了通向"纯粹自我/先验自我"的路径。通过"现象学还原"（phänomenologische Reduktion）①，胡塞尔意欲发掘出使现象性意识得以成为可能的"纯粹自我"，从而从根本上解决与精神自由相关的主体性问题。这里的问题是，即使"纯粹自我/先验自我"可以成为某种确定的哲学知识的内容，经验自我还是逃脱不了人生在世的时间性，因而自由的现实性终究还是一个实践课题。

---

① "现象学还原"一般包括"本质还原"（eidetische Reduktion）和"先验还原"（transzendentale Reduktion）两个层面。对胡塞尔"现象学方法"（phänomenologische Methode）的一个批判性分析可参见 Bernhard Waldenfels, *Grenzen der Normalisierung. Studien zur Phänomenologie des Fremden 2*. Frankfurt am Main: Suhrkamp Verlag, 2008, pp. 19-45。

日常自然意识基于其活动的根本机制（意向性），处于无休止的自我分化（Selbstdifferenzierung）之中。意识对象和与这个对象相对的"自我"（Ich），是在这个过程中同时产生的。自然意识中的"自我"生活在"知见的洪流"之中，忙于处理（分析判断）纷至沓来的各种信息。在这个意义上，"感性之谜"与人生在世极其微妙的"时间性"密切相关。审美的生活脱离不开对眼、耳、鼻、舌、身之"显象"功能的微细体察。审美的现象学直观突出了处于人类认知活动最外围的感性的重要性。但是，纯粹的感知虽然时时现行，却并不易成为生活当下的切实受用。因此，如何在日常生活中时时处处回归到纯粹感性的"审美"状态，不是狭隘的艺术哲学或者美学问题，而是根本的人生哲学问题。

日常人生是时间性的，因此"世界现象"在意识之流中是不断涌现的。观照性意识状态下的审美自由是时间性的吗？或者，这种自由意味着"审美者"（"观照者"）必须从日常时间性意识中解脱出来吗？又或者，既然审美者因不能脱离日常生活的"柴米油盐"而不得不随时完成从"现象学态度"到"自然态度"的切换，审美的自由经受得住时间性的扰动吗？感性的不稳定性与人生在世的时间性内在相关。如上文已经提及的，自古以来人们对感性的怀疑，在根本上就涉及因时间性而来的认知上的不安。这种不安可以通过下面这个例子呈现出来：当一个人有审美体验时，他可以完全发自内心地说出"我觉得美"这句话，而不导致交流上的障碍，即使和他身处同一场景的人实际上也并不觉得美；但是，如果他说"这是美的"，这就面临着要把随时而生的"感性"内容变成确定性知识的难题（比如如下美学难题会被提出：为什么这个对象是美，这个对象的美可以被普遍体验到吗，之类的问题）。审美的自由既然离不开感性，这是不是意味着审美的自由尚不稳定，随时都会失落？在此，我们其实将"主观性的审美愉悦感是否也是普遍必然的"这个传统的美学疑难，置换成了"纯粹感知（审美直观）是否是时间性"的这样一个新问题。

从人们日常生活的实际感受出发，可以大略地说，一般人只能偶尔不经意间享受到这种审美的自由（一般流俗所认为的自然山川的美和艺术品的美，并不必然的就是意识的实际经验）；而总是力图捕捉美的艺术家，也不能任意地进入这种自由，或者任意地获得"美"的享受。作为美学家或者现象学家的哲学家，虽然致力于反思这种自由的可能性的原因，但是这里的关键性问题是，作为美学研究对象的美，不管是自然的美，还是艺术作品的美，都已经远离了直接的审美经验，那么反思中的他们还是自由的吗？简单地说，无论上述哪种情况，审美的直观不是日常人生（包括哲学家的在内）的意识常态，虽然在究极的意义上，我们一刻也不可能脱离它而获得任何日常经验。这种随时会失落的自由还不究竟，即使是力图过一种纯粹精神生活（意识生活）的现象学家，虽然总是努力练习着通过现象学的"悬置"（Epoché/Urteilsenthaltung），去处理一切意识内容，但是他随时都会跌回到"自然态度"，即时间性意识状态之中，感受到直观的不稳定性。这也是胡塞尔不能安于"直观"，而要继续探索的根本原因。在这点上，他和黑格尔有着惊人的相似。他们的共同见地是：最外围的感性直观一定与最深沉的精神的本质（理性）相通，感性一定是理性之光的显现。这样就可以同时解释：为什么精神的自由虽然随时都是可能的（因为和理性相通的感性随时都现行），但又随时都会失落（因为当下的感知内容最容易被错过）；为什么精神必须呈现为时间性的自我"奋斗"，并通过纷繁复杂的"世界现象"的历练才能最终返本还源。

结　语

胡塞尔对"意识经验"的细致入微的现象学分析，激发了诸如海德格尔（《艺术作品的本源》）、梅洛·庞蒂（《知觉现象学》）、杜夫海纳（《审美经验现象学》）、瓦登菲尔斯（《感官的阈限——他者现象学研究3》《交相作用的感官和艺术——审美经验的诸模式》）等人回到"感性"（"现象性"）的微妙性（虽然后来使用更多的是"知觉"一词，但是感觉、知觉之辨的实质，其实仍然在于感觉自身的扑朔迷离），展开了别开生面的现象学美学的探索。他们和胡塞尔的最大不同之处，正在于对待主体性问题的态度。胡塞尔之后的现象学家，普遍倾向于从细致分析感性活动的发生机制出发，重新看待"物我""人我"关系问题，并且尽量地回避了有着"主客对待"嫌疑的主体性话题。胡塞尔之后现象学美学的一个普遍洞识，可以通过叶秀山用来总结同样受到这股思潮影响的雅斯贝尔斯哲学的一段话来道出："人与人之间，人与世界之间不是互为'对象'的关系，不是知识性关系，而是存在性关系，是生活的关系，活生生的关系。［……］如果我在'思考''世界'，我在'体验'世界，则'我'是一个'包容者'（Umgreifender），［……］哲学的任务，是把'世界'，把一切'事实'当作'活的创造'来体验，当作活的历史、活的生活来理解。这种理解和体验才是'本源性'的,'真正的'﹝authentisch﹞,因为世界、历史本来是活人创造的。'活'并不是生物学意义下的'生命',而是'自由',是'可能性'。﹝……﹞'自由'本身不可能'对象化',因此'自由'的'现实性'——即'当下现实'永远保持着自由创造的特点,于是一切'事实'又成为'超越的对象'。"①可是,这样一个"活"在当下的、正享受着"自由"的我是谁呢? 他固然是一个从对象性意识的缠缚中解脱出来的审美者,但是他也不得不经受住时间性的"颠簸"(眼、耳、鼻、舌、身的触受纷至沓来,变化无常)而不断地"创造",不断地争取自由,把握稍纵即逝的时机,努力去过审美的生活。由此可见,感性与主体性微妙的内在关联,仍然是一个有待去参悟的公案。

---

① 　叶秀山《思·史·诗——现象学和存在哲学研究》,北京:人民出版社,2010 年,238 页。

从"现象的身体"到"可逆的肉":
论梅洛·庞蒂美学理论的前后转换

舒志锋

中国人民大学

———— * ————

[摘　要] 梅洛·庞蒂的哲学思考向来是对美学开放的,对于梅洛·庞蒂来说,这种开放性是非常重要的,因为这关涉到自身哲学的敏感性与生成性而不致陷入到传统哲学的窠臼。梅洛·庞蒂的美学思考,随着其哲学向度上的"现象的身体"到"可逆的肉"的转换而得到不断深入的阐发,美学也从知觉与感性的层面,向本体与"基质"的层面生成。无论是在前期的《塞尚的疑惑》《间接的语言与沉默的声音》,还是后期的《眼与心》中,绘画一直占据着梅洛·庞蒂美学思考的中心,这是因为绘画的纯粹性的"视看",指向着那个在意识哲学中被忽视与从属的"可见性"的维度。在梅洛·庞蒂的哲学中,可见性的维度,关涉到始源的世界的开显,指向着"可见与不可见"的世界结构的生成。

[关键词] 梅洛·庞蒂　身体　肉　美学

作为胡塞尔现象学的继承者与超越者,梅洛·庞蒂在一个后形而上学的时代,有着他独特的意义。梅洛·庞蒂不是一个传统意义上的形而上学者,但他同样不是一个解构主义者。他仍然十分关注自笛卡尔以来的二元论问题,但他却没有局限在意识哲学的藩篱中。他提出的"肉"(the flesh)的本体论,并没有抛弃关于哲学本体的思考，却呈现出少有的开放与兼容性质。作为那个时代法国"真正的"哲学家，梅洛·庞蒂的意义在我们这个时代并未过时。然而，梅洛·庞蒂著述丰富，且横跨多个领域，其早、中、晚期所呈现出来的思想风貌之间有较大的差异。在此之中，如何去准确把握梅洛·庞蒂思想的流变，是我们所面临的问题。美学思考作为梅洛·庞蒂整体哲学思考中的重要组成部分，在梅洛·庞蒂的哲学取向中扮演着重要的角色。艺术与审美的感性特质，与梅洛·庞蒂的哲学思考，有着相当的亲缘性。这种亲缘性来自于梅洛·庞蒂一直观照的"知觉维度"，这无论是从其早期的《知觉现象学》，还是其遗稿《可见与不可见》均是如此。而绘画作为一种"纯粹观看"的艺术形式，成为了梅洛·庞蒂美学探讨的中心与焦点。这与梅洛·庞蒂致力于发掘的"可见性"维度有很大的关联。在纯粹的观看中，艺术裸露了那个始源的知觉世界；在对可见与不可见的思考中，绘画中的"线条"与"色彩"，都化为世界之"肉"，艺术成为本体的具身。所以，无论是在早期还是晚期，梅洛·庞蒂关于艺术的探讨都成为了其哲学理论的隐喻性表达。

一、梅洛·庞蒂哲学与美学发展的分期问题

梅洛·庞蒂在《知觉现象学》中描述了一个可以知觉的世界，这知觉世界处于观念化以及理智化的概念与客体之下，它是使科学与测量得以成为可能的前提。科学只不过是更为精确的感知，而这一感知是寓居于我们的身体层面的。很显然，在梅洛·庞蒂看来，这一身体不能被理解为"物理"与"肉体（corporeal）"意义上的身体，而是一个现象学意义上的身体。梅洛·庞蒂在这里所言的"现象学"，更多地侧重于胡塞尔所言的"发生现象学"（genetic phenomenology）维度。梅洛·庞蒂认为"只要现象学还未曾变成发生现象学，那么这些令人不安的退回到因果思维以及自然主义就将仍然是合理的"[①]。现象学既是一个还原的过程，同时也是一个给予与生成的过程。现象学既排除了由于观念化所带来的既有坚固性与客观性，同时也使得事物本身恢复其生成性与投射性。作为"现象学"意义上的身体即是这样一个充满可能性与发散性的"现象学场域"（phenomenal field）。这样一个场域是未

---

① Merleau-Ponty, *Phenomenology of Perception*, trans. Donald A.Lands, New York: Routledge, 2014, p. 128.

分与始源的，主体与客体、反思与非思、价值与事实，在这里并没有得到明确。而在梅洛·庞蒂看来，我们所言的"身体图式"（body schema）就寓居在这样一个场域内。身体图式并不是一个概念与范畴，但同时也不是一个既成的经验事实，它更多的是居于二者之间：如果将身体图式观念化以及理性化，那么它就接近于康德所言的"范畴"，具有先天性以及普遍性；如果将身体图式下沉，那么它就靠近"感知"与"感觉"，成为一个完全的经验事实。就此，我们也可以看到身体处于一个联结点，缝合着"意识"与"世界"："这就是说身体图式不仅仅是关于我的身体的一个经验，而是关于我的身体在世界之中的经验。"①因此，无论是理性主义还是经验主义，都无法完全概括"身体图式"的丰富性以及活动性，因为我们这里所言的身体是活的身体（living body），而不是物理意义上的身体。与二者相比，身体图式最大的特性，即是这种"应变""可能""意向"以及"投射"而不可被固化以及客观化。梅洛·庞蒂在《知觉现象学》中充分讨论了从身体这种现象学特性出发所带来的完全不一样的视角。这种视角给我们解决理性主义与经验主义之间的张力以及不可调和，提供了一种新的可能。梅洛·庞蒂称这为理性未曾发掘的"第三块领地"。但很显然，这"第三块领地"并不只是在一种并列的意义上被指称的，它更像是一个基底与始源性的所在，其指向的是一个"前—谓语性的关于一个独特世界的显然"②。

可以看到，梅洛·庞蒂在其早期主要是从身体的"现象学"层面出发，借助于当时的心理学以及生理学的案例（梅洛·庞蒂并不只是在复述这些案例，而更多的是以现象学眼光重新"打量"与"再发现"，以补充他们分析的不足），以及由格式塔心理学衍生出来的"身体图式"，来解决自笛卡尔以来的身心二元论问题。但是在后期的梅洛·庞蒂看来，他对于传统哲学的主客二元论的克服并不成功，在梅洛·庞蒂最后的未刊稿中，他这样认为："在《知觉现象学》中所提出的问题是不可解决的，因为我是从区别'意识'和'客体'开始进入这些问题的。"③雷诺·巴

---

① Merleau-Ponty, *Phenomenology of Perception*, trans. Donald A.Lands , p. 142.

② Merleau-Ponty, *Phenomenology of Perception*, trans. Donald A.Lands , p. 131.

③ Merleau-Ponty, *The Visible and The Invisible*, trans. Alphonso Lingis, Evanston: Northweston University Press, 1968, p. 200.

巴拉同样认为，梅洛·庞蒂在《知觉现象学》中仍然预设了一种二元论："梅洛·庞蒂最后将身体倒回到了一个现实性的概念，这样一个概念通过他向在客观化运动中来把握身体的心理学的求助而得到暗示。所以，身体通过一种隐含的有机的以及心理的二分的方式而得到考虑。"①

不过，梅洛·庞蒂在其后期开始出现之前未曾出现过的术语，比如"粗野"（brute）或者"原始"（savage）的存在（being），互绕（the intertwining）、交织（the chiasm）、可逆（the reversibility），等等。这种术语上的改变，其实也在某种程度上暗示了梅洛·庞蒂的哲学思考以及路径的改变与转换。在梅洛·庞蒂后期最重要的文本《可见与不可见》中，梅洛·庞蒂最为核心的概念实是"肉"（the flesh）。梅洛·庞蒂是这样界定"肉"的："因此不应该从实体、身体和精神出发来思考肉，因为那样的话肉将是矛盾的统一，而应该，我们说过，把他看作是普遍存在的存在元素和具体的标志。我们在开头简要地谈到了看者与可见的之间的可逆性。现在应该指出，这涉及的是一种总在逼近但事实上从来没有实现的可逆性。"②

我们可以看到"肉"的概念无疑与前期梅洛·庞蒂提出的"身体图式"有着诸多的相近之处。正如前文所言，身体图式本身是不能做客观化理解的，身体图式一直处于变动与适应之中，它既不是抽象范畴，也不是经验事实，而是介于二者之间，并且连着二者，实现着它们之间的转换。与此相似的是，"肉"也不是将其抽象化以及客观化，它永远处于自我实现之中。梅洛·庞蒂将其视作是一种总体性事物，同样介于时空中的个体以及观念之间。"肉"在此同样是可逆性得以可能的基础与前提，正是以"肉"为基础，个体与观念之间才能进行转换及互置，因为二者都根植于这样一种"肉"之中，这样一种"具体化原则"之中。然而，我们同样也要发现，"身体的图式"与"可逆的肉"还是有着一种视角上的差别。梅洛·庞蒂非常强调"肉"的基质性（element），无论是自我还是他者，身体还是事物，在梅洛·庞蒂看来，都是生存于世界之中，都是具有"肉性"的。可见，在此，梅洛·庞蒂并不是基于一个作为事实存在的肉体出发去发现一个作为"现象学意义

① Renaud Barbaras, *The Being of The Phenomenon*: Merkau-Ponty's Ontology, Bloomington and Indianapolis: Indianapolis: Indiana University Presss, 2004, p. 7.

② Merleau-Ponty, *The Visible and The Invisible*, trans. Alphonso Lingis , p. 147.

上的身体"的场域，实际上，这样的视角仍然有一定意义上唯我论的意味，并且正如巴尔巴拉所言的那样，潜在地预设了一种二元论。更为重要的是，在梅洛·庞蒂看来，"知觉"这一概念隐含了将我们与我们所生存的世界"切断"（cutting up）的意味，也就是有使得自我（ego）与世界（world）相互脱离的危险①。与胡塞尔的先验现象学不同之处在于，梅洛·庞蒂在后期对于"意识"与"世界"的思考方式是将"意识"置入于"世界"的视域内。世界在自我的意识之前以及反思之前就已经存在了，自我的反思与意识恰恰是以世界的存在为前提。梅洛·庞蒂在后期的文本中甚至主张将"知觉"（perception）这个概念排除哲学的论述中去，而代之以"知觉信念"（perception faith）。这也是为什么海德格尔在后期放弃使用"此在"（Dasein）这样一个概念的原因。而"肉"这样一个概念，则可以说摆脱了上述的种种嫌疑。肉并不是我所独有，在一个可见的世界中，我与万物都以同样的材质被造，我的可见性就已经暗含了我的被见。在此意义上，梅洛·庞蒂才算是真正走出了意识哲学的传统，而迈向了一种新的形而上学。

如果我们认为，梅洛·庞蒂的哲学发展存在着这样的分期问题，那么在其哲学视野观照下的美学，同样也存在着这样的分期问题。在《行为的结构》以及《知觉现象学》出版的1945年，梅洛·庞蒂同时出版了《塞尚的疑惑》。这一文本，所折射出来的哲学维度，仍然是"作为现象学的身体"，其所要表达的仍是那个具有始源性的"被知觉的世界"，虽然这次探讨的对象是塞尚的油画。所以，不妨可以将这一文本视作是梅洛·庞蒂早期美学理论的代表。而作为梅洛·庞蒂关于现代绘画的哲学性研究高峰的《眼与心》，则与梅洛·庞蒂后期最重要的文本《可见的与不可见的》处于同一时段，Galen A. Johnson甚至认为《眼与心》相当于《可见的与不可见的》原写作计划的第二及第三部分②。《眼与心》的探讨方式贯彻了"可见与不可见"的思维，而不是早期的"身体—现象"维度。在《眼与心》中，梅洛·庞蒂开始以"肉"取代"身体"，以"世界"取代"知觉"，这也意味着梅洛·庞蒂哲学思考的本体论的转换。在《塞尚的疑惑》以及《眼与心》之间，能够代表梅

---

① Merleau-Ponty, *The Visible and The Invisible*, trans. Alphonso Lingis , p. 158.

② Johnson, Galen A.*The Merleau-ponty Aesthetics Reader*: *Philosophy and Painting*, Evanston: Northweston University Press, 1993, p. 38.

洛·庞蒂中期关于美学思考的文本是《间接的语言与沉默的声音》。在这一本文中，梅洛·庞蒂延续了《塞尚的疑惑》中基于知觉世界而来的对表达难题的探讨，但整个的探讨呈现出一种多样化的风格以及复杂的样态，这是因为梅洛·庞蒂在这个文本加入了符号学的视角，并且让绘画与语言与历史形成对话。无论是从时间上，还是从思想状态上来看，《间接的语言与沉默的声音》都是一个过渡性质的文本，在此文本中由于对绘画以及语言的对比而引申出来的关于"意义"问题的涉入，这是《可见的与不可见的》中的"不可见"之维度的前奏了。

二、塞尚的疑难与笛卡儿的二元论

在意识哲学的传统中，身体成为一个被"遮蔽"与"删除"的层面，缺乏了身体的"缝合"不可避免地使得意识哲学陷入困境之中，即我们上面所言的种种分裂。而梅洛·庞蒂在《知觉现象学》中所致力于要解决的这种二元分立，也是塞尚在艺术表达中所面临的困境。在《知觉现象学》中，梅洛·庞蒂力求恢复因为理性主义以及经验主义而被遮蔽的知觉层面，通过在世界之中的身体而重返知觉，而这种"重返"与"恢复"之难，也是塞尚疑惑的主要原因。所以，无论是梅洛·庞蒂"重返"的艰难，还是塞尚表达的困惑，其指向的都是那个始源的"知觉的世界"。

塞尚遭遇疑难的原因之一即是他的绘画经历。塞尚在 1870 年之前受到巴洛克式手法的影响，这一手法虽然对文艺复兴式的古典绘画方式有所变更，比如强调图绘而非线条，强调纵深而非平面，呈现出开放的样态而非封闭的样态，等等①，但是相对于印象派而言，巴洛克式手法并没有完全丧失绘画的坚固性以及客观性。塞尚对于绘画中坚固性以及真实性的追求即来源于此。夏皮罗认为："尽管绘画直接从自然中而来，塞尚却经常想着那些在卢浮宫中的更加形式化的艺术。他想要去创造像老大师们那样拥有高贵的和谐的作品；在他关于绘画的谈话中，普桑的名字不仅一次作为一个伟大艺术家的典范而被提出来。不是 17 世纪的构图技法，而是它

---

① 具体参见 Heinrich Wölfflin, *Principle of Art History*, trans. M. D. Hottinger , New York: Dover Publication, 1950.

们的完整性（completeness）以及秩序（order）吸引着塞尚。"①但同时，塞尚又受到印象派的强烈影响，印象派的代表性画家毕沙罗对于塞尚艺术生命的影响是非常重要的，塞尚称他为"谦虚而又伟大（colossal）的毕沙罗"，"他是我可以咨询的人，并且有点像一个伟大的主（good lord）"，夏皮罗认为他是塞尚的"第二个父亲"②。所以，塞尚的艺术追求就是："让印象派成为'坚固的东西，像是在博物馆里面的艺术'。"③

然而塞尚的这种绘画技法的追求几乎是自相矛盾的，因为印象派正是对包括巴洛克绘画在内的古典绘画方式的反叛。这种反叛主要体现在，不根据画室中被理想化以及设定过的光线来描绘对象，而是表现眼睛在自然光线条件下的视觉冲击效果。他们根据库尔贝的"现实主义"原则来忠实地描绘自己的视觉感受，而不是"学院规则所说的物体看起来应该如何的先入之见"，这里的差别从艺术哲学角度而言就是从"所见"出发，还是从"所思"出发的区别，就此贡布里希认为他们发动了一场绘画的革命："马奈及其追随者在色彩处理方面发动了一场革命，几乎可以媲美希腊人在形式表现方面发动的革命。他们发现，如果我们在户外观看自然，看见的就不是各具色彩的一个一个物体，而是在我们的眼睛里——实际是在我们的头脑里——调和在一起的颜色所形成的一片明亮的混合色。"④

因此，梅洛·庞蒂认为，"他的绘画是矛盾的：他在追求现实（reality）但不放弃感性表面，除了直接关于自然的印象而没有其他指导，放弃跟随形体，没有轮廓线来包住色彩，没有视角或图画的安排。这就是伯纳德（Bernard）所说的塞尚的自杀：'追求现实的同时却迫使自己放弃到达它的途径'。"⑤塞尚所遭遇到的难题，从艺术史上来看，实际上是两种不同绘画技法相互冲突的结果。但很显然，在梅洛·庞蒂看来，这里面有着更为深层次的哲学含义："从他与埃米尔·伯纳德的谈话可以看出，塞尚一直在回避摆在他面前的现成选择：知觉与判断；作为看的画

① Myer Schapiro, *Cézanne*, New York: Harry N. Abrams, Incorporated, 2004, p. 13.

② Myer Schapiro, *Cézanne*, p. 12.

③ Merleau-Ponty, *Cézanne's Doubt*, trans. Hubert Dreyfus, Evansron: Northwestern University Press, 1993, p. 63.

④ E.H. Gombrich, *The Story of Art*, New York: Phaidon Press, 2006, pp. 393-394.

⑤ Merleau-Ponty, *Cézanne's Doubt*, trans. Hubert Dreyfus, p. 63.

家与作为思的画家；自然与构成；原始主义与传统的对立。"①感知与判断、所见与所思、自然与建构、原始与传统，这些在绘画中所遭遇的印象派与古典画派之间的对立，其实就是哲学上的事实与判断、经验与理性、自为与他为等二元对立在艺术问题中的反映。对这种二元对立的解决，在梅洛·庞蒂看来，则是他与塞尚所要面临的问题，而塞尚解决这一问题的方式竟然也与梅洛·庞蒂如此靠近："塞尚并不认为他一定要在感觉与思考中做出选择，好像他要在混乱与秩序中做出决定。他不想将我们能看见的稳定的事物与快速移动中出现的事物分别开来；他想描绘那些好像负载着形式的质料（matter），通过自发组织而诞生的秩序［……］塞尚想去画的是这个始源的世界。"②

与梅洛·庞蒂的取径一样，塞尚并没有在已有的画派之间做出选择，而是采取回到本源世界的方式来解决这样的矛盾。塞尚在艺术实践中做了类似哲学上的现象学还原："塞尚的画悬置了这些思想的惯习并且揭示了非人类的自然的根基，正是在这一根基之上人类安顿自身。"③可见，通过悬置日常生活与认知中的习见，将知觉从种种客观性观念中释放出来从而回归始源世界，是梅洛·庞蒂与塞尚的共同途径以及目标。就此，塞尚的绘画就既不能仅仅视作是印象派，也不能仅仅将其归为巴洛克风格，塞尚通过探究始源的知觉世界而超越了他们。就对古典技法的超越而言，"不再是点对点式的与自然对应"，不再是"像奴隶那般去作画"，而是通过相互分离的各个部分的彼此互动行为而提供一种总体上真实的印象，就印象派而言，塞尚的绘画传达出了其所没有的坚实性，然而这种坚实性不是一种反思的结果，而是一种浸润在与其他事物的关系中而涌现出来的："客体不再被反思所覆盖了，并且客体消散（lost）在与氛围（atmosphere）以及与其他客体中的关系中：它似乎隐隐约约地从内部被照亮，光线从它那儿释放出来，其结果就是一种坚实及物质实体的印象。"④也就是说这是一种现象学式的内在生发的结果，而不是外在刻画的结果。最后塞尚所传达出来的世界，即是这样一个未成分化而又充满孕育性的始源世

① Merleau-Ponty, *Cézanne's Doubt*, trans. Hubert Dreyfus, p. 63.

② Merleau-Ponty, *Cézanne's Doubt*, trans. Hubert Dreyfus, pp. 63-64.

③ Merleau-Ponty, *Cézanne's Doubt*, trans. Hubert Dreyfus, p. 66.

④ Merleau-Ponty, *Cézanne's Doubt*, trans. Hubert Dreyfus, p. 62.

界："包含着空气、光线、物体、构成、特性、轮廓线以及风格。"①然而，对这样一个世界的传达，需要面临极大的挑战，因为他几乎要求每一笔画都要满足"无限的条件"，因为每一笔画都担负着传达那个未成规定、充满可能的始源世界的任务。绘画在塞尚那里就此变得异常艰难，表达似乎成为了一个永无尽头的任务，塞尚对于自己能否完全传达那个始源的世界就此充满了怀疑。

梅洛·庞蒂对于塞尚表达的艰难以及由此而带来的困惑感同身受，在面对由意识哲学以及传统形而上学所带来的既是哲学遗产也是哲学负担的境况中，如何寻找新的哲学自新之路，寻找回归本源世界的途径，成为了梅洛·庞蒂在其早期哲学工作中所致力研究的问题，而《塞尚的疑惑》这一文本就此成为这样一种努力的隐喻。然而，梅洛·庞蒂在《塞尚的疑惑》中就如其在《知觉现象学》中一样，并未寻求一种本体构建的维度，正如在《知觉现象学》中，出于对经验主义与理智主义阐释的有限性而提出的身体图式并未推进为一种本体诉求一样。这是《塞尚的疑惑》与《眼与心》这个文本的最大差异之处。

三、《间接的语言与沉默的声音》：身体与符号的双重视角

作为梅洛·庞蒂的中期文本，《间接的语言与沉默的声音》具有过渡性质。这一文本仍然延续了其前期"活的身体"（living body）的视角，对于艺术与语言的分析保持了其"现象学的身体"的特性，亦即从一种发生与表达的角度来进入。然而，相对于《塞尚的疑惑》而言，这一文本又更为复杂，所引申出来的问题也不再仅仅是一个如何传达始源世界的问题，而且还涉及到语言、意义以及他者的问题。在这期间，梅洛·庞蒂深受结构主义的影响，这种影响在《符号》一书中的《从莫斯到列维—施特劳斯》一文也可以看出。在《间接的语言与沉默的声音》一文中，梅洛·庞蒂引入了索绪尔的符号学理论来展开对语言的分析，其目的是为了揭示语言的"间接性"。在此，梅洛·庞蒂认为我们对索绪尔的重要性的认识还不足，这种重要性也许不是"语言"与"言语"的区分，也不是"能指"与"所指"的关联，而是符号自身通过与其他符号的差别而获得意义："从索绪尔的语言学我们得

---

① Merleau-Ponty, *Cézanne's Doubt*, trans. Hubert Dreyfus, p. 66.

知，如果单独来看的话，符号并不表示任何的东西，符号中的任何一个所表达的不过是这样一种意义：作为标记自己与其他符号之间的关于意义的差异。"[1]索绪尔的符号学理论想指明的是：词条的意义并不是先验式的被赋予的，而是在与其他符号的差异化互动中而产生的，"就语言而言，它是一个符号对另外符号的边侧关系（lateral relation），这一关系使得他们中的每一个都变得有意义，所以意义只出现在词语的互动之中，就好像意义是在词与词的间隔中一般。"[2]所以语言意义的每一次产生就犹如一次"发生"，其意义总是在语言自身的差异化运作中被生产与释放出来。因而，词语意义并不是先天地被给予的，也不是绝对确实的。在梅洛·庞蒂看来，索绪尔所要反对的正是这种语词意义的"确实"（positive）。将词语的意思视作是完全给定以及确实的，实际上是将其绝对地内在化了。这种做法的背后其实所隐含的还是笛卡尔式的二元分立的立场，在这种语言观中，语言的意义与符号被分离开来，语言的意义被完全的意识化以及内在化，而语言符号则视作是对语言意义的显示屏（monitor），起着提示语言的功能。

然而在索绪尔的理论中，语言的"内在"意义只不过是在语言组织之间识别的结果。语言总是一块巨大的语言织物（fabric）上的一个褶子（fold）。语言的意义并不超越于、外在于语言，意义总是涉入语言之中，没有独立于语言的语言意义。这种理解与梅洛·庞蒂所言的"不存在先于语言的语言"不谋而合。这种理解，在梅洛·庞蒂看来，是在"笛卡尔式"的语言观上撕开了一道口子，并且将语言及其意义的理解引向了现象学的道路。

既然语言的意义是间接的，语言符号意义的获得总是以其他符号为前提，语言总是在自身之中揭示自身，梅洛·庞蒂就此认为，语言存在着一个沉默背景："所有的语言都是间接的或者暗指的——那就是，如果你愿意的话，沉默。"[3]在日常关于语言与意义的理解中，语言与意义之间是直接的关系，即语言与意义（思想）之间的关系被设想为是一对一的，每一个符号后面都有一个对应的意义，并且该意义是透明的与不变的，不存在晦暗也不存在着不确定。然而，当意义变成必定是"在

① Merleau-Ponty, *Indirect Language and The Voice of Silence*, trans. RichardC. McCleary, Evanston: Northwestern University Press, 1993, p. 76.

② Merleau-Ponty, *Indirect Language and The Voice of Silence*, trans. RichardC. McCleary, p. 7.

③ Merleau-Ponty, *Indirect Language and The Voice of Silence*, trans. RichardC. McCleary, p. 80.

语言之中"的意义之时，语言的意义不再是一个超越性的存在，相反，意义只是因为语言才得以成为可能，意义的产生总是通过语言折回自身的方式才被给予的，因而并不是直线的，也不是对应的。在这种差异化的运动中，语言的意义呈现出一种含混性、晦暗性以及不稳定性。在每一次意义的给予过程中，都有作为与之相对的符号，以他者的方式匿名地构成了该符号存在的背景，这些他者的符号并没有随着负载这一意义的符号一起出现，作为他者，它们是一种匿名与未被说出的存在。这便是语言的"沉默背景"。

在一种"非现象学式"的视点中，绘画被视作是无声的，因而在与语言的对比中，常常被认为是"不明晰的""晦暗的"乃至于"盲目的"，我们只能在对绘画进行欣赏之后才能明白其中的"线条"与"色彩"的意义。而语言则被置于一种优先的地位，使用语言为材料的作家们认为自己"寓居于一个已经被阐明的符号世界以及已经言说的世界"①，而绘画之所以被指摘是"未曾被确切表达（unformulated）"以及"盲目的（blind）"，无非是在传统的"符号—意义"的框架内，线条与色彩不存在一个先验的所指，线条与色彩从没有实现意义上的观念化与内在化。换句话说，线条与色彩不能也无法实现语言意义上的"透明"与"确实"，然而，梅洛·庞蒂的分析却指出，语言的这种"透明"与"确实"只是传统语言观中的一种虚假。

就此，梅洛·庞蒂提出疑问："那么，如果在经验性语言中隐含着一种语言，一种可以提升到第二力量的语言，在这种语言中，符号曾经引导着色彩的含混生命，并且在此之中，意义从未将自己从符号的互动之中完全释放自己，那么会如何？"②所以从这一现象学化了的符号理论来看的话，我们可以发现，在"沉默与表达"这个层面，语言的优势丧失了。绘画的传达效果的确是只能通过线条与线条、色彩与色彩之间的配合与互动来完成，然而语言的表达不也正是如此吗？语言的表达并不能脱离其"沉默的背景"，脱离这一背景，语言将无法完成其言说的使命。

在梅洛·庞蒂看来，这种来自"沉默世界"的召唤，无论是在语言的言说还是在绘画的表达中都是存在的。梅洛·庞蒂举了一个马蒂斯的例子来说明"沉默的

①　Merleau-Ponty, *Indirect Language and The Voice of Silence*, trans. RichardC. McCleary, p. 82.

②　Merleau-Ponty, *Indirect Language and The Voice of Silence*, trans. RichardC. McCleary, p. 82.

世界"对于绘画姿身的意指作用。在这一事件中马蒂斯被摄影机以慢动作的方式记录他作画时的笔触,人们试图以外在客观化的方式来解释马蒂斯的绘画创作。如果从摄影机的镜头来看的话,我们可以认为马蒂斯有很多种选择,他的绘画似乎就是一种无目的性的图绘:"摄影机给了我们一个关于事件的令人着迷的视角,这一视角仅仅通过使我们相信画家的手在一个充满着无限选择可能的物理世界操作而获得。"①由于观众从摄影机中所获得的图像,缺乏对"沉默世界"意图的领会,这使得绘画创作看起来虽然充满可能但却无所指向,以致于我们不知道笔画的如此走向意味着什么,整个线条的语境在摄像机的镜头中是缺乏的。然而,在创作中的马蒂斯的眼前并没有呈现出无限的选择,所有的线条与色彩都来自于那个"沉默世界"的召唤,马蒂斯的创作被一个"实现那一个特定的未曾存在过的绘画"的意图所引导。

正是因为这个"沉默世界"的存在,使得我们每一次的表达都是"常新"的,而不是对过去言说与表达的重复。每一次的表达都有一种他者的指向,开启了另外一个世界。表达不是对一个先在的"文本"的传达,而恰恰是通过折回自身、通过自身符号之间的差异化运作而生成的。就此,每一次表达都没有摹本可循,每一次表达都犹如人类初启的表达那般,道出了从未道出的东西。而这一切得以可能都是由于来自于"沉默世界"的意图的引导。梅洛·庞蒂认为:"简而言之,我们必须考虑被说出之前的那个世界,那一沉默的背景从未停止过环绕着语言并且没有它我们将什么也说不出。"②

在梅洛·庞蒂对语言的"间接性"以及绘画的"沉默的声音"的理解中,除了新引进的现象学化的符号学这一视角之外,其实也是对早期"语言的姿身(linguistic gesture)"理论的延续。在《知觉现象学》中,梅洛·庞蒂认为:"一旦语言被形成了,我们相信言说可以像姿势那样以一个共同的精神为背景进行表意。"③在此,梅洛·庞蒂将语言的表达也看作是一种身体的表达,语言的表达过程即是呈现出一种"姿态"(gesture)。这种理解路径实际上仍然是为了规避笛卡尔式的将语言的意

---

① Merleau-Ponty, *Indirect Language and The Voice of Silence*, trans. RichardC. McCleary, p. 83.

② Merleau-Ponty, *Indirect Language and The Voice of Silence*, trans. RichardC. McCleary, p. 83.

③ Merleau-Ponty, *Phenomenology of Perception*, trans. Donald A. Lands, p. 192.

义视作是外在于语言符号的理解方式。在梅洛·庞蒂看来，身体姿态所传达的意思并需要在此之外去寻求，我们直接就可以在姿身上"看出"以及"感知"到他所传达的意义，比如一个人是"生气""拒绝"，还是"接受"，等等。这种对于姿身表达的理解，是一种"前反思"的理解，一种身体对身体的理解。这种理解源于身体所寓居的那个"现象学场域"，亦即那一"始源的世界"。正是以这个"前人格"以及"匿名"的世界为背景，表达才成为可能："但是，就如我们已经说过的，语言的阐释实际上是倚靠着一个含混的背景才建立的，并且，如果我们将这一研究推进得足够深的话，我们将发现语言自身，到最后，除了自己之外什么也没有说出，或者说，它的意义并不与之相分离。"①在此，梅洛·庞蒂从"语言姿势"角度所得出的结论，与《间接的语言与沉默的声音》的现象学化的符号理论视角做出的阐释已经十分接近了，身体与符号两种视域实现了融合。

四：《眼与心》中"可逆的肉"：视见与本体

正如前文所言，梅洛·庞蒂在后期从"现象的身体"这一立场转向了"可逆的肉"，而《眼与心》这一文本则成为了梅洛·庞蒂对其后期本体观的一次生动而又完整的运用。在此，梅洛·庞蒂不是从"意识"与"世界"的区分来看问题，而更多地倾向于使用"世界之肉"（the flesh of the world）这样的概念。"世界之肉"，按照梅洛·庞蒂的另外一种理解即是"世界的光"（the ray of the world）。这一概念更具有视觉性，然而它与"世界之肉"指向的都是世界的生成性以及投射性，所谓"ray"所言的就是这种源源不断的释放的可能性。在这样的理解中，世界不是作为一种物理性与操作主义的理解，而是呈现出一种始源的样态。对于这样一个始源的、粗野的、前反思的世界的揭示，梅洛·庞蒂在《知觉现象学》中试图通过"身体知觉"—"作为现象学的身体"—"身体图式"的方式进行揭示。然而，这样一种路仍然隐含了一种二元论。"肉"（Flesh）这一概念即是从一种更加开放与兼容的姿态来讨论这个问题。

---

① Merleau-Ponty, *Indirect Language and The Voice of Silence*, trans. RichardC. McCleary, p. 194.

在《眼与心》这个文本的一开始，梅洛·庞蒂的出发点仍然是对于传统的理智主义及经验主义对待事物与世界的方式的批判。只不过，在此，梅洛·庞蒂更多的是针对"科学思维"。实际上"科学思维"即是一种客观化的思维方式，即把眼前之物当作是"一般化的客体"来看待，而拒绝栖居于其中（living them）。科学思维继承了笛卡尔式哲学的理想，即排除视觉幻象，排除经验的不可靠性，拒绝身体，以求得绝对的确实与可靠。形而上学与科学不过是笛卡尔哲学的两个孪生兄弟，二者在思维方式上并无太大的差别。

在这种"科学思维""量化思维"以及"控制论"视角之下，事物的"现象场"就被隐匿了。事物，包括身体，不再是一种活生生的存在，不再充满可能性，而是被分解为各种确定的属性。这样一种对于"物"的理解，其实是脱离了那个使物得以生发的始源世界，而被设置入了一种完全的"操作主义"的视角。"物"从哪里来成为了一个问题。就此梅洛·庞蒂认为："科学思维，一种从上看（look from above）的思维，并且将对象做一般化的思考。这样的科学思维必须回归到先于它的'那儿有'（there is）之中，回到那感性的土壤以及人工加工过的世界，这样的地方就犹如是在我们的生活中并朝向于身体（for our body）。"[1]在如何"待物"的问题上，梅洛·庞蒂采取了其一贯的现象学式的还原做法，即展开对物的始源的追问。从现象学的视点来看，科学主义视角下的"已然之物"，不过是一种丧失了可能性的"绝对的物"，而不是那个最开始从世界中生发出来的"初现之物"。那种"绝对之物"，不但遮蔽了"物性"，也使得世界隐匿起来。所以回归"现象世界"成为了必要。

那么如何回归呢？梅洛·庞蒂认为："艺术，尤其是绘画，在被操作主义倾向于忽视的原始的意义的织物上做绘。艺术并且只有艺术才是如此完满的纯真（innocence）。"[2]在梅洛·庞蒂看来，相比于文学以及哲学，绘画呈现出一种纯粹的视看。我们不会要求画家像哲学家或者作家那样给予我们意见或者建议。"画家的世界是一个可视的世界，除了可见之外什么也没有。"[3]所以，只有画家才能不带

---

① Merleau-Ponty, *Eye and Mind*, trans. James M.Edie, Evanston: Northweston University Press, 1993, p. 122.

② Merleau-Ponty, *Eye and Mind*, trans. James M.Edie, p. 123.

③ Merleau-Ponty, *Eye and Mind*, trans. James M.Edie, p. 127.

评价地去视看，只有画家才被允许将一个"日常的世界""悬置"起来，以现象学式的初始目光去重新打量这个世界。梅洛·庞蒂认为正是在这种视看中，始源世界开始裸露出来。视看变得如此重要，绘画变得如此重要："每一种绘画理论都是一个形而上学。"①

画家的视看，既是一种现象学式的视看，也是一种具身化（embody）的视看。"画家'携带着自己的身体'，瓦莱里如是说。实际上，我们无法想象一个灵魂是去绘画。正是通过将自己的身体置入世界，才使得艺术家将世界变作艺术。"②可见，画家的目光是一种世俗的目光（profane vision），而不是"理性之光"，也不是"上帝的凝视"，它是纯粹人性化以及肉化的。作为一种力图摆脱意识哲学困境的现象学理论，这种世俗的目光对于梅洛·庞蒂的哲学非常重要。无论是理智主义还是经验主义，这种世俗的目光都是被排除在外的，这也就意味着这些哲学是没有"世界"也没有"生发"的。然而，视觉却是一种永不满足的打量，我们一直在用目光询问这个世界，就此，世界也就一直呈现在我们的目光中。"艺术家的视见是一种持续的诞生。"③而世俗的视觉总是对世界之物的视看，它不可能超越这个世界去观看，否则就不成其为视觉；而且视觉总是对物的观看，它时时刻刻都是与物相关联的，时时刻刻都是"涉身的"："因为物体与身体都是由同样的材质造成的，因此视见一定以某种方式在他们之中发生；或者又可以说，他们显示出的可见性一定被身体以一种秘密的可见性所重复了。"④就此来说，由于身体与物体源出于同一个存在，那么身体的可见性本身就已经隐含着物的可见性。在"身体—存在"这样一个对等中所呈现出来的"可见与不可见"，在"物体—存在"这样一个对等中也并不缺乏。世界即是一种"可见与不可见"的构造。如果说在《知觉现象学》中，梅洛·庞蒂更多的是着力于前一个对等系统的揭示的话，那么在《眼与心》以及《可见的与不可见的》中，则更多的是对后一个对等系统的阐释。《知觉现象学》不是终点，而只是一个开始。而由"身体—世界"的阐释模式，到"可见—不可见"的阐释模式，其中所隐含的本体论模式转换，我们前面已经言及了。

---

① Merleau-Ponty, *Eye and Mind*, trans. James M.Edie, p. 132.

② Merleau-Ponty, *Eye and Mind*, trans. James M.Edie, p. 123.

③ Merleau-Ponty, *Eye and Mind*, trans. James M.Edie, p. 129.

④ Merleau-Ponty, *Eye and Mind*, trans. James M.Edie, p. 125.

作为一种"现象学"的"肉化"的视看，画家所捕捉到的不是这个世界的"图像"或者"表象"。绘画不是一个描摹的过程，也不是一个复制的过程。相反画家"通过自己的身体、自身的可见而置入可见之中，这一可看——看者（see-er）并没有占据他所见的；他仅仅通过凝视来接近它，他向世界而敞开。"①可见，画家所呈现的是一个源源不断地向他敞开的世界，是一个取之不尽、充满可能性的丰富世界，如此世界即是肉化的世界。"光线、照亮、阴影、反射、颜色，所有的这些关于客体的询问并不是真正的客体；像是幽灵一样，它们只有视觉的存在。"②在此，光线、色彩与阴影成为了"世界之肉"（the flesh of the world）。他们只有在可见性中才有意义。这些东西不能提供我们对于范畴的演示，也不是一个对于经验事实的科学描绘，但却关涉到一个始源世界的开显。画家在此所追问的正是这个使得"可见"成为"可见"的东西。梅洛·庞蒂举了伦勃朗的《夜巡》为例，来说明"the flesh of the world"是如何使得可见成为可能的："只有当我们看到队长身上的阴影，位于两个无法共存但却被置放在一起的视角的互动中时，《夜巡》中队长指向我们的手才是真正的在那儿。每一个有眼睛的人都曾经在某个时候目睹过这样的阴影游戏，或者像是这样的东西，我们曾通过它们看到了物体及空间。"③阴影——这一世界的"肉"，使得《夜巡》中的队长这一人物对我们变得可见。然而，我们却常常将这些"肉"忘却，而只记得客观化的事物。正如梅洛·庞蒂所言的，对绘画的观看中，我们往往认出了"对象"，却遗忘了"阴影"。

作为身体，我们一方面是观者，但另一方面，我们又可以被观看。这种在观者/被观之间的置换，呈现出一种可逆性。这种可逆性，来自的不是物理意义上的身体，而是那个居于现象场域的"身体"，亦即身体的肉（the flesh of body）。在绘画所蕴含的"世界之肉"——光线、阴影、色彩，同样也存在着这样的可逆性。梅洛·庞蒂认为，"它们是外面的里面以及里面的外面"。④就使得物体成为可见的而言，光线、色彩与阴影，他们是趋向于外在的；而就关涉到背后的"沉默世界"而言，它们则又是趋向于内在的。可逆性之所以具有这种"居间"性质，在于"肉"

---

① Merleau-Ponty, *Eye and Mind*, trans. James M.Edie, p. 124.

② Merleau-Ponty, *Eye and Mind*, trans. James M.Edie, p. 128.

③ Merleau-Ponty, *Eye and Mind*, trans. James M.Edie, p. 128.

④ Merleau-Ponty, *Eye and Mind*, trans. James M.Edie, p. 126.

始终保留着来自本源世界的"未规定性"以及"发生性",在于"肉"未被客观化以及量化而充满了可能。

画家在绘画过程中,也体会到了这样的可逆性问题,梅洛·庞蒂引用了画家André Marchand 的经历以做阐释:"在森林中,我曾经很多次感到不是我在凝视森林,有些天我感到是那些树木在凝视我,对着我说话……,我在那儿,倾听……我认为画家一定被宇宙(universe)侵入了而不想去侵入它……我期望内在地被淹没,被掩埋。可能我绘画就是为了爆发出来。"① 画家在看 / 被看之间身份的转换,首先是因为他将自己以"the flesh of body"的方式置入到世界中去,而这时事物也以"肉"的样态向我们呈现,正是以"肉"为中介,我们才可以实现这种转换,或言之,"肉"的可逆性促成了这种转换。梅洛·庞蒂认为,镜子很好地诠释了"我们肉的形而上学结构(metaphysical structure of our flesh)"。镜子具有一种奇特的魔法,能够将所有的事物变成景观,也能将所有的景观变成事物。镜子本身在生动地诠释何为"可逆性"。然而,镜子之所以能如此,归根结底还是因为我们是一种肉化的存在:"镜子的出现是因为我是一个可见的可看—看者(see-er),因为那儿有一种可感之物的可逆性;镜子翻译以及复制了这种可逆性。在它那儿,我的外在变得完整……镜子的幻影将我的肉(flesh)携带入外在世界,在此同时,我身体的不可见性在我可见的他者之身上赋予了精神力量。"②

从上面的分析我们可知,梅洛·庞蒂通过对我们的"视觉经验"的分析,尤其是在绘画中的"视觉经验"的分析,向我们揭示了一个具有可逆性的肉。正如梅洛·庞蒂在《可见的与不可见的》中所指出的,肉是一种"基质"(element),它存在于在现象学化世界之中的所有事物之中,而对于"肉"的视见,本身也只有以现象学的眼光才能发现,就像画家那样"悬置"了日常习见而纯粹地去视看。正是以这样的"肉"为基础,梅洛·庞蒂构建了他新的本体,巴尔巴拉称之为"现象学的本体"。这一本体具有极大的兼容性以及发散性,在此身体、物性、他者等以往意识哲学中的难题都可以归结为"可逆性"这一对等系统中的一方而得以融洽的解决。不可否认的是,在这个过程中,可见性一直是梅洛·庞蒂思考的中心。梅

---

① Merleau-Ponty, *Eye and Mind*, trans. James M.Edie, p. 129.
② Merleau-Ponty, *Eye and Mind*, trans. James M.Edie, pp. 129-130.

洛·庞蒂认为可见性始终揭示着我们的身体以及我们生存的依恃，始终提示着我们是具体化以及世俗化的。这种提示的意义在于，可以引导我们进入那个提供给予我们养料的世界中去，而不是囿于那个内在化的意识世界或者僵化的机械主义世界中去。在《可见的与不可见的》之中，"可见"已经不仅仅等同于视觉，它更代表着我们所立身的这个周围及世界。"可见"成为了一种实存原则。

阿多诺美学理论中的"物性"问题*

常培杰

中国人民大学

.... * ....

[摘　要] 阿多诺"非同一性哲学"的首要特征是坚持"客体优先性"。他的美学理论也秉持了这一理念，认为艺术的主题是拯救那些受到主体、观念和社会体系压制的"次要"事物。不过就艺术而言，虽然阿多诺指出艺术无法摆脱其"物性"维度，但他却更为关注"艺术精神"。他认为艺术因其超越精神而区别于经验现实和寻常物，进而具有否定性和批判性。"审美形式整一性"是阿多诺美学思想的关节点。他推崇追求有机形式、强调艺术和现实分离的现代主义艺术，批判试图瓦解形式整一性、突显艺术的"物性"维度、挑战现代艺术体制的先锋艺术。如此，他的美学理论便具有了精英主义色彩和压抑特征。阿多诺哲学与美学的龃龉，与他对现代艺术所处的物化社会情境的判断有关。

[关键词] 阿多诺　美学理论　物性　先锋派　艺术体制　物化

阿多诺的美学理论，从其社会内涵而言，可称为"否定美学"——艺术是对直接的社会要素和实用目的的拒绝，正因这种否定，艺术作品获得了真理性内涵和批

---

* 本文首发于《人文杂志》2016 年第 11 期。

判性价值。但是从其哲学内涵而言，又可称之为"非同一性美学"——它以"客体优先性"为内在依据，反对作为"第一哲学"的形而上学的"抽象"冲动，拒绝"概念"对"非概念物"的压抑。具体到艺术问题，此美学理论反对依据特定风格概念、艺术形式或抽象理念来创作或阐释艺术作品、压制丰富而多元的人类经验和客体事物的呈现可能的做法和观念。《美学理论》(*Aesthetic Theory*)①作为阿多诺美学思想的集大成之作，主题是阐发现代主义(modernism)艺术的艺术价值和社会功能，确立现代主义艺术相对于"古典—浪漫主义"艺术的合法性，狙击先锋艺术对现代主义艺术体制的破坏。正是在如何评价和对待先锋艺术的问题上，阿多诺的美学理论呈现出"保守"姿态。他之所以持此见解，与他对艺术作品"物性"维度与"物化"社会的关系的思考有关。

一、"非概念物"的消隐与复归

"非同一性"哲学反对的是巴门尼德开启的形而上学之路。巴门尼德认为哲学的目光关注的不应是那些可感、可见却不可思、不可知的无限丰富却又不断流逝的"经验世界"("非存在")，而应是不可见、不可感却可思、可知的"单一、完满和永恒不变的""理念世界"，即"存在"。②在这种观念蕴含的"思维与存在"的"同一性"观念中，普遍而永恒的"理念"无疑享有更高的优先性，而经验世界的"非概念物"则被排斥在了哲学思考的范围之外。"理念世界"和"经验世界"的分离以及前者更为"优先"的观念，经由苏格拉底被柏拉图继承并确定下来，逐渐发展为西方哲学中理性主义一脉，在黑格尔那里达到顶峰。

---

① Theodor W. Adorno, *Aesthetic Theory*, trans. Robert Hullot-Kentor, Minneapolis, Minn.: University of Minnesota Press, 1997. 本文主要依据英译本，同时参考 Theodor W. Adorno, *Ästhetische Theorie*, Frankfurt am Main: Suhrkamp Taschenbuch Verlag, 1970. 中译文参考了王柯平（阿多诺《美学理论》，王柯平译，成都：四川人民出版社，1998年）和林宏涛、王华君（阿多诺《美学理论》，林宏涛、王华君译，台北：美学书房，2000年）的译本。

② G.S 基尔克等《前苏格拉底哲学家：原文精选的批评史》，聂敏里译，上海：华东师范大学出版社，2014年，376—377页。

在黑格尔看来，万事万物都是"绝对理念"的演绎，"绝对理念"是世界的本体。"哲学的内容"并非客观的物质世界，而是"精神所形成的世界"，所谓"现实"（Wirklichkeit/reality）亦非"客观现实"，而是"意识所形成的外在和内心的世界"。[①]"经验"不过是人类对于这一"现实"的最初意识。所有"经验"只有经过"抽象"成为"概念"，才可以呈现其内含的"真理内容"。"抽象"的过程亦即"同一化"过程，它删减冗余和不能为概念兼容的内容，最后再由概念构成环环相扣的"体系"。所有哲学都意在实现思维与存在的同一，但是黑格尔寻求"同一"的办法是将世界彻底精神化、抽象化，为达到同一的效果而"压抑"不能为同一性体系兼容的内容。这种哲学思想落实下来，在政治领域的表现就是统治阶层为了构造更具操控性的统治系统而打压"异己"，作为现代灾难典型的"奥斯维辛"就是这一哲学思想的结果。它在美学领域的表现则是认为，美是绝对理念的感性显现，将具体事物抽象为精神事物，是对具体物的否定。它还将艺术发展设定为绝对理念"外化"（Externalisierung/externalisation）的不同阶段：绝对理念作为艺术的"内容"是艺术存在的根据，它的展开决定了艺术具有不同的审美形式；艺术史即艺术的"内容"与"形式"辩证发展的过程，艺术内容即"绝对理念"无疑占据优先地位；绝对理念展开过程的阶段性终结亦即艺术的终结。在阿多诺看来，这都是观念论（idealism）的荒谬演绎。哲学也好，美学也罢，要真正做到思维与存在的同一，就必须尊重"非概念物"，将哲学的目光从"永恒理念"转向"自然历史"（Naturgeschichte/natural history），构造以"非同一性"为根据的否定哲学／美学，而"非同一性哲学"的一个重要要求就是"客体优先性"。[②]显然，阿多诺的"非同一性哲学"与既往哲学尤其是黑格尔的"同一性哲学"的分歧点就在于：如何对待"非概念物"（non-conceptual objects）。

从"客体优先性"出发，阿多诺在《美学理论》中批判了黑格尔的观念论美学。阿多诺认为，超越性精神虽然是艺术得以成立的关键要素，但是绝对不能认为艺术是抽象的绝对理念的显现，将理念设定为艺术存在的本体依据，进而以之

---

① 黑格尔《小逻辑》，贺麟译，北京：商务印书馆，2010年，43页。

② 阿多诺《自然历史的观念》，张亮译，吴勇立校，见张一兵主编《社会批判理论纪事》（第2辑），北京：中央编译出版社，2007年，233—246页。

图解艺术的主旨，更不能认为艺术发展史是理念外化并返回自身这一过程的现实对应。艺术所要探索的是被形而上学观念压抑的流变的自然现象、被一体化的社会体系压抑和禁忌的主题："根据观念论的学说，艺术有责任为表象和自然本身的混沌杂多赋予秩序，但这秩序不是意在分类的抽象秩序，而是感性的、具体的；而这个典型观念论的学说，却忽略了美学的精神化的目的：还原过去被压抑的自然和属于自然的事物。"[1]艺术作为"非概念物"的救赎，试图借由自己的形式语言"把那些被中产阶级社会排斥的事物表现出来，并且以崭新的方式彰显其本性，证明对自然的压制是罪恶的"[2]。现代艺术相对于传统艺术，无疑在形式上是"混乱的"（chaotic），与观念论哲学及其美学要求的严整有序是相悖的，但这种混乱只是混乱现实和矛盾精神的表征。观念论在"观念秩序与现实秩序是同一的"这一前提下构想出来的"和谐"形式不过是一种假象（illusion）。新艺术那些混乱方面实则是批判虚假的"第二自然"的密码（cipher），它们表明观念论寻求的秩序"其实就是这么混乱。混沌要素和激进的精神化，同样在拒绝把生命想象成光鲜亮丽的样子"[3]。拯救被"形而上学"体系遮蔽的"非概念物"，批判不断走向全面操控的压抑性社会体系，恰恰是现代艺术的真理性所在。

阿多诺还在《美学理论》中批判了黑格尔从"形式"和"内容"二分法角度谈论艺术的做法，试图代之以"技术"（technique，或译"技巧"）和"材料"（material，或译"物质""质料"）。[4]就具体事物而言，相对于"材料"，"形式"无疑更为重要，"形式"规定了事物的"是其所是"。就艺术作品而言，它们无法摆脱自身的"物性"要素，艺术作品本身即是事物（thing），它们通过自身特定的"技巧"或"形式法则"而使自己"对象化"了。[5]在艺术中，技巧和材料的关系是辩证的：艺术技巧的嬗变会使得某种材料获得或失去艺术资质；艺术材料缺失或更

---

① Theodor W. Adorno, *Aesthetic Theory*, trans. Robert Hullot-Kentor, p. 93.

② Theodor W. Adorno, *Aesthetic Theory*, trans. Robert Hullot-Kentor, p. 93.

③ Theodor W. Adorno, *Aesthetic Theory*, trans. Robert Hullot-Kentor, p. 94.

④ Theodor W. Adorno, *Aesthetic Theory*, trans. Robert Hullot-Kentor, pp. 147-149.

⑤ Theodor W. Adorno, *Aesthetic Theory*, trans. Robert Hullot-Kentor, p. 100.

新也会影响艺术技巧及其构造形式的更迁。①艺术借助材料实现了自身的"对象化"（objectivation），但是对象化的结果却决不能等同于其材料组合。艺术作品是"各种力量交互作用的结果，是与其物性（thing-character）有关的综合活动"②。可以说，每件艺术作品都是一个各种力量相互竞争的"力量场域"（forcefield）。③

　　但是在阿多诺这里，艺术的"材料"虽然规定了"技术"的演进，但显然不如"技术"重要。对于阿多诺而言，所谓"技术"不仅指具体的物质生产技术，更重要的是指艺术作品的形式构造能力。可以说，正是艺术作品的形式，而非材料，使得艺术与具体事物（object）区分开来，规定了艺术之为艺术。而且正是因为艺术作品具有整一性的审美形式，使得艺术与社会事实区分开来，赋予了艺术作品超越性和批判性。正如阿多诺所言，艺术形式在对"整一性"的追求过程中也排除了不能为形式同化的材料，从而具有了压抑色彩，而且审美形式整一性的"和谐"特征也似乎是对现实秩序的表征，从而具有了意识形态性。正是对技巧及其构造的审美形式的强调，使得阿多诺"非同一性美学"出现了无法调和的矛盾：既要通过艺术拯救非概念物，又要提防艺术作品的本真性（authenticity）被物化事物（reified objects）侵蚀。这使得阿多诺对艺术的材料有所"取舍"，进而批判先锋艺术及其艺术材料。

---

① Theodor W. Adorno, *Aesthetic Theory*, trans. Robert Hullot-Kentor, p. 148. 阿多诺所谓的"艺术材料"包括：（1）艺术的生产资料，如画室、舞台、剧场、画笔及画板等；（2）构成艺术作品的可见可感可触的物质材料，如画布、颜料、钢铁、石料和木材等；（3）不可见但可感的物质要素，如声音等；（4）相对抽象的创作素材，如文字、主题、母题、题材等；（5）艺术形式本身也可以成为创作材料，如韵律、节奏、发展序列、步法、文体和风格等；（6）艺术的具体展现过程，如剧本并非戏剧，演出才是戏剧的真正实现。可见，"艺术材料"的范围包括一些不具物质形态的要素，但是就"材料"本身而言仍主要指（2）那些可感要素。

② Theodor W. Adorno, *Aesthetic Theory*, trans. Robert Hullot-Kentor, p. 99.

③ Theodor W. Adorno, "The Essay as Form", *Notes to Literature*（Volume 1）, ed. Rolf Tiedemann, trans. Shierry Weber Nicholsen, New York : Columbia University Press, 1991, p. 13.

二、"艺术精神"的"物化"

艺术要成为现实的，就无法摆脱"物化"的命运。[①]艺术的"物化"首先指艺术精神的"对象化"，即作为精神要素的抽象艺术观念通过艺术生产具有了具体的物质形态——"外观"（Schein/appearance）：具体可见的物质材料构成，或可感的操演过程。艺术的"外观"主要由艺术的物质要素决定的。艺术因其内在精神的"对象化"或"物质化"（Materialisierung/materialisation）而具有的属性，可称为艺术的"物性"（Dinghaftigkeit/objecthood）。若是将艺术作品视为劳动产品的话，艺术精神的"对象化"也可被视为抽象的社会关系在具体的生产过程中的"物象化"。

---

① 在进入到此问题之前，有必要对"物化"概念的内涵略作讨论。阿多诺《美学理论》中的"物化"一词的对应德文为"Verdinglichung"，英译为"reification"。近年来，学术界对"Verdinglichung"的译法、内涵及源流提出了不同看法，尤其是在广松涉对马克思的"Versachlichung"一词的相关阐释被译介进来后，更是使得"物化"一词的内涵更加丰富而复杂。中文语境的"物化"观念实则包含了"Vergegenständlichung"（"对象化"）、"Verdinglichung"（"物态化"）和"Versachlichung"（事物化）三个意思，其英文对译词则都包含了"objectification"（对象化）和与"Entfremdung/ alienation"（异化）概念相近的"reification"（具体化／物化）概念。从具体内涵而言，"Vergegenständlichung"主要指主观要素的"对象化""客体化"和"具体化"，是精神外显的客观过程、不带有价值取向的中性概念；"Verdinglichung"和"Versachlichung"经过马克思的使用，则带有很强的价值批判色彩。其内涵除"对象化"外，还指马克思和卢卡奇阐明的资本主义社会人与物（商品、资本）的异化关系，以及主观上对社会现实的"误认"。这两个词俱见于马克思和卢卡奇的著作。马克思较多地使用"Versachlicung"。卢卡奇早期虽然也多用"Versachlichung"，晚年较多用"Verdinglichung"，但这两个词都带有明显的韦伯学说的痕迹。韦伯的"Versachlichung"一词，主要在"合理化"的意义上使用，主要指世界的祛魅、去人格化，价值领域的分化及其独立，社会劳动分工不断细化，生活方式的系统化、就事论事，通过计算来支配事物，世界按照组织化的结构运作且具有"可预测性"，行为者认为结果重于行为本身、信奉"责任伦理"而非"信念伦理"等，因而"Versachlichung"又可译为"事理化"。（参见施鲁赫特《理性化与官僚化：对韦伯之研究与诠释》，顾忠华译，桂林：广西师范大学出版社，2004年，5页、48页、49页。）这两词意义相近，很难截然区分。阿多诺以及本雅明等人"物化"思想的直接影响源是卢卡奇的《历史与阶级意识》（Geschichte und Klassenbewuβtsein），在用词上延续了卢卡奇《物化与无产阶级意识》一文使用的"Verdinglichung"，而非马克思常用的"Versachlichung"。由此，也可看出学术源流。参见广松涉《物象化论的构图》，彭曦、庄倩译，南京：南京大学出版社，2002年；罗纲《社会关系的无意识与不作为——卢卡奇对 Verdinglichung 与 Versachlichung 的区分》，《哲学动态》2012年第10期；张一兵《再论马克思的历史现象学批判——客观的"事物化"颠倒和主观的"物化"错认》，《哲学研究》2014年第7期；周嘉昕《"物象化""物化"还是"对象化"》，《哲学研究》2014年第12期；张一兵《事物化与物化：从韦伯到青年卢卡奇》，《现代哲学》2015年第1期；刘冰菁《失落的"事物化"——关于德法〈资本论〉中"Versachlichung"的翻译问题的研究》，《现代哲学》2015年第1期。

在马克思主义政治经济学批判视域中，艺术精神在取得其"物身"的同时，也面临着在社会交往尤其是商品交换过程中于主观层面走向"物象化"或"事物化"的命运：作为"物"被"实证主义"认识论判定为局限于材料层面的"纯粹物"或被"拜物教"（Fetischismus/fetishism）俘获成为具有实用或商业价值的"商品"，卷入到它批判的资本逻辑之中；在交换过程中，人们忽略了艺术作品负载的抽象社会关系，"误认"艺术为单纯的商品（物）之间的关系；人投身于商品体系，无意识地受到该体系的束缚，或意识到该体系的问题而无力改变，在物体系中丧失了主体性。此概念与人本主义话语中的"异化"（Entfremdung/alienation）观念密切相关。在阿多诺看来，艺术在获得对象化物质形态的同时得以避免"物化"命运的唯一可能就是保持其"超越性"（transcendence）。

相对于自然物，艺术作品的特点是其具有超乎"物"外的意味。艺术因具"超越性"而成为"精神物"，其"超越性"在艺术作品上的具体表现即具有"整一性"（unity）的审美形式。①一旦艺术作品被认为是简单的材料组合，像先锋艺术那样为了取得"震惊"效果而回到其材料层面的时候，就必然走向失败，因为"艺术作品中的表现瞬刻（instant）不是将艺术还原到其材料层面、未经中介的事物，这一瞬间是完全通过中介来实现的"②。虽然精神要素是艺术得以可能的必要条件，但物性要素从艺术诞生伊始就存在于艺术之中。艺术作品起源于原始巫术，人们在巫术活动的物象中看到的是"神灵"（apparition）。祛魅的艺术作品所关联的对象，亦由超自然的存在即"神灵""理性化"为超越性的精神要素。故而阿多诺认为，褪去仪式膜拜功能的艺术作品的表象，与那些用于祈祷的物所关联的超自然现象非常接近，精神要素亦是这些原来用于祈祷的物品继续存在的必要条件，因为那些"神灵被驱赶得杳无踪迹的艺术作品，只是空壳子而已，比单纯的现实事物还不如，因为它们毫无用处"③。显然，艺术作品虽因走向自律、为了维持自身的自治疆域而与经验世界分离、摒弃了艺术早先具有的实用功能，但是这些过气的用于祈祷的物品却因其关联的精神要素而作为升华的形式残存在艺术之中。因而，虽然

---

① Theodor W. Adorno, *Aesthetic Theory*, trans. Robert Hullot-Kentor, p. 78.

② Theodor W. Adorno, *Aesthetic Theory*, trans. Robert Hullot-Kentor, p. 79.

③ Theodor W. Adorno, *Aesthetic Theory*, trans. Robert Hullot-Kentor, p. 80.

艺术的"精神化"寻求的是艺术与经验领域的绝对分离、对"非概念物"的否定，但是无论艺术作品多么抽象，都会有材料和视觉组成问题，无法绝对理想化地摒弃感性事物。①如果艺术试图完全摆脱经验事物，追求绝对的抽象而越来越透明的时候，艺术表象也就会虚妄不实，丧失"实体性"；"物性"是艺术无法摆脱的幽灵一样的负担。②

艺术作品是"精神"永恒性和"事物"流变性的统一。审美主体面对艺术作品获得的是"瞬间即永恒"的艺术体验："在瞬间中静止的运动成为永恒，而那成为永恒的事物，又因为被化约为瞬间而消逝。"③如果说艺术作品"分有"了柏拉图所仰视的"理念"的"永恒"要素，那么它作为黑格尔意义上"理念的感性显现"则因其"物性"而归根结底是一种流变之物。艺术作品对理念的占有，如焰火表演，在倏忽即逝的瞬间闪现的光辉中实现了自己。艺术作品中的超越性因素，以及它提供的本真的艺术体验，如同幽灵一样飘忽不定，是短暂易逝的，审美主体瞬间地占有它就能感受到无限的美好，而"形象"（image）则吊诡地试图以自身的有限性去捕捉这些"迁流不已的环节"，如此作为超越性因素的"对象化"结果的艺术"也成为瞬息之间的事物"④。可以说，每件艺术作品，都是本雅明（Walter Benjamin）所谓的"辩证形象"（dialectical image）。它以"静止的辩证法"（a dialectic at a standstill）将短暂与永恒、运动与静止、古老与当下等对立概念汇聚在一起结成"概念对子"（pair of concepts），每个对子中的要素都是可以相互转化的："如果，作为某种形象的艺术作品是超验事物的延续，那么作为某种外观，艺术作品就是短暂易逝事物的汇聚。体验艺术意味着，将艺术的内在历程理解为停滞的瞬间（an instant at a standtisll）。"⑤在此意义上，艺术作品的"艺术精神""对象化"的痕迹，既是静态的，又是动态的。

艺术内在的精神维度和与其物性要素提供的感官体验的关系是辩证的。所谓

① Theodor W. Adorno, *Aesthetic Theory*, trans. Robert Hullot-Kentor, p. 81.
② Theodor W. Adorno, *Aesthetic Theory*, trans. Robert Hullot-Kentor, p. 82.
③ Theodor W. Adorno, *Aesthetic Theory*, trans. Robert Hullot-Kentor, p. 85.
④ Theodor W. Adorno, *Aesthetic Theory*, trans. Robert Hullot-Kentor, p. 84.
⑤ Theodor W. Adorno, *Aesthetic Theory*, trans. Robert Hullot-Kentor, p. 84.

"艺术精神"①是"在艺术作品中显现的，不能与外观分离又与外观不同的，现实中的非现实层面"②。它不是艺术家的主观精神，亦非柏拉图所谓外在于作品的"客观的""理念"，而是内嵌于作品"外观"之中，透过作品的物质要素激发出来的"客观事物"③。"艺术精神"是艺术作品的"内容"（Gehalt），虽然社会决定了这些"内容"的主要部分，但如前所述，艺术的超越性精神维度却是艺术区别于现实事物和感官现象的重要依据，是艺术之为艺术的"否定的规定性"。"艺术精神"并非空洞之物，它通过艺术作品的"对象化"而具有时空定位，借助作品的"内在物质化"过程而成为具有"审美同一性"的事物；它是艺术作品的精髓和内在动力，藉以言说和形诸文字的媒介；艺术家借之将解码出来的现实要素重构为"星丛式"（constellative）艺术作品。可以说，艺术作品所具有的精神要素都"源自"它的感性环节的形象，而作品中艺术性的感性环节也必须透过精神这一媒介。④"精神形构出外观，正如外观形构出精神一样；从'现象'一词最为含蓄的意义而言，精神是现象得以显现的光源，也是现象之所以存在的原因。"⑤"艺术精神"是内在于艺术，并区分艺术与现实的"中介"（mediation）。但是，"艺术精神"绝不等同于艺术作品的感性环节和内在组织，而是指向作品之外的。

不过，阿多诺对于艺术物性环节提供的"感官体验"的态度是矛盾的。一方面，他反对"观念论"（idealistic）美学将美设定为抽象的"理式"、局限于"象征"层面、否定艺术的感官维度的做法，因为艺术精神固然超越于现实事物和感官现象，但是它也包含此二者，而且"艺术精神的承诺，并非观赏者的感官愉悦，而是艺术的内在感性环节"⑥，即艺术意在拯救受到理念世界压制的现象界。另一方面，他对于"大众文化"（mass culture）提供的虚假的替代性满足、先锋派作品提供的"震惊"体验以及任何带有"媚俗"（kitsch）色彩的艺术作品，持批判态度。

---

① "艺术精神"最早与巫术和宗教的膜拜仪式有关。在世界理性化之后，它演变为人类理性能力在面对自然时获取的崇高和优美等审美意识，以及宗教精神的理性形态如社会领域内的乌托邦观念等。参见简·罗伯森、克雷格·迈克尔丹尼《当代艺术的主题》，匡骁译，南京：江苏美术出版社，2012年，304—310页。

② Theodor W. Adorno, *Aesthetic Theory*, trans. Robert Hullot-Kentor, p. 86.

③ Theodor W. Adorno, *Aesthetic Theory*, trans. Robert Hullot-Kentor, p. 87.

④ Theodor W. Adorno, *Aesthetic Theory*, trans. Robert Hullot-Kentor, p. 87.

⑤ Theodor W. Adorno, *Aesthetic Theory*, trans. Robert Hullot-Kentor, p. 87.

⑥ Theodor W. Adorno, *Aesthetic Theory*, trans. Robert Hullot-Kentor, p. 82.

只是需要注意的是，这种反对并不是绝对的。阿多诺也指出，艺术的精神化即对物性要素的否定会加速艺术的危机。艺术的过度精神化拒绝任何的实用价值和感性的娱乐维度，会使得艺术成为纯粹自为的、对于资本而言没有任何价值的事物，进而流失其本就不那么稳固的受众群体。如此，艺术在现代社会的出路，或许就是要扬弃（aufheben）那些被超越的事物，包括艺术的娱乐维度。[1]

阿多诺之所以承续黑格尔强调艺术的精神维度，意在反对"直观美学"（intuitional aesthetics）。直观美学在康德那里有其哲学依据，即"美者是无须概念而被表现为一种普遍的愉悦之客体的东西"[2]。康德将"不需概念"和"普遍愉悦"结合在了一起，仿佛艺术的内在精神并非理性能力探求的产物，而是可以凭借感官、直觉直接获得的。康德在此意在强调艺术感觉和论证思维的差异。阿多诺认为，这是中产阶级青睐的"直接性"认知模式。在他们眼中，只有"直观"（intuition）可以把握艺术作品的连贯和圆融，并假定作品就在摹仿世界的和谐秩序，但他们忽视了艺术中"非概念性的媒介"，以及使得艺术作品获得感性结构的"非感性事物"，这些事物在作品结构完成的那一刻就消隐，摆脱了直观性（Anschaulichkeit/intuitability）。[3]"直观性法则，否认艺术作品的内在概念范畴，把直观性物化成晦涩的、无法理解的事物，借助其纯粹形式使它成为石化世界的摹仿，提防任何会搅扰作品营造的和谐假象的东西"[4]。这种美学观念无疑具有意识形态性，与卢卡奇批判的资产阶级物化的实证主义认识论是一致的。[5]其庸俗化的表现之一是，将目光局限于艺术的物质层面，无法看到艺术品中的任何物质维度都是渗透着精神要素的。然而，艺术并非是对现实世界的照相式摹仿，若是认为通过"直觉"就能把握住艺术的物质结构进而把握住世界的潜在秩序，无疑是痴人说梦。艺术既非情感不加节制地直接抒发，亦非世界的原样复制，而是理性的构造。"艺术必然要受到其'仿佛'（Als ob/as if）特征的中介。如果艺术完全是直观的，那么

① Theodor W. Adorno, *Aesthetic Theory*, trans. Robert Hullot-Kentor, p. 94.

② 康德《判断力批判》，李秋零译，北京：中国人民大学出版社，2011 年，218 页。

③ Theodor W. Adorno, *Aesthetic Theory*, trans. Robert Hullot-Kentor, p. 95.

④ Theodor W. Adorno, *Aesthetic Theory*, trans. Robert Hullot-Kentor, p. 95.

⑤ 卢卡奇：《物化和无产阶级意识》，见《历史与阶级意识》，杜章智、任立、燕宏远译，北京：商务印书馆，2004 年，146—310 页。

艺术和它抵制的经验世界就没有什么两样了。"①艺术的直观性从来都和其精神性密不可分，而这种精神性依托于"逻辑思考"且不同于现实中具有明确指称性的"概念"。"倘若艺术只是感性直观，那么它就会被永远地放逐于诉诸感官和直接性的存在物的偶然性里，也就在事实上背离了它特有的那种逻辑性"②，"直观性"就会被市侩精神污染为"拜物教"：将艺术的"物性"（dinghaft）指认为作品的物质材料，不能认识到艺术作品是"藉由形式法则使自己对象化的"③。

　　阿多诺反对将概念和直观分割开来的物化艺术观。他认为艺术虽然警惕概念对艺术经验的压抑，但是艺术必须借助概念做出判断。正如康德所言，对判断力的反思总是和概念及逻辑密切相关，因为判断是一种知性行为。这既是康德美学的内在矛盾，也是艺术中理性和感性的两歧。只是，阿多诺认为艺术借助的概念既非纯哲学概念，亦非现实的指称性概念；艺术对看不见的事物的直观是概念式的，而非非理性的直觉，此概念只是"类似于概念，并非真正的概念"④。艺术作品或许蕴含了某种对社会问题的判断，但是作品本身却不能像"介入艺术"那样依据某种政治理念做任何直接判断。艺术通过将概念环节挹注到自己的内在脉络里来超越概念的压抑特征，在借助逻辑建构自身的同时提防逻辑思维对艺术的僭越。⑤艺术感性和理性概念并非截然对立的关系："艺术反对的虚假真理并非理性（rationality），而是理性僵化地反对特殊事物；如果艺术将直观性分离出来并授予它特殊性的桂冠，那么艺术就是在为那种僵化背书，强化社会理性的破碎状态，将人们的注意力从理性那里转移开来。"⑥在阿多诺这里，艺术并非理性的对立面，而是与理性相互支撑的；他反对的并非理性本身，而是理性与感性的对立，因为"直观和概念的清

---

① Theodor W. Adorno, *Aesthetic Theory*, trans. Robert Hullot-Kentor, p. 96.

② Theodor W. Adorno, *Aesthetic Theory*, trans. Robert Hullot-Kentor, p. 98.

③ Theodor W. Adorno, *Aesthetic Theory*, trans. Robert Hullot-Kentor, p. 100.

④ Theodor W. Adorno, *Aesthetic Theory*, trans. Robert Hullot-Kentor, P. 96. 阿多诺在此含糊其辞的做法是其"同一性哲学"的必然结果。"非同一性哲学"认为哲学思考必须反对哲学概念的抽象运作对客体的压制，但是又希望保存概念的理性价值，在概念的运作和排布（arrangement）上做出改变，即不再建构内在同一、具有总体性诉求的概念体系，而是构建"星丛式"（constellative）文体，其中概念携带者从现象中分解出的真理性内容，非压抑性地围绕某个类似于磁场中心的"理念"聚合在一起。

⑤ Theodor W. Adorno, *Aesthetic Theory*, trans. Robert Hullot-Kentor, p. 99.

⑥ Theodor W. Adorno, *Aesthetic Theory*, trans. Robert Hullot-Kentor, p. 98.

教徒式的、理性主义式的分割，正反映了社会意识形态所造成的理性和感性的二分法"①。将艺术禁锢在直观感官里的"直观美学"，正是这种割裂的反映。在物化社会，"作品越是直观化，它的精神就越物化，和现象及其形构分裂"，艺术就越是会"非逻辑地"反对社会理性。②在他看来，以超现实主义为代表的先锋派青睐的"自动写作"，使得艺术创作回到了非理性的层面，是对艺术理性的侵蚀。批判"自发性"，是阿多诺《美学理论》的重要意图。

三、现代主义对"物性"的压抑

虽然阿多诺指出了自律观念产生的现实条件及其意识形态色彩，但他依然推崇"为艺术而艺术"的唯美主义艺术观以及围绕它建立起来的现代主义自律"艺术体制"。也正因此，阿多诺激烈地批判先锋派对现代主义艺术体制的批判和破坏。这种推崇与批判，折射出阿多诺"非同一性美学"的一个悖论：艺术既要通过保存"非概念物"来拯救现象世界、更新自身，又要时时警惕构成艺术的"物质材料"因为沾染了物化世界的资本逻辑而损害艺术的自治地位。虽然阿多诺并未从本体上讨论"何谓艺术"，进而将"先锋艺术"逐出艺术领域，而更多地在"社会效果"的意义上为自己反对"先锋艺术"寻求价值支撑，但也正是从"效果"上看，阿多诺发展出的本应具有极大包容性和开放性的"非同一性美学"，在捍卫现代主义艺术的美学价值、批判先锋艺术实践的过程中走向保守而具压抑色彩。这肯定和阿多诺的哲学初衷是相悖的。阿多诺哲学美学的内在矛盾与他对现代物化社会情境中的艺术的审美特性的观察有关，而物性问题则是现代艺术发展走向的分歧点：现代主义压抑物性，先锋派凸显物性。

现代主义艺术的一个重要特征是对"物性"（objecthood）和"剧场性"（theatricality）的拒绝。在现代艺术体系中，一件艺术品被经验为"物品"（object）还是"艺术品"（artwork），事关它是否仍然是"艺术"这一"身份"（identity）问题。"物性"是艺术品的必要属性，但是现代主义艺术作品（主要是绘画与雕塑）的重要特征是，通

---

① Theodor W. Adorno, *Aesthetic Theory*, trans. Robert Hullot-Kentor, p. 98.

② Theodor W. Adorno, *Aesthetic Theory*, trans. Robert Hullot-Kentor, p. 98.

过特定艺术"手法"（technique）创造出"形状"（shape）或阿多诺所谓的"审美形式"，击溃或悬置它自身的物性。①诚如格林伯格所言，现代艺术从公众那里抽身而出，走向专门化和充满精英色彩的形式主义，借助其形式法则将艺术表现提升到"绝对"的高度："在这种绝对的表达中，一切相对的东西和矛盾的东西要么被解决了，要么被弃置一旁"；在探索"绝对"的过程中，艺术发展为"抽象"或"非具象"艺术，"为艺术而艺术"成为现代艺术的价值准则，形式获得了优先性，"主题和内容则像瘟疫一样成了人们躲避的东西"②。这种取向，在加塞特看来即现代艺术的"去人性化"冲动：艺术家们不再朝向实在，而是"明目张胆地把实在变形，打碎人的形态，并使之非人化"③。艺术家将目光转向艺术"媒介"本身，更为自由地探索各个艺术门类的"媒介"和表现形式的可能性。现代主义艺术与之前艺术的最大差别是对"再现"艺术观的扬弃。如果说此前的写实艺术以再现外物的相似度作为评价艺术品质高低的标准的话，那么现代抽象艺术则认为："再现乃是对万事万物镜子式的被动行为，因此从根本上说是非艺术的；相反，抽象艺术则是纯粹的审美活动，不受对象的限制，只建立在它自身的内在法则之上。"④如此不仅颠转了艺术的评价标准，而且批判了"再现"艺术观对艺术可能性的限制，拓展了艺术的边界："艺术中的变化不仅废黜了再现是必然的要求这样的说法，而且还取消了一种和谐的特殊标准，取消了表现的适度等等规范"⑤。现代艺术家们更为关注线条和色彩等艺术媒介的"内在力量"或康定斯基所谓的"内在必然性"，而不是它们再现的事物或表现的主题。这是艺术内在的自主化趋势，但是艺术媒介自主化的进一步结果是现代艺术的内部分化。现代主义者注重艺术媒介的形式维度，认为物质要素是艺术作品必须抛弃的"非艺术要素"："仿佛一件艺术作品——更确

---

① 迈克尔·弗雷德《艺术与物性》，张晓剑、沈语冰译，南京：江苏美术出版社，2013 年，159 页。

② 克莱门特·格林伯格《艺术与文化》，沈语冰译，桂林：广西师范大学出版社，2009 年，5 页。从格林伯格在文章中提到的艺术家和艺术风格来看，他所谓的"先锋艺术"亦即比格尔所谓的具有有机形式的"现代主义艺术"。

③ 加塞特《艺术的去人性化》，周宪译，见周韵编《先锋派理论》，南京：南京大学出版社，2014 年，155—164 页。

④ 迈耶·夏皮罗《抽象艺术的性质》，见《现代艺术：19 与 20 世纪》，沈语冰、何海译，南京：江苏凤凰美术出版社，2015 年，236 页。

⑤ 迈耶·夏皮罗《最近的抽象画》，见《现代艺术：19 与 20 世纪》，沈语冰、何海译，256 页。

切地说，似乎现代主义绘画或雕塑——在某个根本的方面不是一个物品"①。然而，那些先锋艺术如达达主义、未来主义以及后来的极简主义等流派的作品，都在凸显艺术的"物性"维度，即艺术的构成材料、主题等。"物性"成为现代主义和先锋艺术的交锋地带。

先锋艺术之所以凸显"物性"，与其对"剧场性"（theaticality）的追求有关。现代主义艺术吁求的认识论模式是典型的"主客二分"模式，艺术作品对于审美主体而言是独立而外在的事物，主体将艺术品作为客观对象来审视；其心理机制是一种静观式理性沉思，或格林伯格所谓的对艺术的"造型价值所带来的直接印象进行反思的结果"②；主体"从作品中获得的东西，严格地位于作品内部"③。但是，在先锋艺术（包括后现代艺术）那里，主客二分的认知模式被打破，主体不再具有明确的优越于客体的地位。就艺术感受而言，先锋艺术因其"介入"诉求，往往主题明确、内容富于"戏剧性"，更关注观看者遭遇艺术作品时的实际环境，主体并不外在于艺术作品，而是内在于艺术作品构建的"情境"（situation）之中，易有"移情"心理。艺术作品作为审美构境将观众"情境化"为能动的艺术主体，甚至是艺术作品的一部分，从而让观众具有一种"在场感"，即"参与意识"。在艺术评价上，现代主义强调在既往艺术谱系里与所有"经典"作品做比较，艺术的公共效应并非它的目的，观众的"身体"是不参与其中的；先锋艺术则将既往艺术的评价体系作为批判对象，其成败更取决于观众在当下的艺术情境中激发出的"兴趣"，更关注观众的审美感受及其回应，观众"身体"内在于先锋艺术的审美"情境"，是先锋艺术得以完成的必要条件。④

然而，阿多诺对先锋艺术的"剧场性"诉求持警惕态度。阿多诺对"剧场性"艺术的拒绝，突出表现在他对布莱希特"史诗剧"（epic theater）理论及其实践的

---

① 迈克尔·弗雷德《艺术与物性》，张晓剑、沈语冰译，160 页。

② 克莱门特·格林伯格《艺术与文化》，沈语冰译，15 页。

③ 迈克尔·弗雷德《艺术与物性》，张晓剑、沈语冰译，161 页。显然，阿多诺在艺术上所秉持的是一种静观式认识模式。他虽然反对主体对客体的压制，但是他依然承袭了这一模式，只是试图提高客体在这一认识模式中的地位。

④ 迈克尔·弗雷德《艺术与物性》，张晓剑、沈语冰译，161—163 页。

批判上。①布莱希特希望打破戏剧和观众之间的"第四堵墙"，使得观众能够主动地反思、介入剧情、批判社会、寻求变革。这和戏剧艺术一直以来遵循的亚里士多德的如下主张不同：戏剧通过引起观众的"怜悯和恐惧"而起到"净化"效果，观众只是静观戏剧，不介入剧情。但是在阿多诺看来，由于布莱希特过于关注戏剧的社会效果，让戏剧承载了过多政治主张，损害了戏剧形式整一性，在艺术上和政治上都产生了一些缺陷。②此外，阿多诺在艺术门类上比较关注的是文学、绘画和音乐等符号性较强的艺术门类，对于需要借助较多物质材料的艺术门类如雕塑则关注不多。就雕塑而言，它的存在形态无疑具有更多"剧场性"，需要现实空间作为背景来烘托作品本身具有的空间造型及其意蕴，而且有的雕塑的空间形式无法与作为背景的空间清晰地区分开来。雕塑在空间边界上的"模糊性"，在"装置艺术"（Installation Art）那里得到更为明确的表达。作为一种先锋艺术形式，"装置艺术"的内在意义、情境和观众的身体介入等要素是一个整体，具有"剧场性""浸入性"和"实验性"等特征；如果说对于传统艺术而言，艺术家、艺术作品和观众是分离的，观众只是远距离地欣赏艺术作品，不参与其中，那么对于诸如装置艺术这类先锋艺术而言，观众的参与无疑是艺术作品得以完成的必要条件，观众的触觉、嗅觉和听觉等感觉与视觉同样重要。③在凸显艺术的物性要素和剧场性的"极简主义"艺术勃兴后，美国艺术理论家弗雷德指出，"各种艺术的成功，甚至是其生存，越来越依赖于它们战胜剧场的能力"④，而"剧场性"败坏了现代主义艺术体验甚至危及到"艺术"本身。可以说，在深受现代主义艺术价值观念熏陶的艺术理论家看来，一旦艺术走向剧场状态，就会走向堕落。⑤

　　然而，无论现代主义艺术多么推崇形式和手法，它本身的演进在很大程度上是通过凸显在既往艺术作品中作为不可见媒介的"材料"才得以可能的。或者说，正

---

① Theodor W. Adorno, "Commitment", *Notes to Literature* (Volume 2), ed. Rolf Tiedemann, trans. Shierry Weber Nicholsen, New York: Columbia University Press, 1992, pp. 82–88.

② Theodor W. Adorno, "Commitment", *Notes to Literature* (Volume 2), ed. Rolf Tiedemann, trans. Shierry Weber Nicholsen, p. 86.

③ Claire Bishop, *Installation Art*, New York: Rutledge, 2005, pp. 6–10.

④ 迈克尔·弗雷德《艺术与物性》，张晓剑、沈语冰译，172页。

⑤ 迈克尔·弗雷德《艺术与物性》，张晓剑、沈语冰译，173页。

是通过使材料（媒介）成为可见的，现代主义艺术手法才成为独特的。丹托在分析"抽象表现主义"带有先锋色彩的艺术实践时指出，艺术作品对物质性的凸显，一直是现代艺术的内在诉求。如果说传统绘画为了服务于某一主题，常常将构成绘画的物质材料隐蔽起来，使之成为透明的，那么现代绘画则"返回绘画的物质性，在某种程度上是和反抗维多利亚时代对肉体的压抑的现代主义革命精神相一致的"[1]。无论现代艺术史上的未来主义和立体主义将现实的物质材料直接"拼贴"到传统的画作形式之上，还是 20 世纪 50 年代抽象表现主义画家将颜料直接"滴溅"到画布上来作画的做法，都意在使得艺术作品的物质材料摆脱透明性的限定，打破先前艺术家和观众之间的共谋：专注于艺术作品的审美形式，对艺术作品使用的物质材料视而不见。[2] 可以说，现代及当代艺术的一个重要特点是，艺术材料作为媒介不再是透明的，而是突破艺术形式的限制，走向前台，唤起观众的注意，诸如超现实主义、达达主义、未来主义和波普艺术等先锋派对"现成物"的使用，不过是这种艺术诉求的极端表现罢了。显然在丹托看来，整个现代艺术都具有凸显物性的诉求。这无疑与阿多诺、弗雷德的观点是相悖的，然而他们之所以会关注艺术的"物性"维度，都是由于先锋艺术实践对"现成物"的使用引起的；也就是说，先锋艺术实践使得"何谓艺术"问题落实到了"何谓艺术材料"这一问题之上。

四、"物化"的"物性"

在《美学理论》中，阿多诺并未明确区分现代主义和先锋派。这种区分是通过比格尔在《先锋派理论》[3]中的讨论以及相关论争得以彰显的。从主题上讲，阿多诺的美学理论很大程度上是围绕着现代主义和先锋派的分歧展开的：卫护前者，批判后者。[4] 阿多诺之所以批判先锋派的艺术实践，主要是为了维护艺术通过与宗

---

① 阿瑟·丹托《寻常物的嬗变》，陈岸瑛译，南京：江苏人民出版社，2012 年，131 页。
② 阿瑟·丹托《寻常物的嬗变》，陈岸瑛译，133 页。
③ Peter Büger, *Theory of the Avant-Garde*, trans. Michael Shaw, Minneapolis: University of Minnesota Press, 1984.
④ 比格尔曾明确指出阿多诺是一个"反先锋主义者"。参见 Peter Bürger, "Adorno's Anti-Avant-Gardism", *Telos*, 86 (1990–91), pp. 49–60.

教和政治长期斗争获得的"自律"（autonomy）地位，其最高准则即"为艺术而艺术"，其社会效果即艺术与社会的分离、成为无窗的单子（windowless monad）；艺术要在现代社会继续存在并具有启蒙公众的审美价值的话，就必须具有审美独立性，亦即不具有任何实用目的和政治功能；要做到以上诸点，"艺术作品"的"外观"（appearance）或"审美形式"就必须具有"整一性"（unity），或者说"审美同一性"（aesthetic identity）；如此，艺术才能抵御"物化"的经验现实和文化工业的侵蚀。在阿多诺看来，先锋派借助"拼贴"（collage）手法直接挪用"现成物"来构造艺术作品，以及通过"蒙太奇"（montage）手法快速地切换镜头（主题、场景）来达到整体意识的做法，都破坏了艺术的"审美同一性"。可以说，"审美同一性"是阿多诺美学的关节点，也是他批判先锋艺术的出发点。[1]

阿多诺区分以自律为核心价值的现代主义艺术和以政治介入为目的的先锋艺术的根本标准是"艺术自律"，具体而言包含两个方面：（1）审美形式；（2）政治。就审美形式而言，阿多诺推崇的是借助理性构建的具有整一形式的有机艺术作品，而非依据无意识、非理性和自发性创作的形式破碎的无机艺术作品。然而，阿多诺喜欢的艺术作品的形式并不都是整一的，对于非有机艺术作品如贝克特的戏剧、勋伯格的音乐等，就需要从政治方面来判定它们是否是自律艺术。在阿多诺的观念中，真正的艺术自律应是双重拒绝：既拒绝政治对艺术的干涉，也拒绝艺术干涉政治。若某件形式新锐的艺术作品具有直接的政治介入意图，那么它就是非自律的先锋艺术；若无，则是自律的现代主义艺术。但是，艺术的介入与自律是辩证关系，阿多诺所拒绝的是"直接"介入社会问题的艺术，而不是从根本上拒绝艺术介入社会。在阿多诺看来，艺术越是自律就越具有介入功能；以"反自律"为旗号的先锋艺术也并未完全舍弃自律性，在其"反自律"的旗号之下，是对自律观念的深层依赖，亦即借助自律观念赋予艺术免于被政治干涉的权利，但是又享有干涉政治的自由。

在现代主义美学体系的预设中，艺术的发展是基于艺术材料的不断更新的，而先锋派却与这一预设发生了决裂。现代主义意在制作能进入"经典"的"伟大作品"，故而他们在意材料的"合法性"，但是在完成的具有确定的审美形式的艺术作

---

① 常培杰《阿多诺对"艺术介入"的批判》，《哲学动态》2015 年第 6 期，96 页。

品那里，艺术材料却退居其次，成为不可见的。先锋派挑战现代艺术惯例的重要手段是，启用已经过时的材料形式（例如超现实主义对沙龙绘画的利用）或被视为不可能转化为艺术作品的"大众的艺术材料"，如马克斯·恩斯特的拼贴、塞尚对"现成物"（ready-made）的使用等。①"先锋派"更为自由地使用"材料"，着意扩大"艺术材料"的范围，以期通过材料的"可见性"来获得受众的"震惊"效果。正是"艺术材料"领域的扩大，挑战了既有"艺术体制"，使得"何谓艺术"成为一个可以被追问的问题。然而其后果是，阿多诺所假设的"以艺术材料发展为基础的历史变得不再可见"②。不过，对于"先锋派"来说，艺术材料虽然得到突显，但在现实意义上仍然只是一个可有可无的"媒介"：先锋派更在意如何通过艺术作品作用于受众的"接受态度"。如此就艺术材料本身而言，就出现了如下状况：对于现代主义而言，艺术材料重要但不可见；对于先锋派而言，艺术材料可见但不重要。从历史效应来看，先锋派对艺术体制的批判冲动，很快被艺术体制吸纳，这些先锋派产品也被"艺术界"（art world）"承认"为"艺术作品"，从而扩展了"艺术材料"的范围和艺术边界。作为"历史上的先锋派"的后继者"新先锋派"继续了前者的实践，实际上是在艺术体制内确认了前者的实践是"艺术行为"，于是"后先锋派"面临的艺术处境是：自主艺术体制的继续存在；艺术材料的自由使用。③可以说，正是先锋派对艺术材料的扩展，使得艺术的"物性"（objecthood）观念凸显出来。

先锋派注重艺术的物性要素的原因是，希望通过艺术手段拯救被"物化"社会体系控制的"物"：将物从给予其意义的现实语境中孤立出来，剥离它负载的实用价值，掏空其负载的意义，艺术材料仅被视为物质材料，由艺术家"讽喻式地"（allegorically）将"假定的意义"注入其中。④然而，阿多诺认为从先锋派对材料使

---

① 彼得·比格尔《先锋派与新先锋派》，周韵译，见周宪编《艺术理论基本文献：西方当代卷》，北京：三联书店，2014年，378页。
② 彼得·比格尔《先锋派与新先锋派》，周韵译，见周宪编《艺术理论基本文献：西方当代卷》，378页。
③ 彼得·比格尔《先锋派与新先锋派》，周韵译，见周宪编《艺术理论基本文献：西方当代卷》，379页。"历史上的先锋派"指超现实主义、达达主义、未来主义等现代艺术实践，"新先锋派"指抽象表现主义、波普艺术、极简主义等当代艺术实践。
④ Peter Büger, *Theory of the Avant-Garde*, trans. Michael Shaw, p. 70.

用的现实效果而言，"直接"引用"现成物"（ready-made）的做法，破坏了艺术作品的"光晕"（aura），使得艺术作品更加走向大众、世俗化，艺术被彻底"祛魅"了。如此，虽然先锋艺术往往具有反抗物化现实的意向，但它却无意间为物化的经验世界留了一道窄门：实用理性会随着"现成物"进入艺术，破坏艺术的完整"外观"。先锋派在材料上"渴望触及一切东西，不许艺术品成其所是"，但"如果任凭所有这些做法大行其道，那么艺术就不仅仅成为可以消费的货物了，而且至少还会让这种与艺术的关系效仿那种与实际商品的关系"①，艺术的自主地位也就岌岌可危了。在阿多诺看来，艺术作品通过审美形式将那些凌乱的环节构建为具有整一性的艺术作品，这比凌乱不堪的先锋艺术更能对抗物化现实，揭示现实的矛盾和冲突："整体性比特殊事物更忠实地表现各种细节。那些无法以逻辑概念直接探讨的、而又需要客观把握其真实性的事物，艺术足以作为其中的桥梁，因而也忠于启蒙运动的精神。艺术所表现的，不再是理想或和谐的事物；现在，艺术解决问题的力量之源恰恰在于矛盾和冲突之物。"②而且，先锋派带有极强的政治介入色彩，他们想要打破现代艺术体制维持的艺术和现实之间的藩篱，缩短艺术与其观众的距离，将现代主义诉诸主体静观的艺术"功能转化"为政治工具，来促成直接的政治行动，其手段就是"审美政治化"，这就将艺术功能化了，使得自律艺术成为他律的。阿多诺对"介入艺术"持批判态度。③阿多诺主要在艺术社会效应层面反对先锋派艺术实践，但是他并未将先锋派的实践和成果逐出艺术领域，即认为他们不是艺术，而是认为这些"艺术行为"和"艺术作品"作为"反艺术"（anti-art）及"艺术"本身的危险。然而，"反艺术"亦是艺术，阿多诺实际上已经接受了这些事物作为"艺术"的既成事实。他要做的工作是站在现代主义艺术观念的立场上，对于先锋派的凌厉进展做一次无望的狙击。他的所有论说亦颇像一曲为现代主义艺术唱的挽歌。

　　阿多诺并非一位本质主义者。他反对那种认为艺术有其"本源"（origin）的学说，更不认为艺术有一种柏拉图或黑格尔式的"理念"作为外在依据，而是认

<hr>

① Theodor W. Adorno, *Aesthetic Theory*, trans. Robert Hullot-Kentor, pp. 16-17.

② Theodor W. Adorno, *Aesthetic Theory*, trans. Robert Hullot-Kentor, p. 84.

③ Theodor W. Adorno, "Commitment", *Notes to Literature*(Volume 2), pp. 82-88.

为"艺术拒绝定义，因为艺术概念被置于由诸多要素构成的、历来变动不居的星丛（constellation）之中"①，亦即处于具体的社会历史网络之中。"艺术的定义在任何时候都是由艺术曾经是什么予以表示出来，但其正当性只能取决于艺术已然成为什么，艺术想要成为什么或艺术可能成为什么。"②艺术的边界从来不是固定的，艺术的材料也在不断发生更替，"何谓艺术"只能凭借其运动法则来理解，而不是根据一套恒定不变的定理和法则来理解。在这一点上，阿多诺分享了20世纪以来哲学界对本质主义的批判，转向一种关系主义，即认为判定艺术作品的标准并不仅仅在艺术作品本身，而是"艺术是凭借它与什么不是艺术的关系予以界定的"，正是艺术的"他者"界定了艺术自身，艺术正是在一个区别性的关系网络中否定性地确定了自身的价值："艺术只存在于同艺术之他者的关系之中；艺术是艺术之他者发生的过程。"③不过，虽然阿多诺并非本质主义者，但是他又在事实层面坚持艺术与寻常物的差别，其区分依据就是艺术作品的审美形式是否具有"整一性"。虽然艺术的边界是动态的，但是"艺术的运动法则就是艺术的形式法则"，也正因此，阿多诺与"什么都行"（whatever）的"后现代主义者"拉开了距离。

结　语

阿多诺的"非同一性哲学"和"否定美学"的龃龉，既是阿多诺思想内部不得不面对的悖论，也是物化现实内在矛盾的表征。阿多诺虽然反对工具论的艺术观，但他却是从"功能"角度来批判艺术的，这也是造成他的美学理论出现内在悖论的原因之一。面对形而上学的"同一性"逻辑的压力，阿多诺强调"非概念物"的存在价值，认为应该以"非同一性"逻辑来组织承载了现象要素的"概念"，在现实层面则强调社会的包容性。落实到美学上，他一方面认为艺术应该关注被"观念论美学体系"压抑的主题、感性要素；另一方面，他又强调艺术精神相对于物质要素的"优先性"，反对艺术与现实的无条件"同一"。在他看来，现实是"物化"

---

① Theodor W. Adorno, *Aesthetic Theory*, trans. Robert Hullot-Kentor, p. 2.

② Theodor W. Adorno, *Aesthetic Theory*, trans. Robert Hullot-Kentor, p. 3.

③ Theodor W. Adorno, *Aesthetic Theory*, trans. Robert Hullot-Kentor, p. 3.

的，没有什么能够逃脱资本逻辑的影响，所以艺术必须以"超越精神"作为内在支撑，通过构建整一的审美形式来与物化现实"区隔"开来，并因其超越性而具对物化现实的批判功能和"启蒙"效用，实则将唯美主义的艺术理念和介入现实、启蒙公众的意图结合在了一起。但是，也正因他对"有机形式"的强调，使他无法看到先锋艺术在现实层面对"物"的拯救及其对艺术形式更新的促进作用。他为了让艺术区别于"物化"现实而强调艺术的精神维度，将艺术的"物性"维度判定为艺术的"物化"契机，进而吊诡地"压抑"了艺术的物性要素。这最终使得阿多诺将注重艺术物性要素、创作无机艺术形式的先锋艺术视为艺术的蜕化和威胁。阿多诺亦因其对现代主义艺术的推崇，以及现代主义艺术固有的"区隔"特征，而难逃"精英主义"的责难。这些可能都是他的美学理论为了对抗物化现实而不得不付出的代价。

艺术创造的转化与美学转向[*]

席格

河南省社会科学院

———— * ————

［摘　要］当下，艺术创造作为概念，俨然已被文化创意所替代。究其原因主要有三：现代技术的革新、审美经济的勃兴和艺术自身发展对"美的艺术"观念的打破。在艺术创造向文化创意转化的过程中，对艺术创造形成内在规定性的美的神圣性并未得到有效延续，从而致使艺术审美中潜藏的审美悖论被凸显了出来：艺术呈现真理、引导本真生存还是创造"美丽学"之"美"；注重审美价值还是追逐经济价值；艺术审美活动对人的主体性是审美超越与还原，还是审美满足与强化。由此，艺术创造转化客观上带来了现实感性的充盈，同时也造成了文化垃圾的充斥。这两者无论在审美实践层面，还是在美学理论层面，都引发了诸多问题。对此，在 20 世纪早期，西方诸多理论家已经关注并深入反思，尤以海德格尔、本雅明为代表。虽然两人理论的基础、进路等存在着根本性差异，却从不同维度对当下如何突破艺术创造转化所造成的理论困境提供了启示。这种启示在于，重树美的神圣性对艺术创造及文化创意的内在规约，实现美从认识性对象到生存方式的转换，美学学科由认识论美学向生存论美学的转向。

---

* ［基金项目］河南省社科规划一般项目《文化创意维度的美学原理变革研究》（2014BWX008）。此文已发表于《中州学刊》2016 年第 10 期。

[**关键词**] 艺术创造　文化创意　海德格尔　本雅明　美的神圣性

20 世纪初，文化工业的兴起，实则已经开启"艺术的产业化"和"产业的艺术化"。这也意味着艺术创造转化的开始。时至当下，随着审美经济的蓬勃发展，无论是原本属于"美的艺术"的音乐、舞蹈，还是在艺术疆域拓展后纳入其中的影视、动漫、设计等，似乎已经理所当然地成为文化创意产业的应有构成。那么，艺术何以成为了文化创意？除了技术革新、审美经济推动的现实动因之外，这还有艺术自身发展致使艺术观念发生深刻变革的理论动因。如果说艺术与文化创意之间具有天然的内在性关联，其桥梁便在于艺术创造向文化创意的转化。该转化在促成现实日常生活中感性充盈的同时，也导致了艺术与美走向泛化，并凸显了艺术审美自身所潜藏的审美悖论。尤其是文化创意向文化垃圾的转变，更是进一步彰显出了美的神圣性对艺术创造及文化创意内在规定的不可或缺。但艺术创造与文化创意的关联性问题，目前在美学维度并没有得到系统深入的研究。如文化创意纳入美学理论研究的合法性问题，便鲜有论及。有鉴于此，本文将重点梳理和探讨艺术创造向文化创意转化的动因，以及转化所凸显出来的艺术审美悖论，进而通过对海德格尔与本雅明关于艺术创造转化理论回应的考察，审视文化创意与美学理论发展的根本路径所在。

一、艺术创造向文化创意转化的动因

艺术创造，在内涵方面主要与想象力、原创性、天才、自由等概念密切关联。根据塔塔尔凯维奇的考察，在文艺复兴时期，艺术的"创造性"字眼才开始出现；到 18 世纪，"创造性"才在艺术理论中频繁出现；"及至 19 世纪，艺术脱胎换骨，一反先前的世纪那等不敢承认创造性为其本质的面貌"[①]；到了 20 世纪，"创造性"的使用范围则是超出艺术领域，扩展到科技、文化领域。文化创意概念的出现，某种意义上亦可视为"创造性"使用范围扩大的一个结果。作为艺术创造的一个替代性概念，它主要与想象力、创新性、产业化等概念密切关联。就现实发生而言，

---

① 塔塔尔凯维奇《西方六大美学观念史》，刘文潭译，上海：上海译文出版社，2006 年，256 页。

文化创意萌芽于 20 世纪早期兴起的文化工业，正式提出则在 20 世纪 90 年代之后。换言之，艺术创造向文化创意的转化，是在文化工业向文化产业、文化创意产业发展递变过程中逐步达成的。如阿多诺在《文化工业述要》中对"文化工业"一词进行解释时，明确指出它是"把家喻户晓、老掉牙的东西加以融汇，产生出一种新的东西来"[1]。而要达成此目的，便必须诉诸艺术思维，诉诸创新、创造与创意。到了文化创意产业阶段，更是直接将诸多艺术形式纳入产业化模式之中，文化创意替代了艺术创造。可见，艺术创造的概念转化经历了一个相当长的时段。这一过程，不仅具有强大的现实推动力，而且具有深刻的理论动因。

就现实动因而言，首先在于艺术创作和艺术作品传播之技术的不断革新。艺术自诞生之日起便与技术具有内在性关联，在创作与传播两个层面都深受技术水平的影响。关于现代技术变革对艺术的影响，本雅明曾指出："一九〇〇年前后，技术复制所达到的水准，不仅使它把流传下来的所有艺术作品都成了复制对象，使艺术作品的影响经受最深刻的变革，而且它还在艺术的创作方式中占据了一席之地。"[2]显然，本雅明既看到了艺术传播技术的革新，又看到了技术变革对艺术创作的影响。事实上，新技术不仅诱发了传统艺术形式创作手段的新变，催生了新的艺术形式，而且还为艺术作品传播方式的革新奠定了基础、提供了可能。所以，艺术与生活的融合在技术革新的推动下走向深入，并以文化创意的形式促成了现实感性的充盈。

因为，技术进步为艺术创造走向"艺术生产"提供了坚实的物质支撑。特别是艺术创造依托新技术所形成的新艺术形式，本身就是艺术创造向文化创意转化的产物。例如："电影放映机起初是记录运动的机器，后来被戏剧、梦想、休闲所利用；本来只有通讯价值的无线电报机，后来也轮到它被游戏、音乐、消遣所利用。"[3]尽管在原有"美的艺术"观念中，电影、电视早期并不属于艺术的行列，但随着"美的艺术"边界的打破，它们早已被纳入艺术的领域。可以说，正是新技术对艺术创造及传播技术条件的革新，强化了艺术作品的可复制性，使艺术具有了产业化发展

---

① 西奥多·W·阿多诺《文化产业述要》，赵勇译，曹雅学校译，《贵州社会科学》2011 年第 6 期。

② 本雅明《经验与贫乏》，王炳钧、杨劲译，天津：百花文艺出版社，2002 年，262 页。

③ 埃德加·莫兰《时代精神》，陈一壮译，北京：北京大学出版社，2011 年，15 页。

的可能。正是在艺术创造技术手段逐步革新的过程中，艺术创造自身之个体性、唯一性、崇高性等特征被消解，最终走向了大众化、可复制、媚俗性的文化创意。

其次，则在于体验经济对资本介入艺术创造的强化。20世纪中叶之后，技术进步在西方引发了社会的全方位变革，就对艺术创造的影响而言，主要在于：人们因生产技术进步而从繁重的体力劳动中得到相当程度的解放，闲暇时间大幅度增加，且受教育程度普遍提高。由此，人们对用于消磨闲暇时间的娱乐对象的形式、内容及审美品质等，提出了更高的要求；文化产品市场竞争程度加剧，为了提升竞争力，文化工业之"产业艺术化"的发展方向受到推崇，文化工业得以逐步向"体验工业"转变。尽管前者重在文化产品的审美价值，而后者重在文化产品的经济价值，但由于文化产品经济价值的实现要以其审美价值为内在前提，所以提升文化产品审美品格自然成为了文化工业发展必须直面的问题。为此，文化工业既要强化对艺术创造的运用，又要不断实现技术手段的革新。而强化艺术创造力的运用，便要吸引高层次的艺术人才乃至艺术家加入文化生产者的行列，自然要求加大资本投入；技术的研发、创新与运用，更是需要大量资本作为基础和前提。这就共同导致文化工业逐步强化了资本本身追求利润最大化的逻辑，相应地，文化工业先前被赋予的具有鲜明特征的意识形态色彩逐步被淡化，得以向文化产业、文化创意产业转变。在资本大量投入的状况下，艺术创造需要满足人们休闲娱乐的审美消费需求，并由此在产品竞争中占据优势地位。但追求个性化、唯一性与非功利性的艺术创造，显然根本无法适应体验经济的资本逻辑，因而只能转向大众化、可复制性与功利性的文化创意。可以说，体验经济、审美经济的发展，对艺术创造向文化创意的转化起到了催化作用。

就理论动因而言，则在于艺术自身发展对"美的艺术"边界的打破。20世纪初，艺术自身在发展过程中出现了反审美、反艺术的特征，"美的艺术"的观念随之被打破并不断被泛化。1917年，杜尚《泉》的展出，以"现成品艺术"的形式，宣布了对"艺术品"与"普通物品"之间区隔界限的打破。由此，艺术与日常生活之间的分野随之被突破。费瑟斯通在论及20世纪初艺术自身发展的特征时，曾直言，"在一次世界大战和本世纪二十年代出现的达达主义、历史先锋派及超现实主义运动"，"这些流派的作品、著作及其活生生的生活事件中，他们追求的就是消解艺术与日常生活之间的界限"①。艺术观念的泛化乃至于泛滥，在某种意义上是因对艺术作品中"物因素"的凸显与强调而触发的。就文化创意而言，虽强调了艺术创造创新性的特征，却极大地降低了艺术创造基本技能的门槛；拓展了艺术王国的疆域，却造成了艺术自律性、神圣性的消解，促使艺术与生活、文化的边界日趋消融。这则为艺术创造向文化创意的转化提供了契机。

从艺术创造转化所带来的双重影响可以看出，艺术创造与文化创意之间存在着显著性差异。换言之，艺术创造在向文化创意转化的过程中，虽展现为艺术的泛化、艺术功能的转变和艺术概念界定的含混，实质则在于艺术创造丧失了之所以成为艺术创造的内在规定性。而文化创意虽然在概念上替代了艺术创造，但文化创意并不完全等同于艺术创造，其具有自身的时代性特征。大致而言，两者的共同之处主要在于：都强调运用艺术思维；都注重发挥审美想象力；都强调创新性。不同之处主要在于：艺术创造具有神圣性，重在对主体性的消解而实现自由生存方式的审美还原，而文化创意凸显的却是世俗性，重在对主体性欲求的满足，结果陷入了理性与感性冲突的生存悖论之中，遮蔽了自由；艺术创造的创新是具有鲜明的艺术家个人气质的独创，而文化创意因为资本逻辑的驱动，在追求创新性的同时又强调标准化，形成了创新性与标准化、模式化的矛盾；艺术创造重在强调艺术内容的独创，而文化创意则是着重对文化资源内容与形式的双重创新；艺术创造的范围主要限定在艺术领域之内，而文化创意既包括传统的艺术创造，又包括对生活的创造。如贾斯汀·奥康诺便明确认为："如果创意产业生产文化价值，那么从一个宽泛的意义上来说，很明显，'艺术'是创意产业的一部分。在那种意义上，太多的'艺术'不能归入——是一种补贴或者相反——创意产业的范畴中，因为它们已经包含在创意产业的范畴之内了。"②正是艺术创造向文化创意转化过程中自身产生的变革，致使艺术审美（包括文化创意所关涉的审美）凸显出了自身原本就潜藏的审美悖论。

---

① 迈克·费瑟斯通《消费文化与后现代主义》，刘精明译，南京：译林出版社，2000年，95—96页。
② 贾斯汀·奥康诺《艺术与创意产业》，王斌、张良丛译，北京：中央编译出版社，2013年，188页。

二、艺术创造转化对艺术审美悖论的凸显

艺术创造向文化创意的转化，在现实层面具体展现为艺术家向艺术生产者的转化、艺术作品向文化创意产品的转化。这三个维度的转化之间具有内在关联性，并直接催生了艺术审美活动的变革，艺术审美追求的位移，从而映射出现代人精神生存状况的剧变。艺术作为人与世界关系建构的一种方式，承载着引导人们在精神生存维度实现自由和谐的重任。也即，艺术审美追求的最高境界，在于自由和谐的生存境界。但随着艺术创造、艺术家及艺术作品的转化，艺术审美的境界追求在文化创意审美中并没有得到有效延续，而是发生了从自由和谐之生存境界向世俗性审美需求满足和创意产品经济价值最大化的位移。尽管我们可以认为资本与艺术的深度结盟对此产生了重大影响，但就根本原因而言，却在于艺术审美本身就潜藏着悖论，为审美追求的位移提供了可能。只是艺术创造向文化创意的转化，为艺术审美悖论的凸显提供了契机，并通过审美追求的位移集中呈现了出来。简言之，所凸显的艺术审美悖论体现在三个层面：

第一，关于艺术对美的追求，是以呈现真理、引导本真生存为美，还是要展现"美丽学"之"美"。艺术以何为美，也就是在艺术创造过程中依靠什么引导和规约艺术创造力。艺术之所以被赋予神圣性，关键就在于真理、自由和谐的生存境界对艺术创造力的引导和规约，促使艺术致力于呈现真理、引导本真生存。相应地，艺术审美，便是诉诸艺术审美活动来引导人们体验真理、体验本真性的存在，实现自由生存。显然，该审美效果的达成，首先取决于艺术作品自身所能达到的境界，也即取决于艺术家的境界及其艺术创造力，并不取决于艺术作品的外在形式。换言之，就人的感官判断而言，艺术作品外在呈现形式的美与丑并不影响艺术作品本身对最高审美境界的追求。需要强调的是，以"美丽""漂亮""动听"等为标志的艺术作品，虽在形式上能给人带来一定程度的审美满足，但这并不是艺术创造的根本性追求，也不是艺术作品价值判断的根本性依据。相反，以视听为代表的人的主体性审美欲求，恰恰理应是艺术创造要超越的内容。当然，就审美发生而言，外在形式与人们感官审美欲求相契合的艺术作品，更易于在精神维度与人相接相交。所以，艺术创造力，由于能够呈现真理、引导自由和谐的生成方式，而被奉为"天才"，被赋予了神圣性、非凡性。

但艺术创造转化为文化创意之后，受资本逻辑的推动，"天才"观念在文化创意中被严重淡化。因为，文化创意既不致力于对真理的呈现，也不试图引导自由和谐的生存状态，而是注重人以视听为主的身体感官体验需求的满足，强调"美丽学"意义上的"美"的塑造，以实现文化创意产品经济价值的最大化。这就自然导致在文化创意中真理被悬置，精神审美追求让位给了感官审美欲求；对社会的批判，转向了媚世，即对一些审美风尚、审美趣味的迎合，甚至于积极主动的献媚。即便是被启蒙主义者赋予的启蒙大众的责任，在艺术创造转化为文化创意之后，也已经不再被强调，而是走向了娱乐大众。正是在此背景下，贾斯汀·奥康诺认为："当'艺术天才'的观念被艺术史和文化研究抛弃时，'创造力'呈现为一个新的、普遍的社会资源和经济资源。"[1]尽管文化创意在社会经济维度获得较大发展，并被认为有力推动了日常生活的审美化，但人们的生存境界实质上并没有从中获得提升，因为大多文化创意产品所追求的"美"主要在于"美丽""漂亮""动听"等外在形式。

第二，关于艺术的价值取向，崇尚审美价值还是追逐经济价值。艺术自身承载着多重价值，如审美价值、文化价值、伦理价值、宗教价值、经济价值等。但就艺术作为人生在世追求自由和谐生存境界的审美路径而言，其最大价值就在于通过艺术审美活动对人的非本真生存方式的超越，来实现人生存境界的提升。换言之，艺术自觉之后，审美价值便在艺术诸价值中位于首要地位。相较而言，艺术的经济价值则在相当长的时段内并未受到普遍性的高度重视。直到20世纪，受技术革新和文化工业发展影响，随着艺术创造向文化创意的转变，艺术的价值重心才发生位移，即从审美价值向经济价值过渡。这必然会对文化创意产品的审美品格造成深刻影响，缺乏应有的人生感、历史感、宇宙感与神圣感，展现出碎片化、平面化、世俗化的特征。在文化工业发展阶段，阿多诺对此就曾批判地指出："文化工业调制出来的东西既不是幸福生活的向导，也不是有道德责任感的新艺术"[2]。他的论断虽有过激之嫌，却准确地指出了艺术作品成为文化创意产品之后，两者价值追求的差异。

---

① 贾斯汀·奥康诺《艺术与创意产业》，王斌、张良丛译，135 页。

② 西奥多·W·阿多诺《文化产业述要》，赵勇译，曹雅学校译，《贵州社会科学》2011 年第 6 期。

如果说艺术作品的价值追求，是艺术家通过充分发挥自身"天才"的艺术创造力，为真理的自行置入提供契机，或者是逐步引导人们超越主体性而实现自由和谐的本真生存状态，从而凸显出审美价值；而文化创意产品，则是艺术生产者通过运用作为一般性资源的创造力，追求新奇、震撼、媚世等，以满足大众表层感官审美欲求，提升创意产品在文化市场的竞争力，最终凸显的自然是经济价值。价值追求的差异，直接关涉艺术作品与文化创意产品审美品格的评判。就艺术创造而言，对审美价值的追求，内在地要求其审美品格，既要与人们的审美需求具有契合度，又要求超越现有审美需求以引导人们提升生存境界，从而对人们形成审美教育。就文化创意而言，对经济价值最大化的追求，注定其审美品格主要限于对大众审美需求的满足，对精神与现实生存的超越性便受到不同程度的限制。进而言之，文化创意产品的审美品格，实则是在审美价值与经济价值的张力之间摆动。当对经济价值盲目过度追求时，文化创意产品的审美价值会受到极度挤压，文化创意便会堕落成为文化垃圾。但是，当文化创意充分尊重审美规律、追求审美价值、追求自由和谐的生存境界时，却在客观上会促进经济价值的追求与实现。这样的文化创意产品并不常见，可谓是经典性的创意，与经典的艺术作品具有异曲同工之处。

　　第三，关于艺术与主体的关系，艺术审美，是谋求对主体性的审美超越与还原，还是注重满足主体性的审美欲求，进而强化主体性。艺术作品，作为"人工制品"，具有认识的向度。这使其很容易被置入主客二分的模式中，被视为满足人主体性追求的路径。但就人追求本真生存的维度而言，艺术的最高审美追求在于通过审美活动实现人的本真生存。这就内在地要求艺术审美，必须促使人认识到主体性生存方式的不足，逐步超越人主体性的外在追求；同时，让人在超越主体性的过程中，逐步向本真生存还原。因为，在审美活动中，对主体性的超越与还原乃是"一体两面"同时进行的，艺术审美同样如此。也正是基于主体性的消解，人在艺术审美中方能与本真世界一体，天、地、神、人实现合一。也即，艺术追求审美价值，追求呈现真理、引导本真生存，最终都是指向主体性的消解。

　　与此相反，在文化创意中，由于注重"美丽学"层面的形式审美，也即对大众视觉、听觉、味觉等主体性欲望的满足，强调对经济价值的追逐，最终指向的乃是主体性的强化。在艺术审美中，虽然并不否认艺术作品能够满足一定的主体性审美需求，但最终是要超越主体性审美，走向互主体性审美甚至无主体性的审美。文化创意对审美价值不同程度的牺牲，对大众审美的满足乃至迎合，注定其与呈现真理、引导本真生存的审美追求相背离。这也就不难理解，经典的文化创意十分少见，文化垃圾却到处充斥。另外，由于高新技术在文化创意发展中发挥着关键性的推动作用，从而进一步强化了文化创意的主体性倾向。因为，"在以技术方式组织起来的人的全球性帝国主义中，人的主观主义达到了它的登峰造极的地步，……现代的主体性之自由完全消溶于与主体性相应的客体性之中了。"①文化创意审美对主体性的强化，不仅影响精神生存境界的提升，而且会影响到人与自然、人与人、人的身心关系的和谐，影响到人对自由本真生存方式的建构。

整体来看，文化创意对艺术审美悖论的凸显，实际呈现为艺术和美的泛化、滥用，艺术审美品格的降低。当然，这并不否认在文化创意实践中，由于对艺术创造之神圣性的坚守，能够以美的神圣性去规约文化创意，最终生产出了一些优秀的文化创意产品。但更应该看到，文化创意与文化垃圾之间区隔的模糊性，对美的神圣性、艺术创造之于文化创意的重要性的凸显。所以，在艺术创造向文化创意转化早期，阿多诺就严厉批判文化工业的负效应："文化工业有意地自上而下整合其消费者，它把分离了数千年，各自为政、互不干扰的高雅艺术与低俗艺术强行拼合在一块，结果是两者俱损。"②当然，艺术创造向文化创意的转化，在客观上打破了艺术精英主义，推动了艺术民主化的发展，推动了审美的日常生活化，催生了"新感性"，从而促使感性在日常生活中处于充盈状态。对艺术创造向文化创意转化的这种双重性，无论是给予批判，还是给予肯定，在理论维度都必须看到：这是艺术创造与文化创意之间具有内在关联的明证，基于此，将文化创意纳入美学研究领域获得了合法性；艺术创造转化催生了纷繁复杂的审美实践，并向传统美学理论提出了严峻挑战，必须面对，亦亟待解决。

三、关于艺术创造转化的理论反思

艺术创造向文化创意转化所引发的美学理论问题，概言有三：首先，是如何理

---

① 马丁·海德格尔《林中路》，孙周兴译，上海：上海译文出版社，1997年，108—109页。
② 西奥多·W·阿多诺《文化产业述要》，赵勇译、曹雅学校译，《贵州社会科学》2011年第6期。

解与界定艺术美。艺术创造转化所凸显的审美悖论，实质上乃是如何理解艺术美的问题：艺术是以对真理的揭示与呈现为美，还是以外在的"漂亮""美丽"等为美。进而言之，则是如何理解美的问题，关乎对美的本质的探讨。其次，是美学学科的艺术哲学定位。当艺术作品转化为文化创意产品，艺术与生活、文化日趋融合时，便意味着自黑格尔以降的美学作为"美的艺术的哲学"的学科定位，在介入文化创意产品时失去了应有的理论有效性，必须进行理论调整。再次，是关于美学作为感性学的理解。文化创意勃兴推动了感性的生产，也促成了感性的充盈状态。在美学维度重新审视感性，是将其作为人生在世主体欲求满足的路径，还是将其作为向自由和谐生存状态回归的路径，直接影响着美学如何向感性学回归的判定。这三个维度的理论问题，特别是其中包含的艺术与技术的关系、何谓艺术、艺术美的界定等问题，其实在 20 世纪早期便已经开始引发诸多理论家、艺术家的关注，如布莱希特、阿尔都斯·赫胥黎、海德格尔、马尔库塞、本雅明、阿多诺等。

这些理论家从不同视角对艺术创造转化相关问题进行了回应，大致可以区分为两大类：一类是从根本层面转变理论视角，从存在论哲学出发进行审视。如海德格尔基于现象学，通过解释学循环对艺术作品的本源进行了追问。另一类则是在传统的主体性哲学框架内，对艺术创造转化所引发的变革采取或批判（如马尔库塞、阿多诺）或肯定的态度（如本雅明）。但在意识形态观念弱化、审美经济发展占据主导的境遇中，对文化工业的理论批判并未阻碍其向文化创意产业的转变与发展，当然也没有阻碍艺术创造向文化创意转化的现实进程。不仅如此，文化创意产业的蓬勃发展，在艺术与非艺术之间形成了连续性，从而推动艺术与生活、文化走向深度融合，促使美学由艺术哲学向文化哲学转换。相应地，对文化工业的理论肯定，如本雅明关于机械复制技术对艺术影响的论断，得到了进一步的理论延展。结合当下美学发展所面对的历史境遇来看，海德格尔与本雅明所作出的理论回应，无疑具有巨大的理论包容性、启发性，为当下探讨美学学科转型问题提供了方向①。

---

① 美国西北大学教授彼得·芬维斯（Peter Fenves）2014 年 10 月底至 11 月初在北京师范大学开设了短期课程《美学的发现与再发现：1735—1935》（"The Invention and Re-Invention of Aesthetics: 1735-1935"）。其中，在美学的再发现部分，围绕对艺术的重新理解展开论述，明确强调了海德格尔与本雅明对黑格尔美学思想的超越，认为二人构成了美学学科再发现的起点。尽管论述角度不同，但芬维斯教授以 1935 年作为时间点，将海德格尔与本雅明作为美学学科再发现起点的论断，对本文成稿启发较大。

先看海德格尔。他在 1935—1936 年间结集出版的《艺术作品的本源》中,在"物与作品"一节针对艺术作品的"物因素"问题进行了讨论,进而在此基础上讨论了"作品与真理""真理与艺术"。对海德格尔而言,艺术作品与普通物品都是真理现身的通道,只是艺术作品更便于说明真理现身的过程。所以,他没有选择一双普通的农鞋,而是选择了凡·高的名作《农鞋》。尤为重要的是,海德格尔在论述中明确地指出了艺术与美的关系:"艺术的本质就应该是:'存在者的真理自行设置入作品'。可是迄今为止,人们却一直认为艺术是与美的东西或美有关的,而与真理毫不相干。产生这类作品的艺术,亦被称为美的艺术,以便与生产器具的手工艺区别开来。在美的艺术中,艺术本身无所谓美,它之所以得到此名是因为它产生美。相反,真理倒是属于逻辑的,而美留给了美学。"①在这里,海德格尔明确指出了艺术的本质在于"存在者的真理自行置入作品",那么,作品自然便是真理现身的一种重要方式。依据这一论断,如果艺术放弃了对真理的呈现,艺术便将不再成其为艺术。同时,海德格尔在这里已经指出了艺术的美在于真理在艺术中的现身。对此,他在"作品与真理"一节中进行了明确表述:"美乃是作为无蔽的真理的一种现身方式。"②

当然,海德格尔也直接对艺术创造进行了深刻的哲学反思,即在"真理与艺术"中对器具之制作与作品的创作通过溯源进行了解释。他指出:"无论是作品的制造,还是器具的制造,都是在生产中发生的,这种生产自始就使得存在者以其外观而出现于在场中。"③可见,作品与器具在生产方面具有相似性,但作品之所以不同于器具,关键就在于作品制造的过程乃是真理涌现的过程。"我们就可以把创作规定为:让某物作为一个被生产的东西而出现。作品之成为作品,是真理之生成和发生的一种方式。一切全然在于真理的本质中。"④真理的生发内在地规定了作品之所以能够成其为作品,也赋予了作品区别于器具的本质所在。所以,海德格尔说:"当生产过程特地带来存在者之敞开性亦即真理之际,被生产者就是作品。这

---

① 马丁·海德格尔《林中路》,孙周兴译,20 页。
② 马丁·海德格尔《林中路》,孙周兴译,40 页。
③ 马丁·海德格尔《林中路》,孙周兴译,43 页。
④ 马丁·海德格尔《林中路》,孙周兴译,44 页。

种生产就是创作。"①他通过现象学的追问，强调了艺术得以成为艺术的本质所在，即艺术与真理的内在性关联。简单地说，艺术之所以成为艺术，就在于它具有使真理敞开的神圣性。同时，还须强调的是，海德格尔在现象学框架内对艺术作品本源的反思，实则是建立在人与物的非对象性关系之上的。也即，他否定了艺术创造是对真理的主体性的认知，而是强调真理的"自行置入"，超越了认识论的模式。因此，如果艺术创造在向文化创意转化过程中，依然能够将真理置入敞开领域，那么，便不会坠入对主体性欲求的满足与强化。或者说，真理涌现所赋予艺术的美的神圣性，对艺术成为艺术具有着内在的规定性，确保着艺术（包括文化创意）的审美品格。

再看本雅明。在《机械复制时代的艺术作品》（1935~1936）中，本雅明明确指出了技术变革对艺术作品"本真性"的影响，即本真的艺术作品的价值根基已经从"礼仪"过渡到了"政治"。相应地，艺术作品的价值，则从膜拜价值向展览价值转变："随着艺术作品的技术复制方法的多样化，它的可展览性也大为增强，以致于两种极端价值之间的量变——如同在原始时代——突然成了艺术品本质的质变。就像原始时代的艺术作品由于绝对推崇膜拜价值，首先是一种巫术手段，而后才渐渐被视为艺术作品，今天的艺术作品由于绝对推崇可展览性，成了具有全新功能的塑造物。"②从膜拜价值到展览价值的转变，其实意味着艺术作品本身神圣性的消退，也即本真艺术作品之"光晕"的消失，而人之主体性地位在艺术审美中却得到提升。在艺术作品这种价值的转变过程中，美在艺术作品中成为一种强制性概念，排挤艺术作品中所蕴含的宗教价值、政治价值、伦理价值等，而逐步走向了一种满足人主体性审美需求的价值，同时，也潜藏着经济价值进一步放大的可能。这主要体现和得益于本雅明所言的"消遣"："消遣在所有艺术领域中越来越受推崇，崭露头角，它显示了统觉所经历的深刻变化，消遣中的接受在电影中找到了真正的练习工具。电影通过震惊效果来迎合这种接受形式。电影排挤膜拜价值，因为它不仅让观众持鉴定者的态度，而且电影院中的鉴定者的态度不要求全神贯注。"③

---

① 马丁·海德格尔《林中路》，孙周兴译，46 页。
② 本雅明《经验与贫乏》，王炳钧、杨劲译，270 页。
③ 本雅明《经验与贫乏》，王炳钧、杨劲译，289—290 页。

本雅明亦充分看到了技术革新对艺术创造的负面影响，他在注释里引用了阿尔都斯·赫胥黎的论断，即"技术进步……导致了庸俗化……一种重要工业应运而生。有艺术才华的创作者却很罕见：其结果是……无论何时何地，绝大部分艺术产品都很低劣。而当今的艺术总产量中所含渣滓的比重之高是前所未有的……"只是本雅明认为"这种研究方式显然不是进步的"①。他更强调新技术对艺术创造所带来的积极意义，所以肯定了照相、电影两种新形式。但是，本雅明并没有指出如何解决文化工业发展所造成的文化垃圾问题。究其根本原因，在于他仍然是认识论哲学框架内考察技术变革的影响。同时，应当看到，本雅明对照相、电影为代表的机械复制艺术的肯定，实质上指向了艺术的产业化、生活化发展道路。沿着这条道路，文化创意推动了艺术疆域的拓展、艺术时空传播的提升和艺术感性呈现的革新，也带来了艺术的过度泛化、世俗化、肤浅化等问题。同时，本雅明在论证过程中虽然看到了人类生存方式的变化、感知世界方式的变化，进而据此强调了大众对艺术的影响，但他没有看到人类对本真自由生存方式的追求并没有变化。相反，本雅明肯定了大众在电影欣赏中对震惊效果的主体性需求，以及电影创作对该需求的满足。这种对主体性需求满足的创作，显然无法形成真理的自行置入，即无法展现真理涌现的本真之美。换言之，美的神圣性在这种创作中被悬置，失去了对文化创意的内在性约束、基本性规定。由此，文化垃圾的大量出现也就在情理之中了。

从海德格尔和本雅明对艺术创造变革的理论反思中，可以见出，他们的哲学基础、问题视角、理论进路等存在着根本性差异，所以对美的理解也根本不同：美作为一种存在者之真理涌现的方式，还是作为一种认识的对象。而若就艺术作为人生在世追求本真生存的一条路径而言，艺术创造的过程也即人与世界建构关系的过程，也是人的精神生存展开的过程。那么，艺术创造向文化创意的转化，实则意味着人与世界关系建构方式的转变，人的精神生存指向的转变。文化创意发展及相关审美实践已充分证实：随着"天才"的艺术创造力转变为普通的创新力，文化创意重在追求"美丽学"意义上的"美"的创造，追逐经济价值。这就强化人的主体性，自然也强化了人的主体性的非本真的生存方式。当下审美实践中涌现出的肤浅化、碎片化、世俗化等问题，也充分暴露了本雅明在主体性的认识论美学框架内

---

① 本雅明《经验与贫乏》，王炳钧、杨劲译，278—279 页。

理论反思的局限性。相较而言，海德格尔借助艺术与真理关系对艺术作品本源所进行的现象学追问，所呈现的生存论美学路径，更具有解决美学学科当下发展困境的可能。针对文化创意发展所带来的美学理论挑战而言，要避免文化创意向文化垃圾的堕落，提升文化创意的审美品格，便须要重新赋予文化创意以美的神圣性的内在制约，即向艺术创造回归。这实则意味着，将艺术创造视为一种"去蔽"的活动，一种对主体性进行审美超越与还原的活动；将美视为一种存在方式，而非一种认识对象。相应地，美学学科的定位则须由认识论的美学转向生存论的美学。

论阿尔贝蒂的透视建构与"窗户理论"*

李海燕

大连海事大学

———— * ————

[摘　要] 线性透视法作为文艺复兴绘画的一项重大发明在长期的发展和传播过程当中承受了众多后文艺复兴乃至现代艺术强加其上的附加意义。其中最为普遍的是"窗户理论"。针对这一理论的最佳阐释,可以在潘诺夫斯基影响深远的论文《作为象征形式的透视法》中找到。为了能够理解其合理性,需要回到文艺复兴第一本线性透视理论著作阿尔贝蒂的《论绘画》。针对《论绘画》的审慎考察将清楚地展示,"窗户理论"作为一种现代重构不符合阿尔贝蒂线性透视法的原初意义。

[关键词] 线性透视法　潘诺夫斯基　阿尔贝蒂　透视建构　窗户理论

广义上的透视法指的是在二维平面上再现三维空间的绘画技法。达·芬奇把透视法分为三种,其中随着物体与眼睛之间距离的改变,研究其轮廓变化规则的称为

---

* 本文受到教育部人文社会科学研究青年基金项目（15YJC720013）资助。

线性透视法。①随着塞尚伊始的现代艺术对传统透视技法及其背后"再现（或摹仿）自然"的艺术创作理念的批评，线性透视法在当今绘画实践中已不再具有昔日的重要地位。但是，把线性透视法视为再现三维空间的有效手段的想法却并没有因其在绘画领域地位的下降而消退。只要对当今人们在生活、工作、娱乐、学习、科学研究等各方面对摄影技术以及计算机成像系统的依赖程度稍加思考，就可明白线性透视法式再现空间的方法所具有的强大而持久的影响力。②因此，简单地跟随现代艺术所采取的策略——把线性透视法作为一种过时和错误的绘画技法予以否定，不仅对贡献如此巨大的一项"发明"来说显得不够公平，且无益于探索人类知觉和再现空间的模式，也无法帮助人们有效地理解和评价使用线性透视法的绘画作品所具有的丰富意义。

把线性透视法从现代艺术一边倒的声讨声中拯救出来并重新引起人们对它的研究兴趣的是潘诺夫斯基1924—1925年的一篇论文——《作为象征形式的透视法》。在这之后，学者们从线性透视法的起源及其理论背景、所包含的几何和数学原理、在不同画家及其作品中的具体应用，以及它所蕴含的艺术、科学、哲学、宗教、社会、政治等丰富内涵展开了激烈的讨论。③为了考察潘诺夫斯基的观点在何种程度上忠实于文艺复兴初期的线性透视法，本文将选取阿尔贝蒂的《论绘画》，并比较

---

① 其他两种为随着物体与眼睛之间距离的改变研究其颜色变化规则的颜色透视法（the perspective of color）和研究其细节模糊规则的隐没透视法（the perspective of disappearance）。参见 Leonardo da Vinci, *Leonardo da Vinci: Notebooks*, T. Wells（Ed.）, Oxford: Oxford University Press, 2008, p. 113。达·芬奇在手稿中还提到自然透视法（natural perspective）、偶然透视法（accidental perspective）、简单透视法（simple perspective）、复合透视法（composed perspective），等等。这些不同种类透视法的具体含义，参见 Kirsti Andersen, *The Geometry of an Art: The History of the Mathematical Theory of Perspective from Alberti to Monge*, New York: Springer, 2007, pp. 84–88。阿拉斯告诉我们，在文艺复兴时期还存在双聚焦、双侧焦、凸状等不同类型透视法。参见阿拉斯《绘画史事》，孙凯译，北京：北京大学出版社，2007年，24—25页。鉴于透视法一词所具有的模糊性，本文将其限定在达·芬奇的上述定义，即文艺复兴伊始在西方绘画领域广泛使用的单焦线性透视法，以下简称线性透视法。

② 针对线性透视法与科学可视化手段之间的关联，参见马丁·肯普《看得见的·看不见的：艺术、科学和直觉——从达·芬奇到哈勃望远镜》，郭锦辉译，上海：上海科学技术文献出版社，2011年。

③ 针对潘诺夫斯基的这篇论文在之后半个世纪引起的争论，参见 Kim H. Veltman, "Panofsky's Perspective: a Half Century Later", *Atti del convegnointernazionale di studi: la prospettivarinascimentale, Milan 1977*, ed. Marisa Dalai-Emiliani, Florence: Centro Di, 1980, pp. 565–584。

两者之间存在的契合度和分歧。虽然就布鲁内莱斯基的实验与阿尔贝蒂透视建构之间的关联有诸多争论，但毕竟《论绘画》是我们可以获得的文艺复兴时期第一本以系统性、理论化的方式论述线性透视法的著作。通过分析我们能够最大限度地区分当今理论界对线性透视法的理解当中哪些内容是后文艺复兴乃至现代思想的添加，以此来理解文艺复兴初期线性透视法与绘画结合的真正理由。

一

　　虽然有一些例外，但一个理论传播的广度往往以牺牲其复杂性为代价。线性透视法在其迅速传播和广泛应用的过程当中也同样获得了一个易懂、便于操作的简化版本。[1]在这一简化版本当中，最为深入身心的就是"窗户理论"（window theory）。它包含字面和比喻两个方面的意义。前者指的是把绘画的画面设想为窗户，就像透过窗户看到外面景象，设想通过画面进入到绘画所描述的想象空间。后者指的是一种绘画再现理论，即把绘画设想为对外部对象的逼真复写。

　　把"窗户理论"阐述得最为明确的是潘诺夫斯基。在《作为象征形式的透视法》一开始，他说道：

　　　　Perspectiva 是一个拉丁词，意味着"透过去看"（seeing through）。这就是丢勒对于透视法概念的解释。……我们说一个绘画空间完全符合"透视法"，不仅仅是因为房子或家具等个别对象以"短缩法"（foreshortening）再现，而是整个画面被转换成——引用另外一位文艺复兴理论家的话——"窗户"，并且我们相信自己是透过这扇窗户看到绘画空间。绘画的物质表面（在这之上可以勾画、着色或雕刻单独的图像或者对象）因此被忽

---

①　Kirsti Andersen 指出了已掌握线性透视法背后复杂的几何学和数学原理的研究者与没有接受过这些理论训练的画家之间存在着的鸿沟。画家们往往是通过作坊里的口头传授或手册，并结合反复实践获得线性透视法知识。他们只需在画面中有效建构透视空间，而不需要知道其背后的数学原理。参见 Kirsti Andersen, *The Geometry of an Art: The History of the Mathematical Theory of Perspective from Alberti to Monge*, pp.719–720。

略，取而代之的仅仅是"绘画平面"（pictureplane）。包含着所有不同的个别对象的一个空间统一体（spatialcontinuum）被投射在这一绘画平面之上，并且正是透过它被看到。[①]

线性透视法的基本原理在于把视觉金字塔的横截面设想为绘画表面，因此可根据选取的横截面与视点之间的距离变化，获得与被描绘的对象或空间处于不同比例关系的绘画。潘诺夫斯基把这一横截面等同为透明的玻璃，并把对这种等同关系的认同强加到丢勒和阿尔贝蒂的身上，以此给线性透视法下定义。

在具体讨论潘诺夫斯基所宣称的这一定义与阿尔贝蒂透视建构之间的关联之前，让我们简单考察"窗户理论"所具有的一个先天缺陷，即绘画画面与窗户或透明玻璃之间的等同关系永远无法完全建立起来。因为绘画并不是一个悬浮在空中的幽灵，也不是人们心中的单纯想象物。它必须以某种可视化的方式再现出来。也就是说，绘画不可避免地要附着在物质媒介之上，包括绘画画面的物质承载物（比如画布、墙壁、纸、木块、石头、玻璃、塑料，或现代艺术使用的稀奇古怪的日常事物）以及绘画形象的物质附着物（比如描绘颜色和轮廓时使用的不同材质的颜料和画笔，或保存过程中不可避免地遗留下的褪色、灰尘、裂纹，等等）。潘诺夫斯基认为线性透视绘画的本质在于把这一物质媒介透明化乃至完全忽略，只剩下作为纯想象空间的"绘画平面"。它是人们实际看到的绘画画面减去物质媒介所产生的视觉效果。但这种减法在实际视觉和绘画知觉当中如何可能？

当人们面对一个真实的景象、一幅描绘这一景象的油画以及一张彩色照片，不同材质所导致的视觉差异是显而易见的。人们始终能够轻而易举地区分真实景象和针对这一景象的再现，以及油画和照片等不同再现方式之间的差异。即使两者处于视觉金字塔的同一横截面。这还尚未考虑二维再现无法避免的变形和三者之间光线和颜色差异。总而言之，"绘画平面"及其物质媒介之间的相互渗透是如此紧密，乃至可以把对这两者的双重经验看成是绘画再现方式的一个本质

[①]　Erwin Panofsky, *Perspective as Symbolic Form*, trans. Christopher S. Wood, New York: Zone Books, 1991, p. 27. 本文所有引文由笔者译成中文。

特征。①因此，当潘诺夫斯基认为线性透视绘画是"透过去看"的时候，他心中设想的是像当代错视画（trompe-l'oeil）一样通过技巧性地欺骗眼睛以致在绘画平面与原型之间达到以假乱真的地步。但错视画其实并没有忽视画面的物理媒介对画面视觉效果产生的影响。它恰恰是通过使其摹仿原型中的媒介的方式使眼睛把画面原有材质误判为其他媒介。因此它的绘画平面并非透明，而是包含了一种错误的物理媒介感知。

二

线性透视法虽然并不直接通过画面材质以及色彩等物化方式再现对象，而是通过几何规律建构绘画空间、分配对象相应的位置、大小、形状等形式因素，但它仍然包含着以上双重知觉经验。

首先，绘画画面的空间建构虽然依赖几何规律，但必须要被物化才能呈现在画面当中，才能成为绘画实实在在的构成要素。不管这种物化是以线条、颜色还是明暗对比。同样，没有任何抽象的形式要素或横截面就其符合几何规律的比例变换本身就能被称为线性透视法。画面的空间构成虽然符合几何规律，但它从来都不只包含几何规律。它必然会被绘画的其他再现方式所渗透。画面的空间设计最终是要被呈现在画布、墙壁或是纸上，这些媒介的大小、形状、材质、摆放位置如何，以及绘画过程中将要使用的颜色、颜料等因素都会影响线性透视法的实际应用。举例来说，一幅壁画和一幅穹顶画根据观众观看时是平视还是仰视，以及观看时的标准距离和角度，会选择不同的中心点和中心射线。另外，壁画与所处建筑内部周围环境之间的关联、受光程度，以及每一部分拟使用的颜色、颜料也会影响横截面的选取。总而言之，线性透视法对绘画的空间构造必须转化为物质媒介并与其他再现方

---

① Richard Wollheim 把这种双重知觉经验称之为 "seeing-in"，并认为这是人们知觉绘画再现的前提。Richard Wollheim, "What Makes Representational Painting Truly Visual?" *Proceedings of the Aristotelian Society*, vol. 77, pp. 131-147. 针对这一双重知觉经验的进一步讨论，参见 Katerina Bantinaki,"Picture Perception", In *A Companion to Aesthetics*, eds. Stephen Davies, et al., Cambridge: Wiley-Blackwell, 2009, pp. 469-472；Bence Nanay, "Is Twofoldness Necessary for Representational Seeing?" *British Journal of Aesthetics*, Vol.45, pp. 248-257。

式紧密结合在一起。因此，线性透视法的物化必然伴随着对画面物质媒介与想象空间的双重知觉。

潘诺夫斯基之所以会把绘画物质表面与"绘画平面"直接等同，是因为他首先把线性透视法设想为处理画面空间结构的抽象数学法则和几何投射，然后再把纯形式化的几何投射面直接应用到绘画表面之上。针对线性透视法的纯几何化理解，当今已经成为标准版本。但这其实是非常现代的思想。这种彻底分离物质质料及其感觉特征与纯形式要素的思考，只有在欧几里得几何学实体化了的现代空间才能成为可能。在亚里士多德的理论体系中，物理空间与几何空间之间的鸿沟是绝对无法逾越的。潘诺夫斯基致力于通过世界观的变化来说明透视法的历史。在这里，他显然认为，线性透视法从一开始就完成了这一世界观的转变。但这一理解并不符合文艺复兴时期，至少不符合阿尔贝蒂本人的思考。

在《论绘画》一开始，阿尔贝蒂首先给非常重要的绘画构成要素点、线、面下了一个基本符合欧几里得几何原理的定义。与此同时，他强调，"我恳切地希望大家能够理解，我所说的每一件事都是以画家，而不是以数学家的身份陈述"①。绘画只处理可见物，因此必然包含着形式与质料的结合。而数学家只是以纯粹的理性考量对象的形式。在阿尔贝蒂看来，数学可以帮助绘画处理形式内容，但两者绝对不能等同。因为绘画永远无法脱离质料而谈论纯粹形式。

马丁·肯普认为阿尔贝蒂对视觉过程的看法是数学化的，就像他对形式的属性分析一样。②阿尔贝蒂的思想确实呈现出了一种光学和几何学相结合的独特混合物，但并没有实现对视觉的彻底几何化。他对视觉射线的理解就是这一混合物的典型表现。视觉射线是阿尔贝蒂之前的光学传统为了克服视觉的超距作用而引入的一个传递媒介，以此把视觉还原为触觉。它本质上是一种物理实在。视觉射线对阿尔贝蒂的透视建构起到了关键性的作用。它用来衡量对象的面和量，可构成视觉三角形和视觉金字塔，同时可以对其进行任意的比例计算。在这一点上，它类似于欧几里得几何学中的线。但阿尔贝蒂说它同时具有物理性质。

---

①　Leon Battista Alberti, *On Painting*, trans. Cecil Grayson, London: Penguin Books, 1972, p. 37.

②　Martin Kemp, *The Science of Art: Optical Themes in Western Art from Brunelleschi to Seurat*, New Haven: Yale University Press, 1990, p. 22.

他认为视觉射线分为三种：外部射线、内部射线和中心射线。这三种虽然都被称为视觉射线，但在强度和功能上具有巨大差别。外部射线用于测量对象的轮廓和量，性质界定上最类似于几何学的线条。而内部射线则本质上用于吸收对象的光和颜色。

> 这些内部射线具有类似特征。因为，从接触表面到视觉金字塔顶点的过程当中，它们染上与之相遇的不同颜色和光。任何被阻隔的点都会呈现被吸收的光线和颜色。我们知道这些内部射线在经过长距离后就会变弱并失去其清晰性。发生这种情况的原因是，所有射线在穿越空气时会被光线和颜色充满，但空气本身具有一定的密度，结果在穿越过程中变弱且失去一部分承载物。因此，人们认为距离越远，表面就会越模糊和暗淡。[1]

由此可见，与外部射线不同，内部射线对于阿尔贝蒂来说是实际穿梭于眼睛和可见物之间并传递可见物的颜色、光线等可感性质的物理媒介。虽然外部射线和内部射线具有如此不同的性质界定，但阿尔贝蒂同时又宣称两者之间可以根据观察者与对象之间的距离变化而相互转换。也就是说，在这里他混淆了几何空间中的线与物理空间中的射线。而这种混淆恰恰说明，对于阿尔贝蒂来说线性透视法并不是纯粹几何化的形式构造。另外，阿尔贝蒂认为中心射线是所有射线当中的"领导和王子"。几何学上的中心射线只是与物体表面形成相等的角，与其他线条并没有任何价值上的等级。阿尔贝蒂对中心射线的强调，除了他惯有的修辞手法外，还受到了中世纪光学的影响。

其次，被设想为绘画画面的横截面即使处理得多么抽象，仍然包含着双重知觉。如上所述，阿尔贝蒂的透视建构受到了中世纪晚期光学理论的影响。光线的直线性以及视觉金字塔内部几何化的伸缩（主要用来说明对象的微缩影像合比例地缩小，最后进入眼睛），在中世纪光学中已经相当普遍。阿尔贝蒂在避免谈论射线

---

①   Leon Battista Alberti, *On Painting*, trans. Cecil Grayson, p.43.

的本质和起源以及眼睛的作用原理等复杂的形而上学问题的前提下，无批判地继承了传统光学的以上内容。与此同时，他还继承了中世纪光学另外一个非常重要的特点，即观看者在视觉建构当中的核心地位。①阿尔贝蒂的透视建构包含着三个必不可少的要素：观察者的眼睛作为视点、横截面作为绘画画面、视觉金字塔的底面作为想象空间中的对象。视点虽然已经被抽象为单眼、固定且类似于几何学中的点，但它仍然作为主体视觉的替代物占据着整个视觉金字塔的核心，并对阿尔贝蒂的透视建构起到至关重要的作用。可以说，作为视觉金字塔横截面的绘画是对象向这一视点的显现。绘画构造中主体视角的引入一直被认为是线性透视法区别于中世纪绘画"精神视角"的一个重要特征。②

　　线性透视法中的这一主体视角具有两个重要特征。第一，从纯形式层面上来讲，当在视觉金字塔中截取一个横截面时，这一横截面会同时体现其与视点和视觉金字塔底面之间的数学比例关系。也就是说，想象空间中的对象作为视觉金字塔的底面，要始终与被设想为横截面的绘画画面同时参与到主体视角的构建当中。第二，从实际知觉层面上来讲，主体对于绘画之为绘画的知觉必须同时包含绘画二维画面与三维想象空间的双重知觉。虽然这种双重知觉不仅仅局限于线性透视绘画，而是所有绘画知觉都应具有的特点，但在线性透视绘画当中尤其不可避免。当然，潘诺夫斯基会反对说，线性透视绘画的本质恰恰在于通过其出色的逼真性彻底消除二维绘画画面本身，并产生一种实际知觉想象空间的错觉。这就是他在把阿尔贝蒂的"窗户"和"绘画平面"相等同，并以此给线性透视法下定义时的本意。但这并不符合人们实际的绘画知觉，也不符合阿尔贝蒂对"窗户"的理解。

　　在《论绘画》的开头，阿尔贝蒂区分了事物自身及其对主体的显现。在谈论面的时候，阿尔贝蒂区分了面的两种属性。"面的有些属性是本质构成要素，不能从其移除，也不能与之分开，除非面发生变化。另外一些属性即使面本身没有任

---

① 中世纪光学与现代光学的一个重要差别在于，它从不脱离观看者的实际视觉而抽象地谈论光的作用原理。它本质上是一种视觉理论，但在线性透视法发明之前并未与视觉艺术发生任何关联。参见 Samuel Y. Edgerton, *The Mirror, the Window, and the Telescope: How Renaissance Linear Perspective Changed Our Vison of the Universe*, Ithaca: Cornell University Press, 2009, pp. 21−29。

② Harries 说到"透视理论告诉我们关于显现的和现象的逻辑。在这个意义上，透视理论是现象学"。Karsten Harries, *Infinity and Perspective*, Massachusetts Institute of Technology, 2001, p. 69.

何变化，也会随着观看者的观看方式不同而改变"①。阿尔贝蒂随后引入的视觉射线、视觉金字塔以及整个透视建构都是为了把握这一对象随条件变化而向主体显现的规律。

当一个圆形被主体斜着看的时候，会向视觉呈现出椭圆形。此时，阿尔贝蒂会要求画家在画布上画出椭圆形。当观众在看到画中的椭圆形的时候，他会同时知觉到画中的椭圆形以及作为其原型的圆形。这是他把画有椭圆形的画面知觉为一幅绘画的前提。②这一补足过程类似于心理学上的恒定性原理，虽然其发生机制众说纷纭，但这确实是对人类实际知觉特征的恰当描述。潘诺夫斯基认为，线性透视绘画能够实现观看者用绘画所描绘的实际空间或者想象空间的知觉完全替代绘画画面的知觉，似乎两者之间只能此消彼长，不可共存。但这种情况除了错视画这种极端情况以外，很少发生在实际知觉过程当中。没有任何具有正常知觉能力的人，在看一幅绘画时不会始终意识到自己是在看一幅画。这两种知觉之间的关系并非相互排斥，而是互为条件。

三

此外需要解决的核心问题是，阿尔贝蒂在《论绘画》中是否明确提出把绘画表面还原为可直接进入绘画想象空间的透明"玻璃"？表面上答案似乎是肯定的。首先看阿尔贝蒂对绘画的界定，他认为"绘画是视觉金字塔在特定距离、固定的中心

---

① "即使面本身没有任何变化，也会根据位置和光线向观看者呈现不同的属性。……我们必须考查面的固有属性如何根据位置的变化而改变。这些问题涉及到视觉的力量。因为随着位置的变化，面可能会变大，或者彻底改变其轮廓，或减少颜色。所有这些我们通过视觉判断"。Leon Battista Alberti, *On Painting*, trans. Cecil Grayson, pp.38—40.Harries 正确地指出了阿尔贝蒂透视建构的主观显现，但错误地把他的透视空间直接等同为新科学的无限空间。
② 这里为了简化的目的只提到画面中的椭圆形。但实际上为了能够被知觉为斜着看的圆形，除了椭圆形，必须要有其他的参照物。不然，画面中孤立的椭圆形，只是会被知觉为椭圆形。虽然它也会包含双重知觉，但具体内容就不再是被斜着看的圆形。另外，与观看者的双重知觉相比，画家在画出椭圆形的透视绘画时，包含的知觉结构会更为复杂。他不仅要考虑相对于理想观看者的视点而言符合数学比例的变形，同时要考虑自身作画时的实际知觉经验，以及预期观众的观看经验。针对这些要素的考虑都会对画家实际的透视建构起到直接影响。线性透视法的建构并不是简简单单的几何投射。

和特定光线条件下通过线条和颜色再现的横截面"①。《论绘画》中，阿尔贝蒂有两次把这一横截面或绘画表面比喻成透明的"玻璃"和"打开的窗户"。

> 所以我恳求勤奋的画家听我的劝告。向任何教师学习有益的东西，这并非一种羞耻。他们应该知道，当他们描绘一个表面的边线并填充已着色部分时，他们唯一的目标就是在这一表面上再现很多形状的表面。仿佛这一着色表面像玻璃一样透明，以致视觉金字塔从特定距离、中心射线和光线条件下正好穿过它，确定了邻近空间中合适的点。②

> 让我告诉你们我在作画时是怎么做的。首先，我会在打算做画的表面上画一个长方形，尺寸随我喜欢。我把它当成一个打开的窗口，通过它我能够看到被描绘的对象。③

从字面意义上，横截面确实被比喻为透明玻璃或窗户。关键是要理解这一比喻的确切含义。詹姆斯·埃金斯（James Elkins）提出了与这一比喻的标准版本理解相悖，但又非常可信的一种观点。他认为"窗户理论"是现代思想强加于文艺复兴线性透视法的四种错误观点之一。他指出潘诺夫斯基用来界定线性透视法的丢勒的定义其实与人工透视法（即线性透视法）无关，而是联系到自然透视法（即光学）。除了这一明显的误读之外，他认为阿尔贝蒂虽然在《论绘画》中两次把横截面称之为窗户，但这只是为了用比喻的手法对没有受过几何学训练的青年画家进行形象化的说明。④这有点类似于当今教科书中普遍使用的形象化比喻和图示。另外，

---

① Leon Battista Alberti, *On Painting*, trans. Cecil Grayson, p. 48.

② Leon Battista Alberti, *On Painting*, trans. Cecil Grayson, p. 48.

③ Leon Battista Alberti, *On Painting*, trans. Cecil Grayson, p. 54.

④ 除了"窗户理论"，埃金斯认为现代思想强加到线性透视法的其他三个错误观点是：认为线性透视法建构统一的绘画空间；认为线性透视法具有单一的起源；认为线性透视法具有唯一正确的数学几何学法则。本文极大地受益于埃金斯的以上观点。参见 James Elkins, "Renaissance Perspectives", *Journal of the History of Ideas,* Vol. 53, No. 2 (Apr. –Jun., 1992), pp. 209−230；James Elkins, *The Poetics of Perspective*, Ithaca: Cornell University Press, 1996.

他指出"窗户理论"对阿尔贝蒂的透视建构没有起到多少作用。

窗户与横截面类比的两个段落都出现在阿尔贝蒂向青年画家讲解整篇《论绘画》最困难、最核心的部分。第一次是为了在视觉金字塔中引入横截面并把它等同为绘画画面。这一点恰恰是线性透视法的关键所在。如上所述,视觉金字塔以及对光线和视觉的数学几何化处理,在中世纪光学当中已经相当普遍。线性透视法能够被称为一项"发明"的全部新奇就在于在视觉金字塔中插入了横截面。这一思考虽然对于长期受线性透视艺术熏陶的现代人来说习以为常,但对于文艺复兴时期的人来说应该是极大的思想挑战。阿尔贝蒂用一个简简单单的透明玻璃就生动形象地讲解了横截面与绘画之间的等同关系。第二次出现在阿尔贝蒂透视建构步骤的第一步,同样是为了解释横截面的功能。两次都是紧接在阿尔贝蒂针对青年画家郑重其事地提出第一人称的直接教导之后。就像埃金斯所称,两个类比作为有效的教学手段的目的应大于对整个绘画再现方式的颠覆性思考。

同时也要考察窗户与横截面类比所具有的比喻意义。如果仔细阅读阿尔贝蒂的《论绘画》,会发现阿尔贝蒂对于抽象几何原理的说明经常伴有符合直观的比喻说明。比如,面的结构属性被比喻为一张皮覆盖在表面、平面像清澈的湖水、凸形面像球的外部、凹形面像蛋壳的内部、眼睛对外部射线的测量像两脚规、外部射线像牙齿或者笼子一样罩着对象的表面,等等。在说到内部射线的功能时,他说:"这些射线像变色龙或其他类似动物一样,遇到袭击的危险时,随着周围对象改变自己的颜色,以免让敌人发现。"[1] 从阿尔贝蒂在全篇使用的丰富的比喻可以看出,没有特别的理由需要单把窗户比喻排除在外。就像埃金斯指出,它与其他比喻一样用于教学的目的,为的是能够让他的理论更容易被不具有专业几何学知识的年轻画家所理解和接受。

除了这两段明显的语言表述之外,还有一个常常被联系到"窗户理论"的是阿尔贝蒂在作画时使用的一个视觉仪器:面纱(veil)。面纱包括三个步骤:首先在眼睛和所描绘的对象之间放一个用粗细不同的线划分成许多个正方形、拉紧并相框的薄面纱;其次在画布上画出相同数量但不同大小比例的方格;最后,通过把对象

---

[1] Leon Battista Alberti, *On Painting*, trans. Cecil Grayson, p. 43.

在面纱中呈现的点与画布上的点一一对应，以此来确定所描绘对象精确的轮廓。阿尔贝蒂的面纱作为"窗户理论"的一个例证常常与他的透视建构直接等同。但这两者之间具有实质性的差别。①

阿尔贝蒂的透视建构本质上是把三维空间人工地转换成二维绘画画面。但面纱或者窗户并不存在这种构建过程。阿尔贝蒂确实说到面纱的最大优势在于能够把现实中的三维立体对象转换成二维平面。但是在用面纱作画的过程当中，这种转换并非人为建构，而是在实际视觉中自动完成。本质上它仍属于自然透视法或者光学范畴。在面纱上面看到的对象或者窗户上映出的景象已经是二维图像。画家需要做的只是把这一图像机械地记录下来。这一过程类似于对其他已有绘画的临摹。②

这也是为什么有人会反对用面纱作画。如果画家的技艺只是被动地记录面纱上面呈现的点，如果这个工作简单到没有受过训练的普通人都能够完成，那么画家作为画家的身份认同源自哪里？面纱作画似乎把人们在常识当中认为的画家最为核心的技能给消除掉了，也就是画家结合自己的思考、感受和手中的画笔亲自构建绘画画面。这里的核心是"亲自"和"构建"。即使使用面纱，画家还是要自己亲自作画。因此这里

---

① 有一个经常被提起的区别。面纱（或窗户）只能再现其后面的空间，而前面的空间及其对象则再现不了。但是，线性透视建构能够同时再现横截面前后的空间。参见 Kim H. Veltman, "Panofsky's Perspective: a Half Century Later", *Atti del convegnointernazionale di studi: la prospettivarinascimentale, Milan 1977*, ed. Marisa Dalai-Emiliani, pp. 565-584. 这个观点不够严谨。线性透视绘画确实能够实现"逼真画法"，即描绘我们观看者所处的实际空间中的对象。例如，弗朗切斯科·德·科萨的《天神报喜》（约 1470—1471）中不合透视比例地过于硕大的蜗牛，还有卡洛·克里韦利 1484 年《天神报喜》中的苹果和笋瓜，以及他《怀抱圣婴的圣母》中的苍蝇。参见阿拉斯《我们什么也没看见》，何蒨译，北京：北京大学出版社，2007 年，17—38 页。但这不仅只有透视建构能够实现。在面纱画法中，同样可以通过在面纱上面（即面纱正对画家这一侧）放置实际对象，并记录它覆盖面纱中的点来完成。当然这种放置法只能描绘对象的外部轮廓，因此只适用于内部结构简单的对象。

② 但两者之间也有细微的差别。绘画是已经被视点和中心射线固定了的横截面，也就是被定格在了对象的某一侧面。它已经不再能够容纳视觉的进一步探寻。也就是说，你再怎么努力也无法从画面本身探索出已固定下来的视角之外的其他内容。面纱则不同。对象就在眼前，你可以通过选择面纱的位置和视点来进一步转换视角。除此之外，面纱作画还能够记录下光线所呈现出的偶然性。因此，面纱能够探索的对象的实在性要比绘画丰富许多。正是在这个意义上，阿尔贝蒂建议青年画家们宁可摹仿平庸的雕塑，也不要选择优秀的绘画。

主要挑战的要素是"构建"。①也就是说，去思考画家的主观要素在绘画构建中参与到什么程度以及以怎样的形式参与。选择绘画主题以及选择把面纱放在何处，然后进行点对点描摹，是否就尽到了画家的本分？阿尔贝蒂直面了这种质疑。但他对这一质疑的回应方式令人困惑。他把描绘对象精确轮廓的工作称之为附加在画家身上的不必要的劳动量。只要能够达到逼真再现描绘对象的目标，这些劳动能省则省，也可以用仪器替代。这一回应方式的奇怪之处在于，这几乎把他在《论绘画》第一卷中辛苦建立起来的线性透视建构的价值给否定掉了。面纱作画通过仪器设置（虽然只是简单的几个对应的方框）轻而易举地替代了画家自身需要完成的线性透视建构。

如何理解这种表面上的冲突？笔者认为有四种可能的理解方式。第一，面纱只是作为绘画技能培训初期的训练手段，掌握了精确描绘技能的在行画家在正式绘画中不使用面纱。第二，线性透视建构只是为了能够让画家从理论上理解实践中使用的面纱的作用原理及合法性。这两种理解不太符合阿尔贝蒂的文本。阿尔贝蒂非常自豪自己的面纱作画法，并称自己是第一发明者。②他不太可能把这一方法只是作

---

① 照相机以及随后各种科学摄像设备和复制技术对画家技能的另外一个要素"亲自"提出了挑战，即仪器对于手工的替代。当然，在像波普艺术等现代艺术看来，画家技艺的这两个要素似乎都没有必要存在。绘画作品与画家之间的纽带甚至可以割断，取而代之的只是绘画作品本身的视觉冲击性。在文艺复兴伊始的绘画史中，画家的技能与光学仪器之间有着错综复杂的关系。很多艺术史家不愿意承认光学仪器对绘画构建起到的作用。因为这会使一些人们公认的经典绘画作品变成一种"欺骗"。虽然其使用程度尚有争议，但历史上确实存在很多摹仿线性透视法原理的光学复制仪器。参见马丁·肯普《看得见的·看不见的：艺术、科学和直觉——从达·芬奇到哈勃望远镜》，郭锦辉译，239—274 页。另参见 Kirsti Andersen: The Geometry of an Art: *The History of the Mathematical Theory of Perspective from Alberti to Monge*, pp. 207–210,pp. 599–605。

② Rocco Sinisgalli 指出 veil 的使用在中世纪晚期已经出现。参见 Leon Battista Alberti, *Leon Battista Alberti: On Painting: A New Translation and Critical Edition*, trans. Rocco Sinisgalli, Cambridge: Cambridge University Press, 2011, p. 107。除了宣称面纱作画法的发明权以外，阿尔贝蒂在《论绘画》中还多次宣称线性透视建构是自己的发明。对线性透视法的发明权归属问题学者们众说纷纭，但主要集中在布鲁内莱斯基和阿尔贝蒂。艾格顿认为阿尔贝蒂的透视建构直接来自于布鲁内莱斯基实验中使用的镜子。但他同时承认从镜子到窗户的转变代表了对于绘画建构的不同态度，即从宗教目的转换到对物理世俗世界的描绘。参见 Samuel Y. Edgerton, Jr., *The Mirror, the Window, and the Telescope: How Renaissance Linear Perspective Changed Our Vision of the Universe*, Ithaca: Cornell University Press, 2009, pp. 117–132。马丁·肯普持同样的观点，认为布鲁内莱斯基才是线性透视法的发明者，并给出了非常可信的针对布鲁内莱斯基实验的重构。同时，他并不赞同把文艺复兴线性透视法的发明归结为中世纪建筑测量和设计图、地图测绘、光学、镜子等因素当中的某一种，而是更倾向于把它视为文艺复兴复杂的市民社会、政治和文化的产物。参见 Martin Kemp, *The Science of Art: Optical Themes in Western Art from Brunelleschi to Seurat*, pp.11–14, pp. 334–341, pp. 344–345。虽然针对线性透视法的发明归属存在一些争论，但布鲁内莱斯基的实验和阿尔贝蒂透视建构之间的相似性却没有受到多大质疑。当然，埃金斯会否认寻找线性透视法唯一起源这一问题本身的合法性。

为一种训练手段。而且，阿尔贝蒂并没有明确说明什么理由可以阻止这一方法在行画家中使用。另外，阿尔贝蒂在《论绘画》第一章第19—20节明确建构了实际绘画过程。与青年画家的绘画技能实践没有关联的理论问题正是阿尔贝蒂为了简单直白的目的尽量避免的。因此，剩下两种理解是比较可取的方式。

第三，对实际视觉对象使用面纱，而对想象的事物使用透视建构。面纱与透视建构另外一个重要差别在于面纱只能用于实际对象，而线性透视建构既可以用于实际对象也可以用于想象的对象。因此，虽然面纱作画操作简单，但因其固有的局限性必须引入透视建构作为补充。这种理解虽然可行，但本质上基于第四种理解之上。

第四，面纱作画与透视建构都用于描绘画面当中单个对象的轮廓，因此即使这一部分用仪器替代，画家的技能还可以体现在其他再现方式之上。阿尔贝蒂把绘画分为三个部分：勾勒轮廓、构图和受光。面纱作画法是阿尔贝蒂在说明如何精确地勾勒对象轮廓时引入。在进一步讨论的时候，阿尔贝蒂说到这样一段话：

> 勾勒轮廓是在画面当中确定对象边线的过程。有些对象的表面比较小，如有生命的对象。另一些对象则非常大，如建筑物和巨型雕塑。表面小的对象我们可以通过以上提到的方法，即"面纱"来测量。至于大的表面，必须要引入新的方法。我们应该回忆已经讲过的关于表面、射线、视觉金字塔和横截面的基本原理。[1]

从这段引文中可以看出，阿尔贝蒂明确提出面纱作画与透视建构是相互独立的作画手段。面纱用于勾勒体积小的对象，而透视建构则用于描绘体积大的对象。这是一个非常关键的论点。因为它直接反驳潘诺夫斯基"窗户理论"的另一个翻版"空间统一体理论"（spatial continuum theory）。潘诺夫斯基的"窗户理论"内含着对于绘画整体空间的几何抽象。就像本文第一部分开头引文中所指出，在潘诺夫斯基看来，线性透视法并不仅仅是应用于画面当中的个别事物，而是作为空间

---

① Leon Battista Alberti, *On Painting*, trans. Cecil Grayson, p.68.

整体投射到绘画画面并建构绘画空间的总体原则。也就是说，线性透视法与重叠（overlapping）、短缩法（foreshortening）、缩减（diminution）①等同样体现空间深度的技法之间存在着一种等级关系。埃金斯批评了这个观点。他认为线性透视法对文艺复兴作者和画家来说，并不具有相比于其他绘画技法的优先性，同样使用于具体对象或画面一小部分的装饰。②

    上述引文清楚地展示了阿尔贝蒂对象优先性的作画方法。他多次强调画家最伟大的作品是"历史画"（historia）。历史画的本质在于描绘神话或宗教人物，并以此表现与道德和信仰相关的内容。因此历史画首先在于描绘具体人物符合自身性格和品德的动作。如果透视建构或面纱在阿尔贝蒂看来是作为画面整体空间构成原则，那么，我们就无法理解为什么他要先通过不同方法勾勒不同大小对象的轮廓。更可能的做法是，先用面纱和透视建构描绘具体的对象，再把这些对象安排到画面上。因此，在被广泛引用的阿尔贝蒂面纱法的图例中，丢勒的展示更为符合阿尔贝蒂的思考。

四

    最后，我们需要简单考察阿尔贝蒂与近代自然科学革命之间的关系。在第一部分我们已经指出，潘诺夫斯基"窗户理论"的错误在于把抽象几何投射面与物质绘画画面相等同。这种混淆只有在使近代自然科学革命带来的欧几里得几何学实体化了的笛卡儿—牛顿空间中才能成为可能。潘诺夫斯基显然是在这一框架下去思考阿尔贝蒂的。

---

① 重叠指的是画面中某一对象被另外一个对象全部或部分覆盖，以此来表示被覆盖者比覆盖者离观者距离更远。它是非常古老且素朴的绘画技法。短缩法指的是根据对象与观者之间的距离和方向对其形状进行变形。而缩减是对其大小进行变形。这三种技法在表示画面深度的方式上具有以下三个特点：一是描绘单个对象的深度关系而非整个画面；二是对象彼此间及其与观者之间的距离没有获得精确的规定；三是大多使用于非几何形状的事物。参见 John Hyman,"Perspective", In *A Companion to Aesthetics,* eds.Stephen Davies, et al., pp. 465–469。

② James Elkins, "Renaissance Perspectives", *Journal of the History of Ideas*, Vol. 53, No. 2（Apr. –Jun., 1992）, pp. 209–230. 另外，针对空间整体性原则在文艺复兴线性透视绘画具体作品当中的不适用性，参见 James Elkins, *The Poetics of Perspective*,PP. 45–80。

在把线性透视法界定为像"窗户"一样透过去看之后，潘诺夫斯基把"绘画平面"呈现的空间马上等同为"无限、不变、均质的"欧几里得几何空间。同时引用卡西尔的观点，指出了这一空间与实际心理—生理学空间之间存在着的性质上的差异。针对两种空间类型之间的性质差别及不可通约性，潘诺夫斯基的分析是对的。但是他把线性透视空间直接等同为欧几里得几何空间的做法未免太过草率。虽然他说到不应过分强调文艺复兴艺术对近代自然科学革命的作用，但他对线性透视空间的理解就已经相当于在说前者完成了近代自然科学革命最为核心的理论变革。[①]卡斯滕·哈里斯（Karsten Harries）也认为，阿尔贝蒂的透视建构空间指的就是作为无限场域的空间观。[②]马丁·肯普在《艺术的科学》一书中，关注了欧洲从文艺复兴到 19 世纪为止的视觉艺术和科学之间的紧密关联。他虽然承认线性透视法使得对于空间的系统建构成为可能，但他从一开始就承认，并不断言两者之间的任何因果关联。

阿拉斯指出阿尔贝蒂其实相信亚里士多德—托勒密空间观。[③]明显的例子是他对于颜色本质的说明。

> 作为一名画家，我认为通过颜色的混合可以产生接近无限数量的其他颜色。但是对于画家而言，只有四种真正的颜色的属，对应于四种基本元素。由此产生出众多颜色的种。火元素的颜色称之为红色。气元素的颜色称之为蓝灰色。水元素的颜色称之为绿色。土元素的颜色称之为灰色。[④]

---

① 柯瓦雷认为在近代自然科学革命中空间概念的转变起到了决定性的作用，其特点为亚里士多德和谐整体宇宙（cosmos）变成均质且无限的欧几里德几何空间。参见 Alexandre Koyré, *From the Closed World to the Infinite Universe*, Baltimore: The Johns Hopkins Press, 1957，Introduction。针对近代自然科学革命的性质及其起源的讨论，参见 David C. Lindberg, *The Beginnings of Western Science*, Chicago and London: The University of Chicago Press, 1992. Edward Grant, *The Foundations of Modern Science in the Middle Ages*, Cambridge: Cambridge University Press,1996,pp. 168−206。

② Karsten Harries, *Infinity and Perspective*,pp. 64−103.

③ 阿拉斯《绘画史事》，孙凯译，34 页。

④ Leon Battista Alberti, *On Painting*, trans. Cecil Grayson, p. 45.

这是一个典型的亚里士多德属和种差划分与四元素说下的解释方法。欧几里德几何学实体化了的现代空间中不可能存在四种元素之间差别。与此相对的亚里士多德空间是一个具有鲜明的价值等级系统、处处有别但又秩序井然的有限整体，被概念化为和谐整体宇宙（cosmos）。

在这一体系下面当然也会讨论空间的无限性问题，但这只局限在几何空间，有限的物理空间与无限几何空间之间的鸿沟是无法逾越的。潘诺夫斯基的"窗户理论"是典型的现代思想对文艺复兴线性透视法的强加。阿尔贝蒂确实站在了新科学的门口，但他的脚仍踏在中世纪的土壤上。

设计中"概念的迁移"何以可能

——基于心智"递归性"的讨论

黄泓积

中央美术学院

———— * ————

[摘　要]本文的重点在于阐述设计中"概念的迁移"是如何在"递归性"这一心智属性的作用下得以实现并获得新的意义层次及价值视点的。首先笔者将进入对全称量词的研究,揭示人类心智的逻辑先天性,为下文关于"逻辑能力"的论述铺下线索;然后笔者会指出"概念的迁移"可以被概括为"隐喻",接着按照"传统范畴论—家族相似说—原型理论—理想化的认知模型及具身隐喻观"的顺序讨论"隐喻"与涉及到的"概念范畴"问题,并以心智的"亚相容逻辑能力"及作为其运作核心的"递归性"为答案,回答"概念的迁移"何以可能;最后笔者将立足"递归性"重新审视"隐喻"的意义与价值,为解答"什么是好的、富有创造性的设计"以及"好的、富有创造性的设计何以可能"这一难题构造新的设计创作论或方法论的基础。

[关键词]先天逻辑　隐喻　家族相似　范畴共相　递归性

现当代意义上的"设计"(design)作为一种美学项目具有迷人的魅力,"创意"与"趣味"是最能够在它身上发现的东西。比如下面这项广告设计——

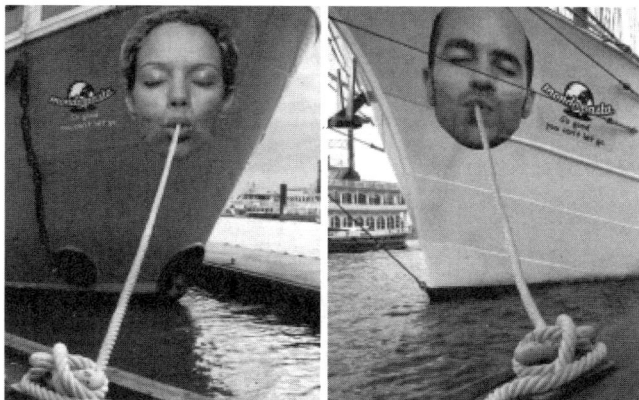

这是一个为意大利面品牌商 Mondo Pasta 创作的广告设计，在其中不难发现一种巧妙的"概念的迁移"——固定船的缆绳"变为"了意大利面条；也即"缆绳"作为能喻承载了"意大利面"的意义。换句话说，由于"缆绳"承载了"意大利面"的意义，所以在概念上"缆绳"与"意大利面"达到了"共同"——在这里，"缆绳"="意大利面"。

可以这么说，上述设计体现出的全部"创意"与"趣味"都是基于"概念的迁移"才得以实现；对于这一为"设计"的核心灵魂提供立足之地的"概念的迁移"，有一个更具代表性的词能够对它进行形容，那就是隐喻。笔者在这里要追问的问题是——为什么几乎每个人都能看懂这个广告设计，为什么几乎每个人都能在头脑中完成概念的——由缆绳到面条的——迁移？也即，设计中使"创意"与"趣味"得以发生的"概念的迁移"不管对于创作者还是对于接受者而言，究竟是"如何可能"的？

在回答这个问题之前，让我们先转入下面几例语言学的研究。

一、逻辑先天性以及"有限手段的无限使用"

例：（1）爱丽丝给了所有吃掉蛋糕或者面包的人一封信。
　　（2）爱丽丝给了所有看见她的人蛋糕或者面包。

例（1）的"或者"表现出"包含式"的逻辑，也即例句的逻辑意味着蛋糕"和"面包；而例（2）的"或者"可以是"非此即彼"的逻辑，也即例句的逻辑一般①意味着蛋糕及面包之间"二者择一"。

关键的是，从没有接触过此类逻辑知识的学龄前幼童在面对上述两个语例时能够"无师自通"地理解"或者"不同的逻辑，也即，能够展现出一种奇妙的"非习得"的逻辑判断能力。要知道，一般成人对幼童输入的关于"或者"的逻辑就是"非此即彼"的，那为什么幼童在接触到例（1）时会作出"包含式"逻辑的判断？更何况学龄前幼儿几乎不可能接触到复杂的带有"或者"的语料，那他们拥有并作出这种逻辑判断的知识又从哪里得来？②先暂且不管幼儿的逻辑知识来自何处，要强调的是，无论成人还是幼儿，对例（1）、例（2）作出不同的逻辑判断的根据都取决于"所有"这个"全称量词"的辖域及其所处位置的不同——当"或者"如例（1）所示，出现在全称量词的主语短语部分时，它从属于"向下蕴含语境"，即在"蛋糕"与"面包"两者都为真的逻辑中起并列关系；当"或者"如例（2）所示，出现在全称量词的谓语短语部分时，它从属于"非向下蕴含语境"，即并不一定用并列关系连接起"蛋糕"与"面包"。

再来看看以下例句：

（3）谁没有吃巧克力？
（4）谁都没有吃巧克力。

这里的"都"同样是全称量词；在汉语中，"都"的特性在于能够全称量化句子左面的成分，也即在例（4）中疑问词"谁"被全称量化了——这意味着对于一般接受者而言，本来如例（3）那样的疑问句，一旦加入了"都"这样的全称量词

---

① 按照经典逻辑，例（2）的"或者"可以是"包含式"的，也可以是"非此即彼"的，幼儿对例（2）的判断也同经典逻辑一致；不过成人基本将之单纯理解为"非此即彼"，原因在于成人对"梯级隐涵"（scalar implicature）这一语用原则更为敏感，也即，成人对"或者"进行解读时会遵从"梯级隐涵"这一语用原则的制约。此处的"一般"是站在成人的立场上而言的。

② 可参见 Stephen Crain&Paul Pietroski,"Why language acquisition is a snap?"*The Linguistic Review*, No.19, 2002, pp. 163-183. 苏怡《汉语正常儿童与孤独谱系障碍儿童逻辑词习得研究》，中南大学，2013 年。

就变为了陈述句。这种变化同样体现出一种逻辑知识，也即，疑问词"谁"指涉的是不确定的某一个人，表示一种不确定的有待澄清的局部逻辑；而全称量词表示"全为真"的逻辑，它指涉的是所有可能性的对象，任何有待澄清的对象都被涵盖在内，包括作为问题的答案的那个具有可能性的"谁"——当所有对象都被确定时，例（4）就不再成为一种疑问。需要再一次强调的是，对于缺乏"都"的逻辑知识输入（无论正语据还是负语据）的学龄前幼儿在面对以上语例时依旧展现出了同成人一致的逻辑判断，在面对以下语例时也是如此：

（5）爱丽丝吃了什么？
（6）爱丽丝都吃了什么？

幼儿同成人一样，在面对例（5）、例（6）时都将之认知为疑问句，意味着他们能够"无师自通"地明白"都"一般来说向左而不是向右进行全称量化的逻辑。[1]

这些对全称量词的研究有着特别的意义，它们首先佐证了一点——人类具有先天的逻辑能力与逻辑知识；其次，它们也证明了人们对事物基本属性本身的抽象质性概念是自明的。比如对"所有"这种全称量词的知识的获得就几乎无法从经验中得来，因为如果人脑中没有某种先天预设的认知机制及配套知识，那么当成人摆出三个苹果并做出手势想让幼儿理解"所有"苹果时，幼儿只会理解"三个"苹果，当成人摆出五个苹果并做出手势想让幼儿理解"所有"苹果时，幼儿只会理解"五个"苹果——幼儿仅靠经验无法从中得到"所有"这一概念；这意味着，概念无法且并非是通过穷尽经验总和的方式获得的。再比如"形状"这一概念，如果对它的理解必须取决于后天经验知识的输入而非自明的话，那么当成人按照词典释义向幼儿解释"形状"是一种"形式"时，就不得不继续解释"形式"是一种"样子"，还不得不继续解释"样子"是一种"式样"，最后成人会发现，根据词典释义，"式样"是一种"形状"，整个解释又绕了回来——要知道，解释行为通常是由弱逻辑到强逻辑深入的过程，在这一过程中逻辑会不断变强，

---

① 　可参见 ZhouP. &Crain, S., "Children's Knowledge of the Quantifier Dou in Mandarin Chinese", *Journal of psycholinguistic research*,No.40, 2011, pp. 155-176. 卿芝花《汉语儿童对全称量词"都"的习得研究》，湘潭大学，2014年。

而当逻辑强到不能再强时，解释者就不得不回头重新寻找一个弱逻辑的帮助。如果幼儿对"形状"这一概念不能自明，那么就将遭遇上述概念解释的无限后退与死循环，导致事实上无法理解任何概念。

上述例子都说明了——人类的心智具有对逻辑和概念先天自明的特性；在此基础上，对全称量词"所有"的获得与运用还体现出了心智的另一种运作特征，那就是"有限手段的无限使用"。

"有限手段的无限使用"至少可以用来形容两种不同的形式化概念，也即"集合"和"递归"。在这里适用的是"集合"概念，从它身上可以延伸出对"递归"的讨论；"递归"一词有"重复""回归"的意思，它将成为后文论述的重点。[①]

塑造出"向下蕴含语境"的"所有"一词能够体现出这种"有限手段的无限使用"；"向下蕴含语境"意味着可以确保集合向子集的推论为真，也即，可以确保由"所有（东西）"一词推出"所有的礼物"的推论为真，可以确保由"所有的礼物"推出"所有没开封的礼物"的推论为真，可以确保由"所有没开封的礼物"推出"所有黄色的没开封的礼物"的推论为真，可以确保由"所有黄色的没开封的礼物"推出"所有昨天买的黄色的没开封的礼物"的推论为真……这种由集合到子集的推论可以无限扩展，且它们都为真——

所有（东西）——所有的礼物——所有没开封的礼物——所有黄色的没开封的礼物——所有昨天买的黄色的没开封的礼物……

"所有"意味着可以用一个词（有限）囊括任意种内容（无限）；这同样意味着，若将概念以集合的形式考虑的话，在"非向下蕴含语境"里也能够看到一个词对无限种内容的包含——"礼物"包含了"没开封的礼物"，"没开封的礼物"包含了"黄色的没开封的礼物"，"黄色的没开封的礼物"包含了"昨天买的黄色的没开封的礼物"……而无论有多少种内容可供描述，它们都是"礼物"一词的子集。"有限手段的无限使用"体现了形式逻辑中"集合"的性质，是心智概括性与求简性的典型反映；也正是由于这种概括性与求简性，"集合"能够基于合并运算形成"递归"，从而在心智的理解与创造领域实现更为深刻的"有限手段的无限使用"。

---

① 递归被看作"有限手段无限使用"，这一观点多见于洪堡特、乔姆斯基等语言学家的论述，可参见乔姆斯基《语言与思维》，贺川生译，见《乔姆斯基语言学文集》，长沙：湖南教育出版社，2002 年，156 页。

二、针对隐喻问题和范畴问题"何以可能"的解释以及解释背后的理论脉络

在略谈了人类心智的逻辑先天性和对概念的自明性以及心智"有限手段无限使用"的运作特性后，让我们回到最开始对意大利面广告设计中概念迁移"如何可能"这一问题的探讨上来。对于这一问题的回答，用莱考夫的话来说，概念迁移的可能是通过"隐喻"实现的，因为"隐喻"是人类的一种基本的概念认知方式。

什么是隐喻？隐喻指的是人类通过对一种事物的认知实现对另一种事物认知的理解与说明；这一定义其实可以被转换为另一种更为具体的、简洁易懂的描述性的解释——我们知道，一般把使用"好像""宛如""仿佛"等比喻词让一种事物对另一种事物进行理解与说明的方式叫作"明喻"，比如"人生像旅途"；那么反过来，不使用"好像""宛如""仿佛"等比喻词让一种事物对另一种事物进行理解与说明的方式就叫作"隐喻"，比如"人生是旅途"。

照此看来，广告设计正是一种"天然"的隐喻形式，以上文意大利面广告设计为例，作为能喻的缆绳对作为所喻的意大利面进行理解与说明的方式里没有任何比喻词存在，也即，缆绳是直接作为意大利面的"对等物"或"类属物"出现的——几乎每一个广告设计，都是以"能喻是所喻"（×× 是 ××）的方式进行着呈现。

要强调的是，关于"某物是什么"（×× 是 ××）的认识涉及一种"分类"——A 是什么，A 不是什么——的思想，也即，涉及一种"范畴化"的认知行为，这意味着"隐喻"问题同样也可被视为一种"概念分类"问题——我们要探讨"概念的迁移如何可能"，就不得不探讨"概念范畴的实现"是"如何可能"的。

传统范畴论认为范畴是由共同拥有一种或几种基本特征的客观事物成员组成的（这种"共同的属性"，也即"共相"，是范畴成立的基础），范畴之间界限明确（范畴 A 包含了特征 A1，则特征 A1 必然不属于范畴 B），范畴本身具有充分必要条件并由充分必要条件所定义（范畴 A 被分为有限的离散的特征 A1、A2、A3，这些有限的离散特征之和就是范畴 A 的唯一本质，也即缺少某一离散特征或与离散特征之和相异的存在都不是范畴 A），范畴成员之间没有高低之分（每一个成员

都共有着同样的特征，体现着一致性）。①

但意大利面广告设计中体现出的概念迁移指出了传统范畴论本身的致命缺陷——缆绳与意大利面之间是不存在共同的充分必要条件的，按照传统范畴论，它们就是两种截然不同的事物，那为什么在概念中两者的范畴可以被分类在一起？为什么在广告设计中缆绳能够承载起意大利面的意义与范畴，并与之实现"对等"/"类属"？为什么广告设计的创作者可以圆润无碍地在概念范畴中划归这种"对等"/"类属"，而接受者也可以自然而然地在概念范畴中接受这种"对等"/"类属"呢？

维特根斯坦的"家族相似说"奏响了逆反传统范畴论的高潮。他以"游戏"这个概念举例，指出虽然棋类游戏、纸牌游戏、球类游戏等都被称作"游戏"，但当仔细观察它们，或者把它们放一起互相比较时，你会发现三者的特征并不重合，"看不到什么共同的东西，而只看到相似之处，看到亲缘关系"，也即，每一种游戏虽然和别的游戏在特征上有着"对应之处"，但它们同样有着独特的不适用于其他游戏的"不对应之处"。如果说已经存在一种关于"游戏"范畴的充分必要定义，那么将棋类游戏、纸牌游戏、球类游戏的特征与这种充分必要范畴作比，则会发现每一次比较都会"有许多共同的特征丢失"，"而一些其他的特征却出现了"——那么这些新出现的独特的仅存在于一个成员中而不被其他成员所有的特征该如何处理呢？如果把它们算入"游戏"一词的范畴，按照传统范畴论则意味着对其他成员而言"游戏"概念为假，如果不把它们算入"游戏"一词的范畴，按照传统范畴论则意味着对于这个成员而言"游戏"概念为假。不过事实上虽然各个游戏成员之间并不存在统一的共同性，而是体现出"错综复杂的互相重叠交叉的相似关系"，但并不妨碍人们都将它们称为"游戏"。进一步地说，哪些属于游戏哪些不属于游戏也并不由唯一的共同性决定，也即，游戏这个概念的范围并不被一条唯一的界线封闭。这些都说明了，概念范畴是基于相似性而不是基于"共相"而存在，也没有一条唯一确定的边界来划定它——昭显概念范畴本质的不是传统范畴论的"充要条件"，而是"家族相似性"。②

---

① 可参见亚里士多德《范畴篇 解释篇》，方书春译，北京：商务印书馆，1986 年，9—49 页。
② 维特根斯坦《哲学研究》，李步楼译，北京：商务印书馆，2000 年，47—49 页。

举例来说，汉语"权"字的概念究其本义是"黄华木"的意思，但它之后又引申出"衡器"，也即"秤砣"的意思；那么"权"的概念范畴就到此为止了吗？不，它之后又有了"权力"及"权利"的意思；那是不是上述所有就构成了"权"的充分必要条件呢？不，除此之外它还有"权衡"的意思，还有"权且"的意思，还有"权重"的意思……更重要的是，没有人能够确保"权"字的范畴在未来不会继续扩大；也即"权"字作为一种概念，它的外延是开放的，找不到一个唯一的范畴来封闭它。同时，范畴内各个成员间并不具有一致的共同性，比如"权且"和"黄华木"，它们之间存在的"近似性"尚且有待阐释，就更遑论"共相"了。

维特根斯坦的"家族相似说"揭开并驳斥了传统范畴论的欠缺与漏洞，具有莫大的意义，我们可以据此理解广告设计中"缆绳是意大利面"这一隐喻为何能够实现——按照维特根斯坦的说法，正因为概念范畴是基于"家族相似性"存在的，而形状上缆绳与意大利面相似，所以"意大利面"这一范畴完全可以容纳进"缆绳"这个成员，反过来说，"缆绳"这一范畴也同样可以容纳进"意大利面"；两者之间可以互相发生"对等"或"类属"的关系。

但维特根斯坦的"家族相似说"作为一种理论存在着明显的不足——它的言说过于零散，它的论点有待提炼。而正因为它作为理论不够明晰与系统化，虽然对于传统范畴论不能说明的问题它能给出答案，但对于另一些不能说明的问题——如范畴成员间的地位为何会不平等，为何成员分属范畴位置的"中心"和"边缘"的不平等情况通常是普遍的、且双方地位难以互换（换句话说就是，为何范畴内有些成员始终就是要比另一些成员更能代表这一范畴）——它也没有给出直接答案。举例来说，为何在"鸟"的范畴中麻雀作为成员之一被普遍认同，但企鹅却较难被认同，这一现象从维特根斯坦那里看不到直接回答。同样，这也意味着为何在可及之外还存在难及的和几乎不可及的隐喻——为何"华盛顿是美国的心脏"这一隐喻是可及的，而"华盛顿是俄罗斯的心脏"是难及的——不能在维特根斯坦的论说里找到现成解释。

原型理论——所谓"原型"，就是指在范畴化中所依据的最典型、最能代表这一范畴的认知参照物——的诞生弥补了维特根斯坦的不足，它将"家族相似说"提升为条理分明的系统化理论，提出了以下几点①——1. 范畴不由充分必要条件决定，也即范畴是非充分必要性的。2. 范畴是一种以家族相似性为基础的辐射或引申结构，也即可被考虑为一种范畴成员以 AB、BC、CD、DE 的交叉重叠的相似关系进行延展的链条或网络结构。3. 范畴中的核心成员具有典型性，可被看作原型义项，也即它们是处于中心位置的分类的认知参照物（原型），代表范畴的资格最高；范畴成员在分布格局上越往链条或网络的边缘延伸越脱离原型，在范畴中越不具有典型性，代表范畴的资格也就越低。以 exchange 为例，它具备以下几个义项："交换""兑换""兑换手续""外汇""汇率"，其中"交换"是最典型的中心义项，即原型，可记作 A，"兑换"是原型义项的延伸，可记作 AB，"兑换手续"延伸自"兑换"，可记作 BC，"外汇"延伸自"兑换手续"，可记作 CD，最后"汇率"是对"外汇"的进一步延伸，可记作 DE；从上述语义链可见，A 最具范畴代表性，DE 最不具范畴代表性。② 4. 范畴的边界是模糊的、非确定的，其外延具有无限拓展性，且一个范畴可能会和其他范畴交叉或者重叠。

原型理论对以"反共相"为最核心目的的"家族相似说"进行了升华，赋予其解决实际问题的能力，所以可以被称为一种"精致的家族相似说"。那么据此我们就能对刚才的疑问作出解答——鸟作为一种概念，其中"有翅膀"和"会飞"属于它范畴内的原型义项，也即，只有概念成员在最大程度上满足这两个属性才会被看作有足够资格可以代表"鸟"——麻雀自然资格充分，而企鹅则资格欠缺（但不代表没有）。同样，华盛顿的概念范畴拥有"美国的行政中心"这一原型，"美国的心脏"正好带有这种原型的属性（都是"中心"），所以"华盛顿是美国的心脏"这一隐喻是可及的；相反，华盛顿的概念范畴不拥有"俄罗斯的行政中心"这一原型，所以"华盛顿是俄罗斯的心脏"是难及甚至几乎不可及的。

虽然原型理论的提出对范畴问题有着强大的解释力与说明力，但许多原型语义学的研究者通常将"原型"看作一种由事物的客观特征中得到的参照物。比如"鸟"的原型实际上是从客观世界的生物特征中把握到，"华盛顿"的原型是从客

---

① 可参见格拉茨（Dirk Geeraerts）《认知语言学基础》，邵军航、杨波译，上海：上海译文出版社，2012 年，161 页。

② 梁彩琳、石文博《语义范畴原型理论研究：回顾与展望》，《外语学刊》2010 年第 5 期，45 页。

观世界的地理特征中把握到，"心脏"具有"中心"的原型也是从人体的客观属性中把握到，这就成为了一种莱考夫认为的、同时被他所反对的"客观主义"。也即莱考夫指出"旧"的原型理论不能解释那些不具有，或者说不能从客观世界的客观特征中得到原型的范畴为何能够成立。换句话说，"旧"的原型理论不能解释女人、火与危险的事物同属一种范畴的此类现象。《女人、火与危险的事物——范畴揭示了心智的什么》是莱考夫所著一部书的标题，他在书中写道，澳大利亚土著德伯尔语（Dyirbal）中有 balan 这个分类词，其范畴包括：女人、火、危险的事物、一些并不危险的鸟、鸭嘴兽等。如果从客观特征入手考察 balan 的范畴，则难以得到它的原型，也即无法从生物特征、物理特征等得到这个词归类依据的参照物——从客观特征上来看，上述成员实在过于"不相干"了。但如果站在"体验"这种客体之外的经验性的立场上来思考，那么 balan 范畴的成立问题将立即迎刃而解；我们不妨用下面的例子进行说明——

大象、冰淇淋、手机、传达室大爷，它们都可以被归入同一种范畴中。一眼看去上述成员并没有什么联系，从客观上几乎找不到它们可以被归作一类的依据，但如果对于某人——这里不妨将之设想为一位刚经历完高考正在享受暑假的女生——来说，在她和友人一边吃着冰淇淋一边在动物园看着大象的时候，突然手机响起，接听后从传达室大爷那里得知自己被中意的大学录取的消息，这时大象、冰淇淋、手机和传达室大爷都会作为她此刻的经验被其体验性的情绪关联起来，都会被她放入一个名为"欣喜若狂的周末"的范畴中。

同样的道理，女人、火与危险的事物能够共属一种范畴，原因就在于"具身体验"将它们联系了起来。"具身"一词反映了莱考夫的基本哲学观，这种哲学观体现为：心智是具身的，思想大部分是无意识的，抽象概念很大程度上是隐喻的；立足于这种哲学观，莱考夫认为原型并不来源于客观性的参照物，范畴也并不由这种客观性的参照物划归，原型与范畴两者的成立实际上是"理想化的认知模型"（idealized cognitive models，简称为 ICMs）导致的结果。也即原型可以由客体之外的经验性要素构成，可以由社会性的规定塑造，更重要的是，它通常是被符合社会环境期望的理想化标准决定的。①由此，莱考夫进一步改造了"家族相似"，将其由只有"客观性"的"相似"扩展到了包含"经验性"的"相似"；对于莱考夫而言，抽象概念大多是通过隐喻认知的，而隐喻本身就是"具身的""经验的""体验性相似的"。换言之，经验就是隐喻的基础，脱离经验人无法表达也无法理解隐喻，进一步地说，脱离了经验人无法获得任何概念范畴。②

现在需要简略地介绍一下莱考夫口中的"具身"一词："具身"简单来说意味着"身心一体"，意味着对笛卡尔"身心二分"哲学观的否定。也即它指的是意识与脑／身体紧密的不可割离的关系——意识的运作方式与认知的进行过程实际上是由脑／身体的生物属性决定的，意识与认知的内容是由脑／身体提供的。在这个意义上，具身确实如莱考夫所言，是传统"客观神话和主观神话"之外的"第三条道路"。也就是说，一方面，人的认知活动并不是对客观世界完全忠实的再现。也即在面对客体时，人的身体会以自身预设的图式去组织信息，人意识到的内容是对人本身而言具有特殊价值的信息，虽然这种信息可能并不存在于客观之中；另一方面，人所能意识、认知到的东西的范围受身体本身感知机制的限制，接收超出知觉阈值的信息或感受神经机制不具备的功能反应都是不可能的。

除了以上内容，对于"具身"一词，莱考夫特别强调"经验主义"。也即除了强调认知存在于脑／身体之中以外，更强调脑／身体存在于环境之中。这意味着逻辑、想象、推理等高级心理活动无法脱离感觉—运动中枢的经验——后者是前者所掌握的种种知识的基础，同时在根本上作用于这些知识的形成。莱考夫对隐喻的看法突出地体现了这一点：他认为基本隐喻是一种"概念隐喻"，是由始源域向目标域的映射；这种映射得以发生的基础在于当人经历某一较抽象概念时在经验上激起的感觉—运动中枢对其他较具体概念的体验反应的相似性（或者说关联性③）——正因为充满热情的拥抱之于感觉—运动中枢的经验是"温暖"，所以当人在体验某种不乏拥抱的"感情"并将之抽象为概念时会说出"感情是温暖"；正因为与熟络

---

① George Lakoff, *Woman, Fire, and DangerousThings: What Categories Reveal about the Mind,* Chicago: University of Chicago Press, 1987, pp. 68–76.

② George Lakoff&Mark Johnson, *Metaphors We Live By*, Chicago: University of Chicago Press, 1980, pp. 19–21.

③ 关于这种关联性的生物学基础，一说是未分化期的幼儿神经留下的遗产，一说是一种固定的神经回路。

的某人相处时身体间的紧贴之于感觉—运动中枢的经验是"近"，所以当人在体验某种饱含身体紧贴的"亲密"并将之抽象为概念时会说出"亲密是近"；正因为在费力搬运重物时对腰身的压力之于感觉—运动中枢的经验是"负担"，所以当人在体验某种费尽心力必须要处理完成的"困难"并将之抽象为概念时会说出"困难是负担"。[①]

这样一来，隐喻就变为了一种"认知的方式"，成为当抽象概念被理解时具身体验对理解活动本身发挥必要的基础性作用的证明。似乎我们就由此明了：人在接触到缆绳时，感觉—运动中枢提供了一种感受经验，这种感受经验同他接触到意大利面时的体验是相似的。也即缆绳和意大利面在人的感觉—运动中枢体验中具有"家族相似性"，这种体验的相似性投射在了概念认知层面，所以"缆绳是意大利面"这一隐喻能够成立。

那么根据莱考夫的说法，本文要回答的一大问题——广告设计中的概念迁移是"如何可能"的——就拥有了一种解答：广告设计中概念的迁移在形式上可被定义为"隐喻"，隐喻是人的一种具身的认知方式，是当经历某一较抽象概念时发生的基于较具体概念的相似体验的映射。也即概念迁移的实现是基于体验相似性的感觉—运动中枢的映射行为的实现。这也意味着如果没有这种具身的认知方式——感觉—运动中枢体验的映射——也就没有隐喻的理解与使用，概念的迁移也就不会"可能"。

虽然看上去莱考夫关于隐喻及范畴的论述已经足够可靠，足够有效，具有足够全面且深刻的解释力了，但笔者依旧会反问：真是如此吗？

三、作为心智的能力与属性，同时作为本章问题的解答以及一种新的创作方法论基础的"递归性"

在这里有必要重新提起乔姆斯基早在《句法结构》里就已经讨论过的语例：

[①]　可参见 George Lakoff&Mark Johnson, *Philosophy in the Flesh: The Embodied Mind and Its Challenge to Western Thought*, New York: Basic Books, 1999, pp.50-54.

（7）Colorless green ideas sleep furiously（无色的绿色的想法在狂怒地睡眠）[①]

　　在这个例句中，"无色"与"绿色"矛盾，"绿色"与"想法"不可搭配，"想法"与"睡眠"冲突，"睡眠"与"狂怒"矛盾，但就是这么一个充满了矛盾与荒谬的句子，它依旧是"合法"的。这意味着，下面这个句子同样是"合法"的——

　　（8）无颜色是一种颜色。

　　这正是一个绝妙的"隐喻"，不过却破除了"概念隐喻"与"家族相似"的咒语——如果说范畴是基于"互相重叠交叉的"的"相似"关系的语义链而成立，那么"颜色"与"无颜色"之间"对立冲突"的"无重叠非交叉"的"不相似"（有色和无色在语义上完全不一样，对有色和无色的感觉—运动中枢体验也完全不一样。也即两者的关系是 A 与非 A 的矛盾，在范畴中无法形成 AB、BC、CD 那样交叉重叠的语义链）状况却为何在实际上形成了"合法"的范畴关系？
　　再看看下面这个带有反语色彩的衍生隐喻：

　　（9）他今天集训真是刻苦，跑了 0 米那么远。

　　它可以上溯为这么一个根隐喻：

　　（10）无长度是一种长度。

　　如果说隐喻的实现必须基于感觉—运动中枢的体验，那么"无长度"这一目标域又如何能被感觉—运动中枢"体验"到？进一步地，如果说感觉—运动中枢的经验映射是思维进行认知的必要方式，那是否因为一种隐喻的始源域与目标域在现实中无法根据经验而建立起体验的映射，人就无法理解这一隐喻？

---

① Noam Chomsky, *Syntactic Structures*(*2nd Ed.*), New York : Mouton de Gruyter, 2002, p.15.

笔者还可以罗列出一大串类似的"非经验性"的隐喻——

（11）无形状是一种形状；

　　　无角度是一种角度；

　　　无浓度是一种浓度；

　　　无属性是一种属性；

　　　……

虽然在上述隐喻中诸如无形状、无角度、无浓度、无属性等概念无法通过形状、角度、浓度、属性等始源域的"映射"而被"隐喻性认知"，但并不意味着这些概念就不能被掌握，也不意味着这些隐喻就不能被理解——要知道，这种"非经验""非具身"的隐喻反而具有一种抽象思辨的"妙处"。

另外，古汉语中"反训词"——拥有相反语义的同一个词——的大量存在意味着对范畴的"家族相似性"的反驳：

（12）a 民人离落。

　　　b 访予落止，率时昭考。

上句的"落"是"终结"的意思，下句的"落"是"开始"的意思，同一范畴内两项语义正好相反，并无"相似"。

（13）a 兹予有乱政同位，具乃贝玉。

　　　b 非台小子，敢行称乱。

上句的"乱"是"治（建立秩序）"的意思，下句的"乱"是"不治（破坏秩序）"的意思，同一范畴内两项语义正好相反，并无"相似"。[①]

[①]　俞建梁、黄和斌《原型范畴理论的缺陷与不足》，《外语学刊》2008 年 2 期，36—39 页。

上述两组"反训词"都展现了由两个完全对立的义项组成的范畴，反驳了"家族相似说"认为的范畴建立是基于"相似"的语义链的观点。

以上内容都说明了，隐喻并不完全是"经验的""具身的"，它也拥有"非经验""非具身"的性质；范畴并非一定是"家族相似"（不管客观相似还是体验相似）的，它的立足之基还涵盖了"不相似"的成员关系——换句话说，莱考夫关于隐喻及范畴的论述还不够可靠，不够有效，不够具有全面且深刻的解释力。

为什么会导致这样的结果？原因在于莱考夫的研究层面实际上落脚于隐喻"行为"，也即，他一头扎进的是无限杂多且纷繁多变的"行为表象"；但真正的研究并不能止步于此——隐喻"行为"需要深入，因为在"行为"背后发生作用的是隐喻"能力"，也即，"隐喻"现象反映的是更为深入、更为根本的心智特征，这种心智特征是无穷无尽、花样百出的经验表象下普遍而规律的东西。概括而言，"隐喻"是种"行为"，而"可隐喻性"是种"能力"，解决问题的关键正在于使前者得以实现的后者身上。

那么立足于"可隐喻性"则不难发现，隐喻反映的正是一种亚相容／次协调的逻辑；隐喻能够实现，正是拥有这种亚相容逻辑能力的高级思维／高级心理活动——基础上独立于感觉—运动中枢且上位于感觉—运动中枢的心智机能——运行的结果。

亚相容逻辑简单而言可被描述为：当在句法上无害时，允许"P= 非 P"发生（在不破坏句法基本自洽，或者说在不会使形式系统内任何公式都变成定理的情况下允许 nontrivial contradiction，即"不平庸矛盾"的实现）①。

"华盛顿是美国的心脏"（这句隐喻记作 S）反映的就是一种亚相容逻辑：首先 S 作为一个句子是合乎句法的，其次 S 在语义上将"华盛顿"与"心脏"等同了起来。也就是说，S 在句法合法的条件下容纳了"P= 非 P"这一语义矛盾——这也正是在基于句法与语义之间的关系相对独立的事实情况下，以"亚相容"／"次协调"之名称呼这种逻辑的含义所在。

如前文所述，心智拥有先天的逻辑能力与相关逻辑知识，那么无论是"华盛

---

① 可参见桂起权《关于互补性逻辑、辩证逻辑及次协调逻辑》,《河南社会科学》2010 年第 18 卷第 2 期,58—59 页。

顿"="心脏"，还是"缆绳"="意大利面"，这些隐喻的实现都是心智运用其先天逻辑能力及知识促成的"P=非P"的具体结果；同样地，诸多彼此"不相干／不相似"的经验表象在心智的亚相容逻辑下也一样可以"对等"／"类属"，一样可以相互隐喻。

也正因为人的心智具有逻辑先天性，亚相容逻辑能力的获得是心智自然成长的结果，所以对隐喻的理解与使用是一种心智能力的展现，其实现并不以感觉—运动中枢经验的投射及家族相似的语义链关系为必然基础。

要注意的是，虽然人的心智具有逻辑先天性，但对亚相容逻辑的讨论依旧需要深入。也即关于"因为心智具有亚相容逻辑的能力，所以 p=非 p"的表述事实上只反映了结果，我们还需追问原因——如果说 p=非 p 的隐喻能够实现是心智能力运作的结果，那么这种心智能力的运作机制是什么？换句话说，在心智中是怎样让 p=非 p 的？

"递归性"正是对于以上疑问的解答。让我们再次转到对"递归"的讨论上来，现在不妨看看对"递归"的几种更为精确的描述性定义——1. 在程序语言中，递归指在函数的定义中重复调用函数自身；2. 递归指语言结构层次和言语生成中相同结构成分的重复或相套①；3. 递归是指同一类型成分进行迭代性嵌套的思维复现能力，该能力使个体能在低一级递归结构的输入基础上创造出输入中并不存在的高一级递归结构②；4. 递归性指事物内部的抽象关系表现为或是并列的关系，或是从属的关系，且两者都是可递归的③。

以上定义实际上探讨的是递归的形式化操作标准，在这里笔者更倾向于从一个更为根本的基于心智层面的运作方式的角度出发对递归进行解释——就"递归"一词始发的词源 recurso 来看，递归指的是"借助回归把未知的归结为已知的"④；不妨据此进一步概括，递归正是一种"认知及其生成性的运作法则"，是人的心智借

①　钱冠连《语言的递归性及其根源》，《外国语》2001 年第 3 期，10 页。
②　采用杨彩梅的翻译。Martins&Fitch,"Investigating Recursion Within a Domain-Specific Framework", In: Lowenthal,eds. F. & Lefebvre, L., *Language andRecursion*, New York: Springer, 2014, p.17. 可参见杨彩梅《"唯递归假说"及其证据》，《外语教学与研究》2014 年第 46 卷第 6 期，817—829 页。
③　胡壮麟等《系统功能语言学概论》，北京：北京大学出版社，2008 年，71 页。
④　詹全旺《语言递归的层次与方式》，《天津外国语学院学报》2006 年第 13 卷第 5 期，58 页。

助对已知／简单／有限基础的回归，将未知／复杂／无限转变为已知／简单／有限的认知与演绎行为的结果的方式。

也就是说，递归可以在"回归"行为中一方面通过"回归"（已知／简单／有限的基础）来有层次地（达成对未知／复杂／无限的）认知、理解，另一方面也可以通过"回归"（已知／简单／有限的基础）来有层次地（达成对未知／复杂／无限的）推理、创造。

使用这种解释意味着可以在更为广泛的角度从短语、句子、语篇、语义等方面考察何为"递归"，同时，也意味着可以将"递归"作为一种风格手段的体现延伸到艺术领域从而佐证一种"跨语言跨文化的一致性"——如果把定义中"未知／复杂／无限的"和"已知／简单／有限的"两类词语后面都加上"形式表征物"，那么根据这一定义，在各个时代与地域的装饰艺术里就能充分发掘出人类心智的普遍性基础；对此，贡布里希的著作《秩序感：装饰艺术的心理学研究》贡献了翔实的材料与淋漓尽致的阐释。

如上所述，递归的根本运作方式体现为"回归"，那么现在我们就可以对这种"回归"进行形式化的说明——在形式上，递归的回归性是通过"合并"（merge）体现出的。在这里"合并"指的是一种无限制的运算操作，也即，将两个元素组合在一起形成一个新的单位，且这一过程可以是无限的。[①]

"合并是最基础的句法操作，每一次运算只涉及两个成分，当有三个或更多成分参与合并运算的时候，其中两个成分先合并，然后对合并结果加上标签（labeling），并以新的成分参加下一轮运算，如此反复。"[②]换言之，在合并中"每一次运算后的结果为下一次运算的起点"[③]，呈现出一种"梯级结构"。

以句子为例，设 X_1＝蓝色的、X_2＝裙子、X_3＝穿了、X_4＝爱丽丝、X_5＝我、X_6＝看见，那么两两合并的操作形式将展示如下[④]：

①　乔姆斯基《最简递归之前景探索：生物语言学的优化合并与最简计算》，马志刚译，《外文研究》2015 年第 3 卷第 4 期，22 页。
②　杨烈祥《论语言的递归机制》，《中南林业科技大学学报（社会科学版）》2009 年第 3 卷第 5 期，135 页。
③　杨烈祥《唯递归论的跨语言比较述评》，《外语教学与研究》2012 年第 44 卷第 1 期，56 页。
④　杨烈祥《论语言的递归机制》，135 页。

$$[X_1，X_2] = [蓝色的裙子] = \alpha$$

$$[X_3，\alpha] = [穿了[蓝色的裙子]] = \beta$$

$$[X_4，\beta] = [爱丽丝[穿了[蓝色的裙子]]] = \gamma$$

$$[X_5，X_6] = [我看见] = \delta$$

$$[\delta，\gamma] = [[我看见][爱丽丝[穿了[蓝色的裙子]]]]^{①}$$

以上示例充分体现了"递归"的根本运作方式，也即充分体现了回归两两合并这一运作基础，并将两两合并这一运作基础作为手段进行有层次的语言扩展的心智特征。同时也可以发现，随着合并次数的增加，句子的意向性越发明确，这意味着，每一次的合并运作都是对人的概念—意向系统的进一步表征与应答。也正因为合并运算是"回归"的形式化表现，所以也可以认为，"任何合并运算，若输入和输出为同一范畴、且输出具有结构梯级性，则为递归"[②]。

凭借这种反复回归两两合并的运算，人能够在进行创造活动时超越心智的有限（记忆力、注意力的有限）达成无限的成果，也能够在进行理解活动时将复杂的信息进行下意识的合并提炼同时保证接受结果的有效与可靠。更关键的是，这种能力在人的心智中具有普遍性，无需后天习得，因此它反过来又保证了每一个人习得后天知识的可能。

综上所述，递归是一种具有计算特征的心智认知与推理机制，它在根本运作方式上体现为"回归"，在基本实现形式上体现为无限的"合并运算"，在心智能力的持有上体现为"先天普遍"。

在此基础上可以对何为"递归性"做出说明——递归性，指的是认知或推理行为的实现始终依赖于无限的二元合并运算这一心智能力，且认知或推理的过程在形式上始终呈现出向无限的二元合并运算回归的属性。这种属性通常又揭示出不同梯级的集合单位能迁移至同一高阶范畴的特性；由于高阶范畴在概念上可以被抽象

---

① 为了论述简洁，在这里省略了对标签的步骤说明。

② 杨烈祥《唯递归论的跨语言比较述评》，56 页。

为"上位范畴"①，也可以说合并运算展现出了不同梯级的集合单位能在同一上位范畴达到共同的特性。所以就外显性而言，递归性又可以指认知或推理中蕴含着的以合并为形式向高阶范畴/上位范畴归类的属性。

如前所述，"递归"作为一种认知与逻辑展开的过程很好地说明了人思维的运作，它意味着以下认知与演绎的类型——将未知/复杂/无限的事物以层层回归已知/简单/有限的方式进行认知，同样，以这种回归已知/简单/有限的方式层层演绎未知/复杂/无限的事物。那么不妨先从语句递归中据此进行递归性的考察：

（14）我［在不知道［他是［喜欢吃辣］的重庆人］的情况下］跟着去了。

"他是……重庆人"是"喜欢吃辣"的高一级递归结构，前者是后者的高阶范畴，后者在意义上是对前者的补充与说明；"在不知道……的情况下"是"他是……重庆人"的高一级递归结构，前者是后者的高阶范畴，后者在意义上是对前者的补充与说明。虽然梯级不同，但"喜欢吃辣"和"他是……重庆人"都被"在不知道……的情况下"这一结构包含，它们在意义上都是对"在不知道……的情况下"的补充与说明；换言之，如果将"在不知道……的情况下"的所处范畴抽象为名叫"具体状况"的上位范畴，那么"喜欢吃辣"和"他是……重庆人"将在这一上位范畴层面达到共同，因为它们都体现着"具体状况"这一集合的特征。

以上三个梯级集合都是对"我跟着去了"的补充说明，因为"我跟着去了"是更加高位的可以被抽象为名叫"状况"的上位范畴，它包含了前面三者，而前面三者都能在这名为"状况"的上位范畴层面作为"状况的解释性内容"而达到共同；换言之，前面三个范畴都蕴含着向"我跟着去了"这一高阶范畴/上位范畴的归类。

再看下语篇递归：

---

① "上位范畴"一般指的是基本范畴往上概括的范畴，但"上位"是个相对概念，所以本文这里指任一范畴往上概括的范畴；举例来说，"玫瑰"的上位范畴是"花"，"梧桐"的上位范畴是"树"，"花"和"树"的上位范畴是"植物"。要强调的是，虽然本文对"上位范畴"的描述借鉴了认知语言学里"上位范畴"（superordinate category）的概念，但并不具有认知语言学家为后者赋予的某些特别含义或规定，所以为防止混淆，不妨将本文的"上位范畴"直接理解为一种概括性的"高位范畴""广位范畴"或"特征抽离范畴"；比如，玫瑰的上位范畴，可以是"花""气味物""颜色物""形状物"。

（15）A：Are you coming tonight? 你今晚来吗？（Q1）

B：Can I bring a guest? 我能带个客人来吗？（Q2）

A：Male or female? 男的女的？（Q3）

B：What difference does that make? 是男是女有什么区别吗？（Q4）

A：A nissue of balance. 人数得平衡。（A4）

B：Female. 女的。（A3）

A：Sure you can. 那当然可以。（A2）

B：I'll be there. 晚上我会到的。（A1）①

不难看出，上述问答是以层层嵌套的方式展开的：Q4—A4 是一组相对应的问答，但这组问答是对 Q3—A3 问答的展开；同样，Q3—A3 是对 Q2—A2 的展开，Q2—A2 是对 Q1—A1 的展开。进一步地说，整个大段对话都是对"'你今晚来吗？''晚上我会到的'"这一对简单问答的扩充与演绎；这种扩充与演绎可以为问答嵌入无限的对话。要知道，类似的嵌套插入的问答在人的日常对话中随处可见，它们自然而然地呈现在各种不同的语言环境下——不得不说，"递归"是对人思维运作方式生动而深刻的反映，一方面它意味着仅需依靠某种简单与已知的基础就能演绎出复杂无限的知识体系，另一方面它也意味着复杂无限的知识体系实质上都是由某种简单与已知的基础延展而来的。

接着看看语义递归：

（16）关于盘古的神力，还有传说。[1 他哭泣时流的眼泪成了江河，眼睛的闪光变成闪电。说 [2-1 他一欢喜，就是丽日晴天；一恼怒，天空就乌云密布。] 还说 [2-2 他睁开眼睛就是白天，闭住眼睛就是黑夜]]。②

上面这段话在语义上呈现为这样的递归形式：$N_{言说}$［$_{言说域1}V_{言说}$［$_{言说域2}\cdots\cdots$］］也即由动词"说"标识的言说层与名词"传说"标识的言说层在语义上发生了从属

---

① 詹全旺《语言递归的层次与方式》，61 页。

② 仇立颖《意向性作用下的语篇组构研究》，复旦大学，2013 年，97 页。

设计中"概念的迁移"何以可能——基于心智"递归性"的讨论　　150　|　151

递归，换言之，前者蕴含着向后者的归类。虽然对于乔姆斯基而言，递归研究主要是句法研究，几乎不涉及语义，但这并不意味着语义就没有递归以及递归性；此处关于语义递归的例子很好地展现了范畴的梯级关系，对于下面将要论述的以上位范畴的持续嵌套为形式的概念递归起着很好的侧面说明的作用。

前文提到过关于"形状"这一概念的自明，在这里要强调的是，当我们在讨论某个范畴的时候，其实在脑中已经拥有了对这个范畴的表征，也即已经拥有了"概念"。比如当讨论"鸟"的范畴的时候，我们已经有了"鸟"这个概念。换言之，不管"鸟"的范畴在人们脑中包不包含企鹅，都不妨碍人们拥有"鸟"的概念。这意味着，我们可讨论的所有的范畴，都是人脑中的"概念"；所以，对范畴问题的解答也应该从人的认知立场出发，而非基于纯然的客观或者纯然的主观——在这一点上笔者与莱考夫一致。但接下来笔者不得不同莱考夫分道扬镳——正因为思维是递归的，那么人后天理解的无限多概念必然是由先天的有限的概念演绎而来；也即如果不存在先天概念作为已知的基础，那么人就无以用回归已知的方式去掌握未知。

那么，现在我们终于可以站在"递归性"的角度对"家族相似说"的"无共相论"作出回答——

以"权"为例，它作为概念范畴正好体现出了一种"有限手段无限使用"的"集合"特征，也即一种（有限）信息类型——"权"；任意种（无限）转化形式——"黄华木""秤砣""权力""权利""权衡""权且""权重"……

另一方面，就上位范畴的层次来看，"权"又体现出了另一种"有限手段无限使用"的"递归"特征——"黄华木""秤砣""权力""权利""权衡""权且""权重"这七个词的上位范畴是"权"，"权"的上位范畴是"汉语字词"，"汉语字词"的上位范畴是"字词"，"字词"的上位范畴是"语言"，上述上位范畴层次可被写为这么一种嵌套形式：[语言X_1 [字词X_2 [汉语字词权 [部分范畴成员黄华木、秤砣、权力、权利、权衡、权且、权重]]]]；这种上位范畴的持续嵌套体现出一种合并运算性质，也即，以"集合"为单位的嵌套运作意味着一种可合并的操作方式，是对"递归"这一运算形式的反映。

需要说明的是，"黄华木"等词蕴含着向"权"的归类，同样也蕴含着向"汉语字词"这一上位范畴的归类，虽然"黄华木"与"权"并不处于同一梯级，但它们都能在"汉语字词"的范畴层面达到共同；这再一次对"递归性"的第二层含义——认知或推理中蕴含着的以合并为形式向高阶范畴／上位范畴归类的属性——具体如何体现进行了极好的说明。

现在不妨回顾一下前文所说的诸多例子，可以发现："交换""汇率"在层次上蕴含着向"exchange"的归类，"女人""火""危险的事物"在层次上蕴含着向"balan"的归类，"开始""终结"在层次上蕴含着向"落"的归类，也就是说，它们事实上都具有"递归性"。换言之，"递归性"正是种种概念范畴必备的属性——正因为范畴在心智中被认知为概念（它脱离了人的心智就毫无意义），且这种认知始终具有合并运算的特征，同时始终会形成梯级，所以范畴在客观属性与主观属性之外必然具备名为"递归性"的心智属性。这也意味着，"递归性"正是一种范畴内各个成员都具有的性质，是一种"共相"。概括来说，"共相"并不因为范畴可能在客观特征上找不到成立的共同点、在主观体验上具有随意性、在外延上无法被封闭就不存在，相反，它通过心智的运作存在于每个概念中，它是范畴在心智意义上的"充分条件"。

也正是在这个含义上，心智的"亚相容逻辑能力"需要"递归性"才能得以运作，"缆绳"＝"意大利面"需要"递归性"才能在设计中得以实现。换言之，也正因为隐喻是对心智"递归性"的反映，所以设计中"概念的迁移"才会成为可能——"缆绳"和"意大利面"不光具有一致的名为递归性的属性，且它们都可被递归入"形状物"这一上位范畴；也即，它们在"形状物"这一上位范畴层面上达到了共同，具备了能够互相迁移或隐喻的条件。

同样的，我们也就能够在心智的角度对"隐喻"的意义究竟为何作出回答——与其说隐喻是对概念"经验式"认知的方式，不如说隐喻是高级心理活动创造性的体现。

什么是创造性？创造性凝结在这么一种东西———种日常感受所不能及、必须经过高级心理活动有意地抽离与超越方能得到的东西——身上，也即创造性就是展现人们日常感受所不能及的思维结晶，超越日常体验并反过来令日常体验为之震动的心智能力的特性。因此，"隐喻是高级心理活动创造性的体现"这个判断并不意味着将隐喻的意义重新回归"修辞手段"，而是在于强调，隐喻的意义呈现在针对"经验主义"的回答当中：为什么一些出色作品（比如设计）的隐喻能达成一般人在日常经验的自然状态里触及不到的想象，能使日常的体验变得惊奇？它们究竟凭借何种特质能够被称为具有"创造性"的？——答案在于，设计中隐喻的实现来自"自觉地""有意地"对经验进行抽离、发掘与关联的"主体性"，这种实现是对高级层面思维超越感觉—运动中枢经验的印证；作为上层思维的高级心理活动正是凭借这种抽离与超越，将诸多"不相干/不相似的"经验表象能够以何种抽象方式被归结为何种"上位范畴"（即经验表象能在何种"上位范畴"层面上达到共同）以形象的手段通过隐喻展现了出来。

换句话说，隐喻的真正价值就在于通过高超的形象手段——它体现了高级心理活动的超越性、创造性，同时也意味着接受上的直观性（这也是为何某些基于语言表达的隐喻，比如"寂静是吵闹"[①]不能被普遍地直接理解，而绝大部分基于视觉表达的隐喻却能够被普遍地直接理解的原因）——对心智的"递归性"予以实现。在这个基础上，我们就能够大胆地提供一种新的、基于"递归可能性思维度"的设计创作论或方法论，就能够以心智的视角有力地回答如下问题——"什么是好的、富有创造性的设计"以及"好的、富有创造性的设计何以可能"。

---

① 虽然"寂静是吵闹"作为隐喻很难被直接接受，但它依然是成立的，因为基于它可以写出以下句子："沉默在放肆地喧哗"。这一句子通常被认为是"创造性"的、可以被普遍理解的，所以它连同它的根隐喻一起也就再一次反驳了莱考夫认为隐喻必须基于经验才能被创造和接受的主张。

"感动"的多维取向

——《周易》咸卦发微

王浩

中央美术学院

———— * ————

[**摘　要**]《周易》的咸卦是通行本《周易》中位置和意义都很特别的一卦，历代学者对其多有所论，也多有分歧。本文结合人类学视野中的《周易》及其成书过程，将《周易》及咸卦置于原始思维和巫觋文化及其演变的背景中，揭示出咸卦蕴含和浓缩了"感动"的多维取向和复杂经验，在此基础上调和、折中诸说，并指出了咸卦及其释读的美学和方法论意义。

[**关键词**]《周易》　咸卦　感动　原始思维　巫觋文化

在通行本《周易》中，咸卦是第三十一卦，亦即下经之首卦，其卦象、位置及意义无疑都很特别。咸卦之象为䷞，上兑☱下艮☶，其卦爻辞如下：

> ䷞咸：亨，利贞，取女吉。
> 初六：咸其拇。
> 六二：咸其腓，凶，居吉。
> 九三：咸其股，执其随，往吝。

九四：贞吉，悔亡，憧憧往来，朋从尔思。

　　九五：咸其脢，无悔。

　　上六：咸其辅、颊、舌。①

　　从字面上看，咸卦的卦辞是说通于神明、利于占问、娶亲吉；爻辞中的"拇"为拇指，此处一般释为脚趾；"腓"为胫肌，即小腿肚；"股"为大腿；"随"为"髀"，即髋部（或释为随顺、随从，难通）；"憧憧往来"是往来不断，"朋从尔思"是对方顺从你的心思；"脢"为背部肉；"辅"为脸腮内部，"颊"为脸腮外部。②后人对以上字义的理解大多无根本分歧，有较大分歧的是对"咸"字的释读，而对"咸"字的释读，不仅关乎对咸卦的理解，而且涉及对《周易》的认识，值得申说。

一、"咸"字与咸卦

　　"咸"字与咸卦的意义尽管未必完全一致，多少还是应当有所关联。"咸"之为字，按东汉许慎《说文解字·口部》："咸，皆也、悉也。从口从戌；戌，悉也。"清代段玉裁注："会意……此从戌之故。'戌'为'悉'者，同音假借之理。"③这是以"皆""悉"训"咸"，似将"咸"会意为齐一口令。另按甲骨文、金文中已有"咸"，但诸家所释并不一致，如吴其昌以为象斧钺与砧相连之形，义为"杀"，叶玉森等则以为殷商之巫咸④。又按任乃强考证，"咸"为"盐"之假借字，从戈、人、口，示盐之味如戈之入口而具刺激性，且盐之咸味为人所同嗜，故又引申为"普遍"，即"悉""皆"⑤；贡华南进而以为，"咸"亦为"鹹"（今已简化为"咸"）

① 本文所引《周易》经传文字均据孔颖达《周易正义》（《十三经注疏》整理本，卢光明、李申整理，吕绍纲审定，北京：北京大学出版社，2000 年），标点偶有调整。

② 此处的字义释读参见李零《死生有命，富贵在天：〈周易〉的自然哲学》（北京：三联书店，2013 年，185—188 页），但对"咸"的理解则不从其说，详见下文。

③ 本文所引《说文解字》均据许慎《说文解字》（影印本），段玉裁注，上海：上海古籍出版社，1988 年。

④ 参见李孝定编述《甲骨文字集释》（第二卷），台北：中央研究院历史语言研究所，1970 年，369—373 页。

⑤ 任乃强《说盐》，附载其《华阳国志校补图注》（卷一），上海：上海古籍出版社，1987 年。

之本字，指盐味①。按《说文解字·巫部》："巫，祝也。女能事无形，以舞降神者也。象人两袤舞形，与工同意。古者巫咸初作巫。"古巫职掌沟通神人或以舞降神之事，其言语往往具有神性或即为神谕，故巫与统治者的关系自然就非常密切，或其本身即为统治者，如殷商之贤臣巫咸即为其中之著者；而对于统治者来说，巫术、杀伐以及作为民生资源的盐都是齐一口令、维护统治所不可或缺。因此，训"咸"为"悉""皆"或"杀"或"巫咸"或"盐""鹹"，其实相互之间并非不可兼容。

"咸"之为卦，历代学者亦多有所论，且亦多有分歧，但大致不出以下几种较有代表性的解释：

第一，以"感"释"咸"。此说出于《周易·彖》："咸，感也。柔上而刚下，二气感应以相与。止而说，男下女，是以'亨利贞，取女吉'也。天地感而万物化生，圣人感人心而天下和平。观其所感，而天地万物之情可见矣。"从卦象上看，咸卦上兑☱下艮☶，按《周易·说卦》："艮，止也；兑，说也"，又艮为少男、兑为少女，象征少男以礼取悦于少女，与卦辞"取女吉"之义相合，与爻辞所述男女性爱或情爱之循序渐进过程亦可互证；引伸出不仅男女之性爱或情爱需要"感"，圣人与众人之间亦需有"感"才能使得天下和平，天地亦应如人类相互有"感"方能化生万物，可见"感"实为天地万物中的普遍现象。显然，《彖》的解释比卦爻辞的描述更有理性化的倾向，也更有包容性，后人以"感"释"咸"者大体未出其外，只是或倾向于朴素化的男女性爱或情爱之"感应"，或倾向于神秘化或理性化的"感应"而已。

第二，以"砍"释"咸"。此说与前引训"咸"为"杀"类似，而马王堆帛书《周易》"咸"作"钦"，或以为"钦"当借为"砍"，训为"杀"②，亦可参证。进而言之，此说中仍有歧解，如高亨虽释"咸"为"斩"，与"砍"义近，但认为诸爻辞是关于言行遭遇伤害的占卜记录③；程石泉亦释"咸"为"斩"，却认为诸爻辞是记述周文王遭殷纣王囚禁时所受伤害的具体情形④。

---

① 贡华南《"咸"：从"味"到"感"——兼论〈咸〉卦之命名》，《复旦学报（社会科学版）》2007 年第 4 期，54 页。
② 邓球柏《帛书周易校释》（增订本），长沙：湖南出版社，1996 年，265 页。
③ 高亨《周易古经今注》（重订本），北京：中华书局，1984 年，249—251 页。
④ 程石泉《易辞新诠》，上海：上海古籍出版社，2000 年，98—100 页。

第三，以"铖"释"咸"。此说出于周策纵，萧汉明、兰甲云和胡不群等又有所补正，大意是说"咸"为"铖"（古"针"字）之省文，咸卦卦爻辞所述为针石治病之情状；而古代巫医不分，故咸卦卦爻辞所述或许亦与巫咸有关。①

第四，以"缄"释"咸"。按《说文解字·糸部》："缄，束箧也。"李零以为，"咸"当读为"缄"，引申为束缚、控制之义，卦爻辞的描述体现了明显的男权思想。②

以上几种解释，很难说哪一种最符合原意，其中的第一种解释距离卦爻辞被选编的时代相对较近，且能自圆其说，又有较大的包容性，故认同者更多；其他解释单从文字训诂上来看固然都可以成立，但大多很难将爻辞所述与卦辞中的"取女吉"协调起来，且无视《周易·象》的解释，故仍难令人信从。在笔者看来，若要更充分、更准确地理解咸卦的意义，或许还应该结合人类学视野中的《周易》的成书背景和过程，尤其是注意《周易》与占卜及巫觋文化的关系。

二、人类学视野中的《周易》及其成书过程

《周易》与占卜的密切关系是众所周知的。占卜在中国古代曾经广泛流行，且其种类纷繁多样③。其中，龟卜与筮占被认为与《周易》有更直接的关系，它们的起源也都很久远，从目前的考古发现看，至少可以被追溯到殷商时期，而按张光直的看法，占卜与乐舞等活动一样，都是殷商的巫师通神的重要工具和手段④；严格讲来，龟卜又是广义的骨卜中的一种，而骨卜的起源更早，可以被追溯到新石器时代⑤。

在人类学的视野中，占卜其实是古代世界普遍盛行的一个现象，如法国学者列维－布留尔所指出："没有什么风俗比占卜的风俗更普遍的了……就是在文化发展的

---

① 参见周策纵《易经咸卦卦爻辞新解——论其与针灸医术的关系》，陈鼓应主编《道家文化研究》（第 12 辑），北京：三联书店，1998 年；萧汉明《释上海博物馆藏战国楚竹书〈周易〉豫、咸二卦》，《周易研究》2007 年第 6 期；兰甲云、胡不群《论〈周易〉古经咸卦与古代巫医及针灸》，《周易研究》2014 年第 3 期。
② 李零《死生有命，富贵在天：〈周易〉的自然哲学》，185—188 页。
③ 参见李零《中国方术考》（修订本）第一章，北京：东方出版社，2000 年。
④ 参见张光直《商代的巫和巫术》，见《中国青铜时代》，北京：三联书店，1999 年，265—279 页。
⑤ 李零《中国方术考》（修订本），57—68 页。

最低阶段上，也已经在使用占卜了"；"对原始人来说，占卜乃是附加的知觉"；在原始人的思维中，所有的可感知内容都被一些看不见摸不着的神秘因素及其关系所渗透，这些神秘因素及其关系远比可感知内容本身更重要，"假如这些联系自己不表现出来，那就有必要迫使它们表现出来。这就是占卜的来源"①。占卜得以运作的前提，就是列维－布留尔所说的原始思维的神秘的、原逻辑的"互渗"。所谓"互渗"，是说在原始思维中，包括人在内的人的生活世界中的一切，都被认为处于某种神秘的关系之中，因而，人可以与自己周围的事物相互作用、相互影响，并且不受任何时空条件的限制，如列维－布留尔所说："在原始人的思维的集体表象中，客体、存在物、现象能够以我们不可思议的方式同时是它们自身，又是其他什么东西。"②

原始思维的集中体现和积淀，除了占卜，还有巫术；当然，占卜也可以被视为一种巫术。英国人类学家弗雷泽在其著作《金枝》中通过考察世界各地的巫术现象，对巫术赖以建立的思想原则作了经典概括："如果我们分析巫术赖以建立的思想原则，便会发现它们可归结为两个方面：第一是'同类相生'或果必同因；第二是'物体一经互相接触，在中断实体接触后还会继续远距离的互相作用'。前者可称之为'相似'，后者可称作'接触律'或'触染律'。巫师根据第一原则即'相似律'引申出，他能够仅仅通过摹仿就能够实现任何他想做的事；从第二个原则出发，他断定，他能通过一个物体来对一个人施加影响，只要该物体曾被那个人接触过，不论该物体是否为该人身体之一部分。基于相似律的法术叫做'顺势巫术'或'模拟巫术'；基于接触律或触染律的法术叫做'接触巫术'"；弗雷泽进一步认为，可以把"模拟巫术"和"接触巫术"统称为"交感巫术"，"因为两者都认为物体通过某种神秘的交感可以远距离的相互作用，通过一种我们看不见的'以太'把一物体的推动力传输给另一物体"。③不难发现，巫术的"交感"与原始思

---

① 列维－布留尔《原始思维》，丁由译，北京：商务印书馆，1981年，280—281页。列维－布留尔所谓"原始思维"，大致相当于维柯所谓"诗性的智慧"、列维－斯特劳斯所谓"野性的思维"，本文主要申论列维－布留尔之说，不赘述后两者，可参见维柯《新科学》，朱光潜译，北京：商务印书馆，1989年；列维－斯特劳斯《野性的思维》，李幼蒸译，北京：商务印书馆，1997年。

② 列维－布留尔《原始思维》，丁由译，69—70页。

③ 弗雷泽《金枝》，徐育新等译，北京：大众文艺出版社，1998年，19页、21页。弗雷泽认为巫术依据"交感"，与泰勒主张巫术基于"联想"或"类比或象征性的联系"可以相互参证，见泰勒《原始文化》第四章，连树生译，谢继胜等校，桂林：广西师范大学出版社，2005年。

维中的"互渗"其实是一致的；对这一点，列维－布留尔也表示认同①。

按弗雷泽的看法，巫术在早期的人类生活中具有不可或缺、至关重要的作用，极大地改变了早期人类的社会关系，这主要是由于公众巫术的发展而引起的。所谓"公众巫术"，是与"个体巫术"相对而言：后者是为了个人的利害而施行的巫术，前者是为了群体或部族的公共利害而施行的巫术。具体说来，公共利害的重要性使得操持公众巫术的巫师的地位也逐渐尊贵起来，正如弗雷泽所说："不论在什么地方，只要见到这类为了公共利益而举行的仪式，即可明显地看出巫师已不再是一个个体巫术的执行者，而在某种程度上成了一个公务人员。这种官吏阶层的形成在人类社会政治与宗教发展史上具有重大意义。当部落的福利被认为是有赖于这些巫术仪式的履行时，巫师就上升到一种更有影响和声望的地位，而且可能很容易取得一个首领或国王的身份和权势。"②也就是说，公众巫术的发展导致了巫术的专业化，而巫术的专业化又逐渐使得原始部族中的智者、精英成为兼巫师、祭司、首领于一身的举足轻重的角色，正是这些神圣的中介者转化成了早期文明国家的君王与官吏，比如殷商的巫咸就是这样的神圣的中介者。这个过程，在中国古代所谓"绝地天通"的传说中可以得到印证。

所谓"绝地天通"，是指见诸《尚书》《山海经》《国语》等古籍记载的传说。③综合这三处记载来看，"绝地天通"在上古时期似乎至少有三次：第一次是在黄帝统治时期，当时天地定位、神民不杂、秩序井然，能够上天下地、交通神人的有许多神以及聪明睿智之人；后来，蚩尤作乱，强迫、联合天地间的神人力量反对黄帝，使得酷刑泛滥、杀戮不止、神民杂糅、家为巫史，结果导致祸乱频仍、民生凋敝、祭品匮乏；黄帝在镇压蚩尤之乱后，命重、黎"绝地天通"，并分管神、民之事，恢复并强化了原来的天、地、神、人之间的秩序。《尚书·吕刑》和《国语·楚语下》中观射父所述的前半段讲的就是此事。后来，到了颛顼以及尧统治时期，九黎和三苗又先后乱德，天、地、神、人秩序再遭破坏，重、黎之后两次受命"绝地

---

① 列维－布留尔《原始思维》，丁由译，289—290 页。

② 弗雷泽《金枝》，徐育新等译，70 页。

③ 孙星衍《尚书今古文注疏》，陈抗、盛冬铃点校，北京：中华书局，2004 年，517—523 页；袁珂《山海经校注》，成都：巴蜀书社，1993 年，459—460 页；上海师范大学古籍整理研究所校点《国语》，上海：上海古籍出版社，1998 年，559—564 页。

天通"，再次恢复旧秩序，一直到夏、商。这是《山海经·大荒西经》和《国语·楚语下》中观射父所述的后半段讲的故事。

许多学者对"绝地天通"的意义作过探讨，其中影响较大的有两种观点：一种观点是徐旭生和杨向奎提出的，认为它是讲巫术的起源及其专业化的过程，其中伴随着华夏、东夷、苗蛮等部族集团之间的分合关系[①]；另一种观点是李零提出的，他根据司马迁在《史记·太史公自序》中将自己的家世追溯到重、黎，认为"绝地天通"是讲职官的起源，特别是讲史官的起源[②]。在笔者看来，这两种观点其实并不冲突，且可以与前引弗雷泽的观点相互印证。从"绝地天通"所涉及的人物来看，它不出中国古史传说的三皇五帝时期，按考古学家的看法，这大致相当于新石器时代晚期或金石并用时代（约公元前3500—前2000年），亦即中国文明的起源时期。[③]也就是说，由于不同部族集团的不断接触、斗争和融合，才促使了中国文明时代的到来，"绝地天通"就可以被视为中国古人对上古部族接触、斗争和融合以及文明起源的历史记忆和"集体表象"。

需要注意的是，从人类学的角度来看，人类在经历由自然状态向文明状态的转变过程中，不仅有巫术的专业化以及与此相关的职官的产生，而且伴随着思维方式的转变。如上文所述，原始思维的特点是重视互渗或交感，而在文明起源的过程中，人类的思维则越来越重视分析或区别，这在人类早期的传说或神话中还留下了一些蛛丝马迹。比如，古希腊诗人赫西俄德在《神谱》中所描述的从最初的卡俄斯（混沌）到以宙斯为核心的奥林匹斯诸神谱系的形成，就是一个不断分析或区别的过程[④]；中国古代的"绝地天通"的传说，也折射出了对分析或区别的重视。在进入文明时期之后，人类思维重视分析或区别的结果即形成逻辑思维或概念思维，这在柏拉图、亚里士多德时代的古希腊哲学中已经体现得很充分；中国古人虽然也重

---

① 徐旭生《中国古史的传说时代》，桂林：广西师范大学出版社，2003年，7—10页。杨向奎《中国古代社会与古代思想研究》，上海：上海人民出版社，1962年，163页。

② 李零《西周金文中的职官系统》，载吴荣曾主编《尽心集——张政烺先生八十庆寿论文集》，北京：中国社会科学出版社，1996年。

③ 参见严文明《略论中国文明的起源》《中国文明起源的探索》，载《农业发生与文明起源》，北京：科学出版社，2000年。

④ 赫西俄德《工作与时日 神谱》，张竹明、蒋平译，北京：商务印书馆，1991年，29—56页。

视分析或区别，但并没有发展出西方意义上的逻辑思维或概念思维，而是保留了更多的原始思维的痕迹，所以被列维－布留尔称为"已经相当发达但仍保留着或多或少原始的思维方式的社会的成员们"①。原始思维的这两种不同的转变方向，其实体现或印证了张光直所说的中国的"连续性的文明"与西方的"突破性的文明"的不同②。

《周易》的成书与"绝地天通"前后的文化史密切相关。"绝地天通"过程中的巫术专业化催生了后世的祝、宗、卜、史类职官，他们大致属于《周礼》的天官、地官和春官系统，其中的祝、宗职掌祭祀神祖及相应的仪文祀典，卜职掌占卜及其记录，史职掌天文历法、记录史事、官爵册命及相应的史册谱牒，先秦的学术即主要出自这些职官③，而《周易》之渊源也与此相关，如《周礼·春官》提到太卜和筮人都职掌"三易"，"一曰连山，二曰归藏，三曰周易"，《周礼·春官·占人》："凡卜筮既事，则系币以比其命；岁终，则计其占之中否。"④当然，《周易》成书过程中的许多具体细节已经难以考定，目前只能大概确定，《周易》卦爻象的产生与上古的占卜之风以及商周时期的数字卦有关，卦爻辞编成于西周早期，传文的编定则大致不出战国时期⑤。也就是说，《周易》经传的形成经历了一个漫长的历史过程，就此而言，《汉书·艺文志》所谓伏羲作八卦、文王重卦并作《易经》上下篇、孔子作《易传》十篇的"人更三圣，世历三古"之说⑥，于史实虽未必若合符节，却也并非臆见。

有学者还注意到，《周易》经传以及易学中蕴含着一种可以被称为"象数思维"的独特的思维方式⑦，这种象数思维与西方的逻辑思维或概念思维有所不同，而保

---

① 列维－布留尔《原始思维》，丁由译，37 页。

② 张光直《从商周青铜器谈文明与国家的起源》，见《中国青铜时代》，北京：三联书店，1999 年，480—483 页。

③ 李零《中国方术考》（修订本），"绪论：数术方技与古代思想的再认识"。

④ 孙诒让《周礼正义》（第七册），王文锦、陈玉霞点校，北京：中华书局，1987 年，1924—1928 页、1964 页、1963 页。

⑤ 参见朱伯崑主编《易学基础教程》（修订本）第一章第六节、第二章第一节，2000 年，北京：九洲图书出版社。

⑥ 陈国庆《汉书艺文志注释汇编》，北京：中华书局，1983 年，17—18 页。

⑦ 参见张其成《象数易学》第四章，北京：中国书店，2003 年。

留了与原始思维更多的相似性，只是其中的神秘因素已经被逐渐消解或淡化了。关于象数思维的具体情况，学界已有研究，此处不赘述，只是想要强调指出，由于《周易》经传及易学始终与占卜难解难分，才使得原始思维得以承载并转变成了象数思维。

在这样的背景中重新审视咸卦，其意义或许会显得更加丰富起来。

三、从咸卦看"感动"的多维取向

如上文所述，无论是"咸"字还是咸卦，学者们对其释读都有分歧，但这些分歧并不是截然对立，而是有可以调和、折中的可能性，其中的关键仍在于许多学者已经注意到的与巫术有关的文化因素。

又如上文所述，巫术在早期人类社会中的存在及其历史文化意义难以否认，有中国学者曾经指出，三代文化的发展大致经历了由夏代以前的巫觋文化到夏商的祭祀文化再到周代的礼乐文化的递嬗过程[①]，与人类学的研究也可以相互参证。不过，应该注意的是，如此描述这个过程主要是着眼于文化的大传统的递嬗，并没有考虑文化的小传统的发展[②]；若就包含大传统和小传统的整体而言，文化的演进其实是大小传统相互转化和共同积淀的复杂过程：在文化的演进过程中，后来者对先在者并不是简单地取而代之，而是既有后来者对先在者的否定和淘汰，又有先在者向后来者的生发和变异。因此，巫师固然转化成了早期文明国家的君主和官吏，但其在后来的文明社会中并没有绝迹，至少他们在先秦以至汉代的历史舞台上仍然很活跃[③]，后世在民间以各种方术见称的方士也可以视为其遗存或变体；换句话说，在巫觋文化作为大传统的夏代之后，巫师、巫术及其各种变体主要是在文化的小传统中存在和发展，并与不同时代文化的大传统之间形成了复杂多样的关系。由于《周易》经传的形成与后世易学的发展始终与占卜及巫觋文化难解难分，所以其中也有类似的情形：在《周易》系统中，既有相当于大传统的"象数易学"和"义理易

---

① 参见陈来《古代宗教与伦理：儒家思想的起源》，北京：三联书店，1996年，10页。
② 参见陈来《古代宗教与伦理：儒家思想的起源》，12—13页。
③ 参见文镛盛《中国古代社会的巫觋》，北京：华文出版社，1999年。

学"，又有相当于小传统的"方术易学"①。

笔者以为，由此重新审视"咸"字和《周易》的咸卦，将其与巫觋文化联系起来，应该是一条更为合理的释读思路。当然，由于历史的原因，卦爻辞被记录和整理时的具体情境已经很难被还原了，所以或许只能把咸卦与蕴含、渗透在巫觋文化以及《周易》系统中的原始思维及其转变而来的象数思维联系起来。按这样的思路，应该特别注意的是，"绝地天通"以来的卜筮首先是为王者服务的，如《尚书·洪范》所云："汝则有大疑……谋及卜筮。"②《史记·龟策列传》亦云："王者决定诸疑，参以卜筮，断以蓍龟，不易之道也。"③与此相关，掌管卜筮的也不是普通人，而是由专业化的巫师转化而来的太卜、筮人、占人等官吏。正因为卜筮首先是王者决疑的重要手段，所以古人心目中与《周易》经传的成书有关的伏羲、文王、孔子等都是王者或圣人，《周易》卦爻辞作为被选编出来的卜筮记录，其所涉及的人物通常也应该不是等闲之人。因此，就《周易》咸卦而论，尽管其卦爻辞没有提到具体人物，但也有理由推断，其中所描述的即使不是巫咸的行为和感受，也是在借巫咸的行为和感受给占问者某种回应。

在此，有必要对巫咸略作申明。应该说，巫咸是先秦或上古时期的一位名人，研究先秦文化史和思想史的学者对其都不会太陌生。例如，《尚书·君奭》提到商王太戊时期的贤臣巫咸④；《韩非子·说林下》提到巫咸"虽善祝，不能自祓也"⑤，即认为巫咸擅长祷祝，但不能禳灾；屈原在《离骚》中提到"巫咸将夕降兮，怀椒糈而要之"⑥，即准备以香椒米馓迎请巫咸于傍晚接引神灵降临；《山海经·大荒西经》提到作为"十巫"之首的巫咸⑦；尤其是《世本·作篇》和《吕氏春秋·审分览·勿躬》都提到巫咸"作筮"⑧，即认为巫咸是筮占的发明者。此外，《庄

---

① 参见王浩《早期儒家与〈易〉之关系述论》，《首都师范大学学报（社会科学版）》2008 年第 3 期。

① 参见王浩《早期儒家与〈易〉之关系述论》，《首都师范大学学报（社会科学版）》2008 年第 3 期。
② 孙星衍《尚书今古文注疏》，陈抗、盛冬铃点校，313 页。
③ 司马迁《史记》（标点本），北京：中华书局，1959 年，3223 页。
④ 孙星衍《尚书今古文注疏》，陈抗、盛冬铃点校，450 页。
⑤ 陈奇猷《韩非子集释》，上海：上海人民出版社，1974 年，467 页。
⑥ 王泗原《楚辞校释》，北京：中华书局，2015 年，58 页。
⑦ 袁珂《山海经校注》，453 页。
⑧ 秦嘉谟《世本辑补》（《世本八种》本），北京：中华书局，2008 年，360 页。陈奇猷《吕氏春秋校释》，上海：学林出版社，1984 年，1078 页。

子·应帝王》和《列子·黄帝》都提到了神巫季咸①，学者多以为即巫咸。综合这些记载并从人类学的角度来看，巫咸无论是作为上古的巫师还是早期文明国家的官吏，擅长祷祝、卜筮之事均属自然；"咸"或许最初只是一位杰出的或重要的巫师的专名，后来则成了杰出的或重要的巫师的代称，用意大利学者维柯的话来说，"咸"成了古人心目中的一个"想象的类概念"②；无论是专名还是代称，"咸"之所以能够成为巫师的名称，其实是由于巫师施行巫术的实质就是利用或改变事物之间的"互渗"或"交感"，概言之，即"感"；换句话说，"巫咸"之得名，正是为了彰显其对事物之间的各种"互渗"或"交感"非常敏感，并能够采取各种手段加以利用或改变。

按《说文解字·心部》："感，动人心也。从心咸声。"在巫觋文化的氛围中，"咸"实即"感"，"感"亦即"动"，或者说"感"必有"动"，但"感动"的"人心"具有极其广泛的包容性：在原始思维或象数思维中，有巫术之"感动"、砍杀之"感动"、饮食之"感动"、性爱或情爱之"感动"、人际关系或阶级关系之"感动"，等等；总之，包括人在内的天地万物之间都有"感动"，"感动"是一个"普遍"的事实。就《周易》而言，由于其产生和发展始终与巫觋文化密切相关，所以既可以被视为"感动"的结果，又可以被当作"感动"的原因或中介；在通行本《周易》中，卦序所体现的"二二相耦，非覆即变"③的关系，也可以被看成一种"感动"关系；咸卦被编排为第三十一卦、下经之首卦，其实相当于上下经的中介，也正是为了凸显《周易》文本是一个基于"感动"关系的整体；后人所谓《易》以感为体④，可作此解。

至此可见，上文所引对"咸"字和咸卦的各种解释的确都可以被折中、调和，而《周易·象》以"感"释"咸"无疑也有其切实、深刻的合理性。当然，上文已

---

① 陈鼓应《庄子今注今译》，北京：中华书局，2009 年，240 页。杨伯峻《列子集释》，北京：中华书局，1979 年，70 页。

② 维柯《新科学》，朱光潜译，120 页。

③ 此为唐代孔颖达之说，参见孔颖达《周易正义》(《十三经注疏本》整理本)，卢光明、李申整理，吕绍纲审定，北京：北京大学出版社，2000 年，394 页。

④ 刘义庆《世说新语》记释慧远之言，见余嘉锡《世说新语笺疏》(修订本)，周祖谟等整理，上海：上海古籍出版社，1993 年，240 页。

经指出，《周易》经传的形成经历了一个漫长的历史过程，《周易·象》对咸卦的解释也比咸卦卦爻辞的描述更有理性化的倾向，这与"绝地天通"之后的文化发展趋势是一致的，也可以说体现了人类文化发展的共性①。不过，人类文化在理性化的同时，神秘化并没有被完全取而代之，理性化与神秘化这两种倾向也是在相互生发和共同积淀的关系中并存发展，如同上文所述整个文化传统的演进一样。

如此看来，"感动"自然是感性的，但也可能是理性的，同时又可能是神秘的；在理论上或许可以把感性的、理性的、神秘的各种因素分析和区别开来，但在具体的经验中，它们往往是难解难分的。《周易》的咸卦正是由于蕴含和浓缩了"感动"的多维取向和复杂经验，故而有向天道观和人道观等理路引申和发挥的巨大空间和多种可能性，也难免使后人对其所作的释读产生歧义。

四、余论：咸卦及其释读的美学和方法论意义

如上文所述，尽管《周易》的咸卦蕴含和浓缩了"感动"的多维取向和复杂经验，但具体经验中的"感动"往往表现为审美和艺术活动。按《礼记·乐记》："凡音之起，由人心生也。人心之动，物使之然也，感于物而动，故形于声。"②此处虽是就音乐而言，但也可以将其推广到一切艺术。因此，对咸卦的释读在目前的学科体系中也具有一定的美学意义。

一般认为，尽管人类的审美活动和美学思想起源甚早，作为一门哲学分支学科的美学的诞生却是在18世纪中叶的德国：人们通常把德国学者鲍姆嘉通于1750年发表《美学》第一卷作为美学学科诞生的标志，并因此把鲍姆嘉通称为"美学之父"。在此书中，鲍姆嘉通把美学定义为与理性认识论有所不同的"感性认识的科学"和"自由艺术的理论"③。不过，也有学者认为意大利学者维柯才是美学学科

---

① 陈来《古代宗教与伦理：儒家思想的起源》，8—12 页。
② 孙希旦《礼记集解》（下），沈啸寰、王星贤点校，北京：中华书局，1989 年，976 页。
③ 鲍姆嘉滕《美学》，简明、王旭晓译，范大灿校，北京：文化艺术出版社，1987 年，13 页、18 页。所谓"自由艺术"，朱光潜译为"美的艺术"，参见其《西方美学史》上卷（《朱光潜全集》第六卷），合肥：安徽教育出版社，1990 年，326 页。

的奠基人，如后来的另一位意大利学者克罗齐就说维柯是"美学科学的发现者"①，因为维柯的"新科学"所重点考察的"诗性的智慧"与鲍姆嘉通的"美学"所要研究的"感性认识"很相似。但此说并没有被广泛接受。在笔者看来，究竟谁是"美学之父"的争论其实并不是很要紧，但鲍姆嘉通的"美学"和维柯的"新科学"在方法论上所显示出的差异的确值得关注。而若就方法论而言，后者应该比前者更有典范和启示意义：从美学史和目前的学科体系的角度来看，维柯的"新科学"涉及哲学、语言学、艺术理论、历史学、人类学、心理学、物理学等多学科或跨学科的研究，远比鲍姆嘉通的"美学"的感性认识论和艺术理论研究丰富得多，从而为美学学科的发展及其研究方法开辟了更多的可能性，也符合19世纪以来的美学研究的实际情况。

中国古人有丰富多彩的审美经验及其凝结而成的艺术作品，中国古代也有源远流长、博大精深的学术资源，但却没有专门的西方意义的美学学科，大约到了19世纪后期，西方的美学学科及相关知识才通过西方来华传教士以及访日中国学人传播到中国②。如何开展既有世界性又有民族性的中国美学理论研究和中国美学史研究，这是20世纪以来中国美学界思考得越来越多、越来越深的一个大问题。从研究方法的角度来看，倘若要在鲍姆嘉通和维柯的两种研究之中选取一个来作为参照，后者也应该比前者更有助于进入中国古人的审美经验，也更便于调动中国古代的各种学术资源。本文对《周易》的咸卦所蕴含和浓缩的"感动"的多维取向和复杂经验的揭示，只是一个初步的尝试而已。

---

① 克罗齐《作为表现的科学和一般语言学的美学的历史》，王天清译，袁华清校，北京：中国社会科学出版社，1984年，64页、75页。
② 参见黄兴涛《"美学"一词及西方美学在中国的最早传播》，《文史知识》2000年第1期。

《易》中的"形"与"象"

贾祯祯

北京大学

———————— * ————————

[摘　要]本文认为,从根本上说,《易经》作为占筮选集,并不带有后世阐发的"形"与"象"的含义,相反,其根本特征在于"数"。本文首先考察了《尚书》和《周礼》中有关卜筮的内容,确定了西周时期龟卜取象与占筮取数的传统;进而考察了《左传》和《国语》中有关卜筮的内容,对春秋时期占筮取象的转变作出了尝试性的分析;最后回到《易传》,指出《易传》正是在论证了"数"与"象"的原初性关系之后才构建起其"象"的思想世界,而只有在这种哲学思维的框架中,"形"才得以进入《周易》的话语系统。

[关键词]《周易》 数 象 形

通览《周易》经典形成的历史,"象"的出现是一个较为明显的标志。从考古资料来看,《周易》卦爻系统起源于数字,已为学界所公认,但由于文献资料或考古证据的缺乏,从筮数到卦爻象的转变过程始终未能得到切实的说明。"象"的出现目前尚无可考证,但本文既要对《周易》中"形"与"象"的问题做出阐释,就不能忽视由此所产生的一系列原初性问题,即"形"与"象"是如何进入《周易》

文本的，在进入《周易》文本之后，"形"与"象"是以怎样的结构方式对《周易》思想进行阐发的，在不同的解释体系中，"形"与"象"自身如何存在并形成其解释传统的，以及如何理解这种介入的合理性等。

《周易》经文并未显示出"形"与"象"的含义，作为周代最为流行的占筮用书之一，《易经》仅由卦画、卦辞与爻辞组成，作为六十四类占问活动吉凶判断的依据。相反，"龟，象也；筮，数也。"①从这个意义上说，占筮的根本特征为"数"，龟卜的传统才是"象"。与《易经》相比，《易传》对"形"与"象"的论述就颇为丰富了，但《易传》成书并附于《易经》乃至成为经典，是战国末期及以后的事情，这期间近千年的时间，恰是中国思想史上百家并起的轴心时期，对《易传》及其典型概念的考察，无论如何不能脱离整个先秦阶段哲学思想的发展线索。

一、《尚书》《周礼》中的前"形""象"问题

《尚书·洪范》中关于"稽疑"的段落以及《周礼·春官》"大卜""占人"和"筮人"各篇历来为人关注甚多，其内容涉及卜筮的基本原则或相关人员的主要职责，虽然篇幅较少，且注释上两部经典互引互证，难以与具体筮法或筮辞相关联，但在"形"与"象"的问题上仍有讨论的价值。例如《尚书·洪范》释稽疑言："择建立卜筮人，乃命卜筮。曰雨，曰霁，曰蒙，曰驿，曰克，曰贞，曰悔，凡七。卜五，占用二，衍忒。"郑玄注曰："兆卦之名凡七，龟用五，易用二。"②即龟卜产生五种形象，占筮产生内外两卦，以此推演吉凶。这里并未说明占筮所得之卦是否具有形象，但该史料的价值也在于此：卜与筮对言，龟卜之五种形象逐一列出，而占筮只言贞悔。如果此时筮卦有后世所言之"卦象"，似乎没有理由不陈列其中。从《左传》和《国语》所载占筮条例来看，春秋时期的卦象数量有限，而且在占筮中占有较为重要的地位，那么上推至西周，如果卦象的使用和作用具有历史的连续性，将卦象在《洪范篇》中简单罗列或说明应当是顺理成章的事。不禁推

---

① 杨伯峻《春秋左传注》，北京：中华书局，1981年，365页。
② 孙星衍《尚书今古文注疏》，北京：中华书局，2012年，310页。

想，在卜筮并行的时代，"龟象筮数"的说法[①]或许并不是相比较而言[②]，龟之象与筮之数当可以理解为这两种占卜方式各自最为独特而重要，也是将二者截然区分开的本质特征。

再如，《周礼·春官·占人》中言："占人掌占龟，以八筮占八颂，以八卦占筮之八故，以视吉凶。凡卜筮，君占体，大夫占色，史占墨，卜人占坼。"这里的表述也十分清楚，"凡国之大事，先筮而后卜"，所以"占人"一段先言筮，后言卜，言筮的一句有"八筮""八颂""八故"，其所指已在"大卜"一段中列出，无关所占之形象，但言卜的一句皆与所卜之形象相关。"君占体，大夫占色，史占墨，卜人占坼"，是指龟甲烧灼之后所呈现出的可供观测的几种类项及其占测归属。郑玄注曰："体，兆象也。色，兆气也。墨，兆广也。坼，兆釁也。……凡卜象吉，色善，墨大，坼明，则逢吉。"[③]此处的"体"与"色"均易理解，而"墨"与"坼"据孙诒让的解释："墨盖谓龟兆所发之大画，如以墨画物之界域明显；坼则大画之旁坼裂之细文。"[④]整句意为，由君主察看兆体形象，大夫察看兆色明暗，史与卜人分别察看龟兆大小纹理。所以从整体上看，"体""色""墨""坼"四者所言皆为龟兆的形象，并且经过提炼与分类，兆体在所有形象中独占一类，专门指代所有形象中最具意义的一种，《尚书》中所言及"雨""霁""蒙""驿""克"五种形象便是一种可能的指向。[⑤]

值得注意的是，"八筮"或"八故"的内容虽然也有"象"参与其中，但其含义是完全不同的。《周礼·春官·大卜》言："以邦事作龟之八命，一曰征，二曰象，三曰与，四曰谋，五曰果，六曰至，七曰雨，八曰瘳。"[⑥]这里的"象"是以"象"

---

① 类似的说法如"龟，象也；筮，数也。"（《左传·僖公十五年》）"揲策定数，灼龟观兆。"（《史记·龟策列传》）"著神龟灵，兆数报应。"（《论衡·卜筮》）等。

② 王博《易象的空间》，载于《哲学门》（第十六辑），北京：北京大学出版社，2008年，第6页。

③ 孙诒让《周礼正义》（第四册），北京：中华书局，2013年，1960页。

④ 孙诒让《周礼正义》（第四册），1961页。

⑤ 《周礼·春官·大卜》："掌三兆之法，一曰玉兆，二曰瓦兆，三曰原兆。其经兆之体，皆百有二十，其颂皆千有二百。"此处言兆体有一百二十种，每种兆体配有十颂，共一千二百条颂辞。历代注家有以《尚书》五种兆体与墨、坼相杂而言，有以金木水火土五种兆体各分二十四分而言。

⑥ 郑玄注："征谓征伐人也。象谓灾变云物，如众赤鸟之属有所象似。《易》曰'天垂象见吉凶'，《春秋传》曰'天事恒象'，皆是也。与谓予人物也，谋谓谋议也，果谓事成与不也，至谓至不也，雨谓雨不也，瘳谓疾瘳不也。"见孙诒让《周礼正义》（第四册），1935页。

为占，是占的对象，而不是占的方式或占之所得，因而"八筮"的内容仍然不包含任何与取象相关的义项。可以想见，若占卜所得之象在吉凶判断中形成传统并发挥作用，如龟卜之象，是完全有理由记录在案的，没有记录本身就能说明问题实际并非如此。反观《周礼·春官》中专门阐释筮人的一段，其所强调的仅是三易之法与九筮之名："筮人掌三易，以辨九筮之名，一曰连山，二曰归藏，三曰周易。九筮之名，一曰巫更，二曰巫咸，三曰巫式，四曰巫目，五曰巫易，六曰巫比，七曰巫祠，八曰巫参，九曰巫环，以辨吉凶。"①即使用三种占筮系统对九类事项进行占筮，判断吉凶。

由以上的分析可知，关于占筮的早期记载，除考古发现向我们提示卦爻起于数字外，文字可考的所有内容②都指向同一个结论，即西周时期对形象的运用最为成熟和丰富的是龟卜活动，至于占筮，"象"可以是占筮的对象，但占筮过程本身是无关形象的。在《周礼》中，对于占筮的记录着眼点在于"三易"及"八筮"或"九筮"。但与《尚书》相同的是，《周礼》中也提到了占筮所得之卦："其经卦皆八，其别皆六十有四。"③《尚书》更为具体地指出了内外卦之分。对卦的强调实际上是对筮数及其组合的强调，其背后的整体运行机制与选龟甲、钻孔、烧制、视兆的龟卜过程完全不同，筮数与"形""象"之间尚存在较大的距离。但就"形"与"象"本身而言，在此阶段，"形"尚未进入占卜系统的言说体系，而"象"已经可以分为两类：一是所将占卜之象，即"一曰征，二曰象"之"象"；一是占卜所得之象，如"雨""霁"之类"兆象"④。

---

① 郑玄注："此九巫读皆当为筮，字之误也。更，谓筮迁都邑也。咸犹金也，谓筮众心欢不也。式，谓筮制作法式也。目，谓事众筮其要所当也。易，谓民众不说，筮所改易也。比，谓筮与民和比也。祠，谓筮牲与日也。参，谓筮御与右也。环，谓筮可致师不也。"见孙诒让《周礼正义》（第四册），1964 页。
② 这里未涉及殷周卜辞的分析，根据出土文献资料，卜辞中实际并未涉及有关兆之形象的内容，"兆"或"卦"一项的内容往往十分简单，均由兆之形象所得断语直接构成，如"二告""小告""吉""弘吉"等。
③ 《周礼·春官·大卜》："掌三易之法，一曰连山，二曰归藏，三曰周易。其经卦皆八，其别皆六十有四。"郑玄注曰："三易卦别之数亦同，其名占异也。"见孙诒让《周礼正义》（第四册），1932 页。
④ 考虑到"兆象"是郑玄注中的说法，且除兆体外，与之并列还有兆色与表示大小裂纹的墨与坼，称为占卜所得之形象更为合理，但为与后来《周易》"卦象"形成比对，此处称"兆象"。

二、《左传》《国语》中的"象"

情况到了春秋战国时期发生了突转，当时似乎流行着一种用物象之间的相互关联来解读占筮结果的模式。比如《左传·庄公二十二年》记载：

> 周史有以《周易》见陈侯者，陈侯使筮之，遇《观》之《否》。曰："是谓'观国之光，利用宾于王。'代陈有国乎。不在此，其在异国；非此其身，在其子孙。光，远而自他有耀者也。《坤》，土也。《巽》，风也。《乾》，天也。风为天于土上，山也。有山之材而照之以天光，于是乎居土上，故曰：'观国之光，利用宾于王。'庭实旅百，奉之以玉帛，天地之美具焉，故曰：'利用宾于王。'犹有观焉，故曰其在后乎。风行而著于土，故曰其在异国乎。若在异国，必姜姓也。姜，大岳之后也。山岳则配天，物莫能两大。陈衰，此其昌乎。"[①]

遇观之否，即观卦卦变为否卦，取观卦六四之爻辞"观国之光，利用宾于王"为用，由此周史给出的结果是"代陈有国乎，不在此，其在异国；非此其身，在其子孙"，即姜氏的子孙后代将有人代替陈国在其他国度建立王朝。周史对从观、否两卦到"观国之光，利用宾于王"再到最终将有人代周而兴的解释十分曲折。首先"观国之光"的"光"被解释成遥远的照耀，而"观"被过程化而理解为一种时间上的跨度，经由"光"与"观"的过渡，事情发生的背景便由此时此地被推向了彼时彼处。其次，"坤"解作"土"，"巽"解作"风"，"乾"解作"天"，是对占得两卦内外卦分别再做出的分析，观卦变为否卦的过程，便是风起于天而落于土的过程，这一意象可进一步勾连到"山"的形象上来，所以周史说"风为天于土上，山也"。然而"姜，大岳之后也"，这"风为天于土上"的山不是普通的山，而是象征着姜氏的"大岳"，大岳与天相当，而二者无法同时为大，再联系卦变来看，山将天取代便合情合理。最后，"有山之材而照之以天光"进一步被迁想为"庭实旅百，奉之以玉帛，天地之美具"的国之盛况，落实到现实之中，便是姜氏

---

① 杨伯峻《春秋左传注》，222—224 页。

（"风""土""山"）后代（"观"）将在他国（"光"）代周（"天"）而兴
（"宾"）。

《国语》中也有类似的记载，如《晋语》四中记载公子重耳占筮"尚有晋国"一例，对于"贞屯、悔豫"的解释，在筮史占之皆曰不吉的情形下，司空季子运用《周易》将其解释为"利建侯"大吉。如果说前例《左传》中所记载的筮例在物象与卦爻辞的勾连上尚存在较为清晰的步骤与合理的推演，那么在这个筮例中，一切就显得模糊不清了。

> 震，车也。坎，水也。坤，土也。屯，厚也。豫，乐也。车班外内，顺以训之，泉原以资之，土厚而乐其实。不有晋国，何以当之？震，雷也，车也。坎，劳也，水也，众也。主雷与车，而尚水与众。车有震，武也。众而顺，文也。文武具，厚之至也。故曰《屯》。其繇曰："元亨利贞，勿用有攸往，利建侯。"主震雷，长也，故曰元。众而顺，嘉也，故曰亨。内有震雷，故曰利贞。车上水下，必伯。小事不济，壅也。故曰勿用有攸往，一夫之行也。众顺而有武威，故曰"利建侯"。坤，母也。震，长男也。母老子强，故曰《豫》。其繇曰："利建侯行师。"居乐、出威之谓也。是二者，得国之卦也。[1]

屯、豫两卦中包括震、坎与坤卦，司空季子调动了所有有利的象征含义，这里的解释其实是不讲规则的，只是用"车""水""土"三个因素与"顺""厚""乐"三种状态共同勾勒出了对未来国势的美好展望。至于接下来对屯、豫两卦及其卦辞的解释，司空季子又添加了其他象征意义以成全其义，比如为解释"屯"之"厚"，添加"文""武"具全的意义，而此"文"来自"坎"之"众"与二三四爻"坤"之"顺"的组合，此"武"来自"震"与"车"的共同刻画。为解释屯卦卦辞，将"长"添加到"震"之中以解释"元亨"之"元"，为解释豫卦又将"长男"添加到"震"之中，将"母"添加到"坤"之中以解释"豫"。其中值得注意的是，在"坎"中引入"众"的意义在整个筮例中对司空季子是至关重要的，早前筮史占筮认为不

---

① 徐元诰《国语集解》，北京：中华书局，2002 年，341—342 页。

吉的主要原因是两卦"闭而不通"，司空季子在此特别说明雍塞是一人之行所导致的小事不成，相反"众顺而有武威"，恰利于建侯行师。经过一番联想，公子重耳占得的两卦全部成为了"得国之卦"，通过《周易》得来的解读与筮史解读之间的矛盾之处，也得到了恰当的处理。

据《左传》《国语》关于占筮的二十余条筮例来看，至少在春秋时代，取象之说已经成为一种较为确定和通行的诠释模型，运用于《周易》及与之并行的其他占筮系统。据朱伯崑先生统计，春秋时期的占筮所取的物象，乾有天、玉、君、父；坤有土、马、帛、母、众；坎有水、川、众、夫；离有火、日、鸟、牛、公、侯；震有雷、车、足、兄、男；巽有风、女；艮有山、男、庭；兑有泽、旗。[1]虽然这种物象的匹配和分类较为简单，其所显示出的占筮机制仍是占卜和决疑，但这种取物象以为证的思维方式却是前所未有的。

不仅占筮如此，龟卜方面同样也出现了相似的情况，比如《左传·僖公二十五年》："使卜偃卜之，曰：'吉，遇黄帝战于阪泉之兆。'"[2]又如《左传·哀公九年》："晋赵鞅卜救郑，遇水适火。"[3]再如《国语·晋语》："遇兆，挟以衔骨，齿牙为猾，戎夏交猝。"[4]这里提到的"黄帝战于阪泉之兆"、"水适火"之兆、"骨牙"之兆，在早期文献中是没有的，不仅找不到类似兆象的记载，也找不到这种取象方式的任何痕迹。如果说《尚书》中所载"雨""霁""蒙""驿""克"五种兆象与龟甲所呈现出的色泽、裂纹等存在一定的相关性，那么这种自然形成的纹理无论如何不能产生"黄帝战于阪泉"或"骨牙"这般情节化和具体化的形象。[5]而且更为关键的是，春秋时期取物象入占卜的一大特征就在于，占卜的结果或吉凶是由所取物象间的相互作用决定的，前文对《左传》《国语》两段筮例的分析已经充分说明了这种特征，

① 朱伯崑《易学哲学史》（第一册），北京：华夏出版社，1994年，26页。

② 杨伯峻《春秋左传注》，431页。

③ 杨伯峻《春秋左传注》，1652页。

④ 徐元诰《国语集解》，249页。

⑤ 至于"水适火"，贾公彦在解释"君占体"时说兆体即指金、木、水、火、土五种兆象，"兆直上向背者为木兆，直下向足者为水兆，邪向背者为火兆，邪向下者为金兆，横者为土兆"。（《周礼疏》）殷商卜辞中金、木、水、火、土诸项分别运用的例子很多，但不构成体系，西周有"五行"的说法，但此"五行"仍属于物质范畴，与以金、木、水、火、土之象相互作用并对应于不同诸侯国（如"炎帝为火师，姜姓其后也。水胜火，伐姜则可"）用于占筮仍有本质的不同，因此"水适火"之兆当属于春秋战国时期的兆象。

此处龟卜亦然:"黄帝战于阪泉之兆"实际上是黄帝获胜之兆,象征周襄王将会取胜故晋国应当"勤王";"水适火"之兆实际是水能胜火之兆,水火在其中分别象征宋齐,故与当时晋援郑无关;"骨牙"之兆实际是骨牙僵持之兆,象征骊戎和晋国之间的冲突。

　　由以上分析可知,以不同物象之间的作用关系来解释龟兆或筮卦,以及卦与辞之间的关系,是春秋战国时期占卜活动的重要特征,龟卜之书不存尚且不论,但就《易经》而言,筮卦与筮辞的关联本是不存在的,《周礼·春官·占人》言:"凡卜筮,既事,则系币以比其命;岁终,则计其占之中否。"[1]这是说,卦辞实际是从大量占筮结果中经过检验、筛选、修饰和总结出来的,至《易经》成书,这些本来占筮而得的随机结果其中有一些已经明显呈现出可以适用于同一类事件的普遍规律,比如《左传·宣公十二年》知庄子曰:"此师殆哉。《周易》有之,在《师》之《临》,曰:'师出以律,否臧凶。'"[2]但这一时期以物象规则进行占卜的意义就在于:通过物象之间的对应、勾连、引申甚至想象,不仅实现了卦与辞之间意义的沟通,卦、辞与所占之事之间也产生了更为紧密的联系,卦之含义、辞之所指与现实问题之历史条件、当下形势、未来走势都被安排在物象的相互作用之中,远不是简单吉凶二字所能概括。余敦康认为,春秋时期,龟兆和筮兆同时发展为具有象征性的意义,不是偶然的巧合,而是表现了当时的共同风尚。[3]这种共同风尚在余敦康先生那里被理解为人们思维水平的提高和理性的觉醒,但具体来说,反映在占卜活动中,则是一种浓厚的解释兴趣,这种解释的热情固然扎根于春秋时期诸侯混战的历史境况,但也完全符合思想史发展的必然。无论是原始气论、五行说还是阴阳说等思想都在这一时期各自向前发展并逐渐呈现出合流趋势[4],《左传》与《国语》中所反映出的解释模式便是这种思想融合的酝酿时期所呈现出的初级形态。如前文所述,《易经》卦与辞之间的关联本是不存在的,经过占筮得到的吉凶判断也无需解释,但春秋时期的占筮活动已经发展出可以跳过筮法而直接解释筮辞,

---

[1]　孙诒让《周礼正义》(第四册),1963 页。

[2]　杨伯峻《春秋左传注》,726 页。

[3]　余敦康《从〈易经〉到〈易传〉》,见《周易研究论文集》(第三辑),北京:北京师范大学出版社,1990年,122 页。

[4]　见《左传·昭公元年》对蛊、《昭公二十九年》对乾之姤等的解释。

甚至撇开筮辞直接谈德义①的倾向，既然占筮的传统仍在，它就不得不发展出新的解释方式与思维框架以持存。西周以降，卜筮同为王室最为重要的占卜活动，很难说筮卦取象不是从龟兆取象借鉴而来，从另一方面看，经过物象在其中周旋与润色的筮卦与筮辞，解释起来虽然曲折，却也较为容易得到一个预期内的结果，因此这种方法在春秋时期借史官卿士们表达政见而流行起来，应该是符合情理的推测②。

由上述分析可知，春秋时期占卜取象已经成为一种较为常见的方式，此时用以解释筮卦与筮辞的物象，散见于自然世界与社会生活之中，初步符合一种对事物及其属性的自然联想，但其多与时事捆绑在一起，所取之象与待取象之事物之间较为松散，尚未经过取象原则的系统说明与其合理性的反思。这种说明与反思是在战国后期由《易传》完成的，正是在《易传》的解释框架中，"形"正式进入了占卜的话语体系，而"象"也上升为对后世思想影响深刻的哲学概念。

三、《易传》中的"形"与"象"

《易传》成书于战国中后期及以后，其中吸收了儒家、道家、阴阳家等学派的思想已为众多学者所论证。《易传》吸收当时流行的哲学思想与社会政治思想，结合春秋战国时期已经建立起来的占卜取象方式，最终构建出了一个与《易经》完全不同的世界。在基础元素上，筮数之奇偶在《易传》中被赋予了阴阳之性，阳以象奇，阴以象偶，构成了爻象的最基本内涵。阴阳爻的重叠形成四象进而形成八卦，八卦分别被固定在八个基本意象上，乾取天象，坤取地象，震取雷象，巽取风象，坎取水象，离取火象，艮取山象，兑取泽象，与阴阳共同作为《易传》世界的基本结构而存在。《大象传》的基本解释模型便由此奠定。阴阳之外，再附以刚柔、动静之质，加之尊卑、时位、德义之理，《小象传》便以此展开。

---

① 见《左传·宣公六年》对丰之离、《宣公十二年》对师之临、《襄公九年》对随、《襄公二十八年》对复之颐等的解释。

② 其中值得注意的是，《周易》通过巫史而向卿士传播，但巫史使用占筮与卿士使用占筮之间存在较为明显的差异。首先，在数量上，巫史使用《周易》占筮的记录很少，这与各诸侯国与周王室有无亲缘关系，进而是否能够接触或是否有权使用《周易》有关；其次，在性质上，巫史一般将《周易》作为占筮的守则与方法使用，而卿士更倾向于将《周易》作为根据个人理智或意愿进行决疑或预测的材料和工具。

然而《易传》毕竟是对《易经》的阐释，既然《易经》包括六十四类不同问题的占问，那么《易传》之取象便不可能仅仅局限在八种自然物象之内。然而《易传》不同于春秋时代取象之说的地方就在于其取象原则的建立，《说卦传》补充列举了其所包含的其他物象，并对取象原则进行了初步说明：

> 乾，健也；坤，顺也；震，动也；巽，入也；坎，陷也；离，丽也；艮，止也；兑，说也。[1]

这一段话在《易传》中并未处在纲领性的位置，却是对八卦取象一个总的说明。虽然春秋时期在解释占筮结果时也提到"坤"之"顺"、"震"之"动"等特性，但并未加以总结和重申，使之构成取象的基本原则。《易传》申明了这一基本原则，在特定语境之中所有符合"健"之特性的便都有理由被纳入到乾卦取象范围之内，所有符合"顺"之特性的都有理由被纳入到坤卦取象的范围之内，其余皆然。在此基础上，《说卦传》又在《易经》中几类较为常用的类别中分别规定了八卦所取之象。

首先最为根本的，在自然物象上，乾为天，坤为地，震为雷，巽为风，坎为水，离为火，艮为山，兑为泽。《说卦传》为强调这一匹配方式，进一步论证说："动万物者，莫疾乎雷；桡万物者，莫疾乎风；燥万物者，莫熯乎火；说万物者，莫说乎泽；润万物者，莫润乎水；终万物始万物者，莫盛乎艮。"[2]由此天地万物，天与地已构成乾坤两元，万物生灭最为重要的几种状态莫不受其余六种因素的影响与作用。其次在动物物象上，"乾为马，坤为牛，震为龙，巽为鸡，坎为豕，离为雉，艮为狗，兑为羊。"[3]在身体部位上，"乾为首，坤为腹，震为足，巽为股，坎为耳，离为目，艮为手，兑为口。"[4]在地理方位上，乾为西北，坤为西南，震为东方，巽为东南，坎为北方，离为南方，艮为东北，兑为西方。在人伦关系上，"乾天也，故称父，坤地也，故称母；震一索而得男，故谓之长男；巽一索而得女，

---

① 朱熹《周易本义》，北京：中华书局，2009年，264页。
② 朱熹《周易本义》，264页。
③ 朱熹《周易本义》，264页。
④ 朱熹《周易本义》，265页。

故谓之长女；坎再索而男，故谓之中男；离再索而得女，故谓之中女；艮三索而得男，故谓之少男；兑三索而得女，故谓之少女。"[①]前文所引《国语》中的筮例，也取"母"之象入"坤"、"长男"之象入"震"，但到了《说卦传》中，这种取象方式已经被纳入到一种逻辑化的表述中了。

那么这种取象原则的合理性来自何处呢？前文已述，在西周及其以前，龟卜的传统在于取"象"，而占筮的特征在于"数"。既然"象"本不属于这一占筮系统，而"数"又在其中占据本质特征的地位，那么在占筮活动中引入"象"，就必然要处理其与"数"之关系的问题。如果说春秋早期对取象方式的自发运用尚且触及不到对自身合法性的论证，那么在《易传》或至少在《系辞传》这样的哲学文本中，"象"与"数"的关系就成为了不可回避的一环。事实也正是如此，正是在《系辞传》对"数"的讨论中，"象"确立起了自身的根据，下面两段引文的对比恰说明了这一现象：

> 龟，象也；筮，数也。物生而后有象，象而后有滋，滋而后有数。[②]
> 参伍以变，错综其数。通其变，遂成天下之文；极其数，遂定天下之象。[③]

在早先卜筮并行的时代，人们对"象"与"数"的自然观点是"象而后有滋，滋而后有数"，即物象繁多之后才有数，但是在《系辞传》中二者的位置却颠倒为"极其数，遂定天下之象"，即穷究筮数便能确定天下的物象。这种对象—数关系的颠倒恰好说明占筮所取之象是本来没有的，物象被加入之后也只有从属于数才能在占筮体系中获得一种原初性的位置。《说卦传》言："昔者圣人之作易也，幽赞神明而生蓍，参天两地而倚数，观变于阴阳而立卦。"[④]这是在源头上想象占筮方法和筮卦的创作，很显然这里"数"仍是先在的，由数成卦是历史事实，但这里混入"阴阳"言"立卦"，在"数"与"卦"之间导入阴阳，便为爻从奇偶性转为

① 朱熹《周易本义》，265 页。
② 杨伯峻《春秋左传注》，365 页。
③ 杨伯峻《春秋左传注》，237 页。
④ 朱熹《周易本义》，261 页。

阴阳性作了铺垫。更为具体的过程是：

> 大衍之数五十，其用四十有九。分而为二以象两，挂一以象三，揲
> 之以四以象四时，归奇于扐以象闰；五岁再闰，故再扐而后挂。天一地
> 二，天三地四，天五地六，天七地八，天九地十，天数五，地数五，五位
> 相得而各有合。天数二十有五，地数三十。凡天地之数五十有五。①

经过这一段的梳理，整个占筮过程莫不有"象"参与其中：将蓍草分为两份
象征天地，取一策悬挂象征三才，每束四策象征四时，剩余部分象征闰月等。而占
筮过程中产生的数之所以能够象征天地四时，是因为《系辞传》已将"数"从占筮
运算中脱离出来，上升到了"天地之数"的高度。而且《乾》之策二百一十有六，
《坤》之策百四十有四，凡三百有六十，当期之日。二篇之策，万有一千五百二十，
当万物之数也。"②乾坤二卦的策数相当于一年的日子，《周易》上下经的策数已经
相当于万物之数了。"数"与"象"就这样在《易传》中被从根本上扭结在了一起，
无论是数的推演还是象的延展，"引而伸之，触类而长之，天下之能事毕矣。"③"数"
不再简单只是筮法运算中的数字，"象"也不再简单只是为了占筮结果做出的解释，
而是为了与天地相准，弥纶天地之道。

"象"在从"数"中得到自身存在的合理依据之后，便能够在《易传》所建立
的哲学体系中勾画其对世界形态的描述。在这一体系中，"形"与"象"都处在极
为重要的结构性位置上。《系辞传》首先设置道"成象"、天"垂象"，圣人"观象"、
设卦"立象"，来导出卦象的丰富内涵和重要意义，所谓《易》者，象也；象也
者，像也。"④易卦之象既可像其物，又可像其义，像其物者如"鼎，象也"⑤，"有
飞鸟之象"⑥，像其义者如"故吉凶者，失得之象也。悔吝者，忧虞之象也。变化

---

① 朱熹《周易本义》，233—234 页。
② 朱熹《周易本义》，235 页。
③ 朱熹《周易本义》，236 页。
④ 朱熹《周易本义》，248 页。
⑤ 朱熹《周易本义》，180 页。
⑥ 朱熹《周易本义》，213 页。

者，进退之象也。刚柔者，昼夜之象也。"①不仅具体的物象可以体现在卦爻象之中，通过《彖传》《小象传》趋时思想和爻位规则的引入，六十四卦画已不单是阴阳二爻的排列，还同时构成一个个流动的时空图式，人面对变化之中的卦与爻，其间的处境、心态与思维过程便也可以曲折地反映在卦爻象之中。

其次"形"分割出了"形而上"与"形而下"两个世界，并在"形而下"世界中表征着"器"的本质属性。"形乃谓之器"②，不是说"形"与"器"是两个完全对等的概念，而是说器物最根本的特征在于可以被赋形而有形。有形的不仅有器物，还有"山川动植之属"③。山川动植之属在其有广延的意义上称之为"形"，在其可被思维的意义上称为"象"，二者并无抵牾。一个典型的例子是"天"，虽然"在天成象""天垂象""天事恒象""天事必象"等说法似乎固定了"天象"的意义与"天""象"之间的关联，但在不同的哲学体系里，"天"既可以从其有成毁的意义上被理解为"形"，如朱熹："见阳之性健，而其成形之大者为天。"④"天"也可以从其有广延的意义上被理解为"形"，如王弼："天也者，形之名也。"⑤《易传》所构建出的哲学体系并未过多涉及生成或是体用的问题，对阴阳生生之道亦只是点到为止，其曰"形而上者谓之道，形而下者谓之器"⑥，这种道与器的分际实际上是为了引出"象"对"形"的主导作用，这一作用在历史世界中主要表现在"制器"与"知器"两个方面。

圣人因象"制器"、世人以象"知器"，是世界德通情类、人间物开务成的重要内容之一。《易传》认为圣人之道有四，其中之一便是"以制器者尚其象"，对于这一点，《系辞下》中有一段完美的刻画：

> 作结绳而为网罟，以佃以渔，盖取诸《离》。包牺氏没，神农氏作，斫木为耜，揉木为耒，耒耨之利，以教天下，盖取诸《益》。日中为市，

① 朱熹《周易本义》，224 页。
② 朱熹《周易本义》，240 页。
③ 朱熹《周易本义》，222 页。
④ 朱熹《周易本义》，29 页。
⑤ 楼宇烈《王弼集校释》（上），北京：中华书局，2009 年，213 页。
⑥ 朱熹《周易本义》，242 页。

致天下之民，聚天下之货，交易而退，各得其所，盖取诸《噬嗑》。神农氏没，黄帝、尧、舜氏作，通其变，使民不倦，神而化之，使民宜之。《易》穷则变，变则通，通则久。是以自天祐之，吉无不利。黄帝、尧、舜垂衣裳而天下治，盖取诸《乾》《坤》。刳木为舟，剡木为楫，舟楫之利以济不通，致远以利天下，盖取诸《涣》。服牛乘马，引重致远，以利天下，盖取诸《随》。重门击柝，以待暴客，盖取诸《豫》。断木为杵，掘地为臼，杵臼之利，万民以济，盖取诸《小过》。弦木为弧，剡木为矢，弧矢之利，以威天下，盖取诸《睽》。上古穴居而野处，后世圣人易之以宫室，上栋下宇，以待风雨，盖取诸《大壮》。古之葬者，厚衣之以薪，葬之中野，不封不树，丧期无数，后世圣人，易之以棺椁，盖取诸《大过》。上古结绳而治，后世圣人易之以书契，百官以治，万民以察，盖取诸《夬》。[1]

在《易传》构建的历史叙事中，包牺、神农、黄帝、尧、舜等先圣都是受到卦象的启发而制成器具，以利成天下，而对于普通百姓，他们观察其所取的卦象，便能知晓器用的形成。无论从哪一方面来说，这种因象制器和以象知器的思想都将"象"放置在了形与器之先，甚至放置在了人类文明之先。至此，无论从创作上说还是认知上说，无论从逻辑上说还是历史上说，在《易传》所构建出的世界里，"象"都处在绝对优先的地位，仅次于道。

在《易传》的哲学体系中，"象"从"数"那里完全取得了自身存在的合法性，进而"象"以其丰富的内涵与独特的哲学意味，稳固地在由"形"所划分的两重世界中占据着形而上的地位。从西周占卜中龟兆形象的总结，到春秋时期以"象"释辞的初步运用，到最后《易传》全面而系统地将"象"作为解释体系固定下来，并在哲学理论上对"象"的地位与"形"的意义作出论证，其间经历了漫长的历史过程，一种思维方式从产生之初到形成传统，似乎只经历了思想上的一个跳跃，然而《易传》所带来的转变，对《易经》本身却是难以估量的，一部占筮选集最终发展成为"群经之首"，就以此为起点。

---

[1] 朱熹《周易本义》，246—248 页。

《论语》"子在齐闻韶"之赞美说和伤心说

王云飞

河北省社会科学院

··········· * ···········

[摘　要]《论语·述而》"子在齐闻韶，三月不知肉味，曰：'不图为乐之至于斯也。'"现今普遍流行赞美说的理解方式：孔子在齐听闻韶乐，因为陶醉于韶乐，三月不知肉味，并感叹韶乐能有如此之美。魏晋南北朝存在赞美说和伤心说两种理解方式，即孔子喜爱韶乐和孔子伤心于韶乐至齐。魏晋南北朝，除了周生烈，其他所有《论语》注家皆持伤心说。此时，赞美说主要存在于《论语》注释史之外。往前追溯，汉代《史记》有孔子学韶三月不知肉味之说，现存敦煌文献保留有郑玄注。往后发展，宋朱熹和清刘宝楠《论语》注持赞美说，朱熹和刘宝楠注对后人影响深远。

[关键词] 论语　闻韶　赞美说　伤心说

一、"子在齐闻韶"之魏晋南北朝《论语》注

《论语·述而》有："子在齐闻韶，三月不知肉味，曰：'不图为乐之至于斯也。'"①

---

① 刘宝楠《论语正义》，北京：中华书局，2009 年，264 页。

三国魏何晏主编的《论语集解》辑录了王肃和周生烈注。

　　　　王肃曰："为，作也。不图作《韶》乐至于此。此，齐也。"①

　　王肃只解释了"不图为乐之至于斯也"，即未料韶乐至齐。王肃此注并未直接点明孔子闻韶三月不知肉味的原因，也并未直接点明孔子闻韶后是开心还是伤心。结合后人注释可知，韶本为周天子所奏之乐，后被陈敬仲窃以至齐，所以，孔子才伤心韶乐至齐。孔子的确喜爱韶乐，《论语》里明确记载了孔子赞美韶乐尽美又尽善，但是从韶乐至齐来看，孔子不可能开心。王肃在经学方面颇有造诣，他早年向宋忠学习《太玄》，融合今古文经学两家学说以为己用，并注解《尚书》《诗经》《孔子家语》，王肃推崇贾逵、马融，不好郑玄之学，日后自立门户，当时称"王学"。所以，以王肃经学之造诣，其《论语》此注肯定不是毫无来由、浮想联翩的臆造。

　　　　周生烈曰："孔子在齐，闻习《韶》乐之盛美，故忽于肉味也。"②

　　周生烈注可释为孔子在齐听闻盛美之韶乐，因为陶醉于美妙的音乐而忘记美食。周生烈，生卒年不详，敦煌人，魏初征士。王肃和周生烈同属魏时人，但由于周生烈生卒年不可考，所以二人《论语》注谁先谁后无从判断，马国瀚《玉函山房辑佚书》将王肃注置于周生烈注之前。《论语》"子在齐闻韶"，王肃注可以视为伤心说之源头，周生烈注属于赞美说。

　　从王肃和周生烈注可见，魏时《论语》"子在齐闻韶"典故即有两种相反的理解方式。对于这两种截然相反的理解方式，魏晋南北朝其他《论语》注家都毫无例外赞同王肃注。

　　　　故郭象曰："伤器存而道废，得有声而无时。"③

---

①　皇侃《论语义疏》（儒藏精华编一〇四册），北京：北京大学出版社，2007 年，114 页。

②　皇侃《论语义疏》（儒藏精华编一〇四册），114 页。

③　皇侃《论语义疏》（儒藏精华编一〇四册），113 页。

郭象认为在齐听闻韶乐后的孔子因为器存道废、有声无时而伤心，很明显，郭象并未将此句理解为孔子因为喜爱韶乐而忘记肉味。郭象注属于伤心说，而不属于赞美说。郭象做此注时估计看到过王肃、周生烈注，并且对王肃、周生烈注做出了自己的分析和判断。郭象乃众人皆知的玄学大家，其《庄子注》在西晋时就已颇有影响，其《论语体略》现存只有九条。其实，虽然"三玄"只有《老子》《庄子》《周易》，但《论语》也是玄学家非常重视的一部著作。

> 范宁曰："夫《韶》乃大虞尽善之乐，齐，诸侯也，何得有之乎？曰：陈，舜之后也。乐在陈，陈敬仲窃以奔齐，故得僭之也。"[①]

范宁注可释为，韶乃大虞尽善之乐，而齐是诸侯，本不应奏韶乐，齐之所以能有韶乐，是因为陈敬仲窃以奔齐。范宁比王肃更进一步指出了齐有韶乐不合常理的原因。范宁，东晋人，在东晋玄学大盛的情况下，范宁依旧坚守着传统经学的阵地，传统经学在魏晋南北朝没有间断，范宁起到了重要作用。

> 江熙曰："和璧与瓦砾齐贯，卞子所以惆怅；虞《韶》与郑卫比响，仲尼所以永叹，弥时忘味，何远情之深也？"[②]

江熙注和王肃、郭象、范宁注一致，认为本不应奏韶乐的齐竟然奏起了韶乐，这是违礼之甚，孔子因此三月不知肉味。江熙，《晋书》无传，据《册府元龟》记载，江熙，字太和，为兖州别驾。江熙著有《论语集解》，是魏何晏《论语集解》和南朝梁皇侃《论语义疏》之间又一个进行《论语》集注的至高点。从江熙现存近一百条《论语》注来看，他主要还是为传统经学作注，但和皇侃一样，这并不影响他在进行《论语》集注时征引一些以玄学注《论语》的精彩注解，也不妨碍他的注释中出现一些老庄道家或者玄学的内容，这些都不是其《论语》注的主流。皇侃注有：

---

① 皇侃《论语义疏》（儒藏精华编一〇四册），114 页。
② 皇侃《论语义疏》（儒藏精华编一〇四册），113 页。

孔子至齐，闻齐君奏于《韶》乐之盛，而心为痛伤，故口忘完味，至于一时乃止也。三月，一时也。何以然也？齐是无道之君，而滥奏圣王之乐，器存人乖，所以可伤慨也。①

皇侃注中还以一问一答的方式回答了人们的一些疑问：

　　或问曰："乐随人君而变，若人君心善则乐善，心淫则乐淫。今齐君无道，而《韶》音那独不变而犹盛耶？且若其音犹盛，则齐民宜从乐化，而齐民犹恶，不随乐化，何也？"侃答曰："夫乐随人君而变者，唯在时王之乐耳。何者？如周王遍奏六代之乐，当周公、成、康之日，则六代之声悉善，亦悉以化民，若幽、厉伤周，天下大坏，则唯周乐自随时君而变坏，其民亦随时君而恶，所余殷、夏以上五圣之乐则不随时变，故《韶》乐在齐，而音犹盛美者也。何以然哉？是圣王之乐，故不随恶君变也。而周武亦善而独变者，以其君是周之子孙，子孙即变，故先祖之乐亦为之而变也。又既五代音存而不能化民者，既不随恶王而变，宁为恶王所御乎？既不为所御，故虽存而不化民也。"又一通云："当其末代，其君虽恶，而其先代之乐声亦不变也。而其君所奏淫乐，不复奏正乐，故不复化民也。"②

　　可见，皇侃认为孔子在齐听闻韶乐，心痛伤而口忘完味。南朝梁皇侃在经学方面的造诣极为深厚，其《论语义疏》是《论语》集注的典范，清乾隆年间从日本传回我国之后，为我们提供了研究魏晋南北朝及之前《论语》注的重要资料，故皇侃此书甚为重要。

　　魏晋南北朝各位注家《论语》"子在齐闻韶"注都已罗列至此，可以看出，除了周生烈，王肃、郭象、范宁、江熙、皇侃五位注家都毫无例外地将《论语》"子在齐闻韶"的典故理解为：只有周天子才能奏韶乐，本不应该奏韶乐的齐国奏起

---

① 皇侃《论语义疏》(儒藏精华编一〇四册)，113 页。
② 皇侃《论语义疏》(儒藏精华编一〇四册)，114 页。

了韶乐，孔子认为这是违礼之甚，所以伤心于当时的礼崩乐坏，愤怒于齐的违礼之行，因此三月不知肉味。以上仅仅是从《论语》注释史的角度列举了魏晋南北朝众家注，《论语》注释史之外尚有一些资料，对我们理解《论语》"子在齐闻韶"的典故亦有帮助，例如：阮籍、嵇康、孙绰等都有关于"子在齐闻韶"的相关论述，这里仅仅以东晋永和九年兰亭集会孙绰诗"时珍岂不甘，忘味在闻韶"为例进行论述。

二、孙绰"忘味在闻韶"

东晋穆帝永和九年三月三日，王羲之、孙绰、谢安与孙统等四十一人，在会稽兰亭举行了一次集会，按古人上巳修禊的习俗，临水洗濯，去除不祥。诗人们在山水旁，将盛着酒的杯子从曲水上游放出，让它顺着流水漂下，流到谁的面前，谁就畅饮此杯，临流赋诗。

兰亭集会上孙绰作有一首四言诗："春咏登台，亦有临流。怀彼伐木，肃此良俦。修竹荫沼，旋濑萦丘。穿池激湍，连滥觞舟。"[1]一首五言诗："流风拂枉渚，停云荫九皋。莺语吟修竹，游鳞戏澜涛。携笔落云藻，微言剖纤毫。时珍岂不甘，忘味在闻韶。"[2]其中"忘味在闻韶"来自《论语》："子在齐闻韶，三月不知肉味，曰：'不图为乐之至于斯也。'"[3]孙绰"时珍岂不甘，忘味在闻韶"可释为：美酒佳肴不是不令人馋涎欲滴，而是音乐之美令人陶醉得不知美味。孙绰"时珍岂不甘，忘味在闻韶"不可能和《论语》"子在齐闻韶"伤心说的解释方式联系起来。

孙绰现存有《游天台山赋》《遂初赋》等文章，文采辞藻被人称道，他精通《论语》《老子》等，又著有《论语集解》《老子赞》《喻道论》《道贤论》。要充分理解孙绰兰亭诗中"忘味在闻韶"的含义，就必须注意到孙绰著有《论语集解》这个背景。孙绰《论语集解》已佚，南朝梁皇侃《论语义疏》保存有三十一条，清马国翰《玉函山房辑佚书》采此三十一条合为一卷，名为《论语孙氏集解》，这是现存进行

---

① 《摛藻堂四库全书荟要》集部，《汉魏六朝百三家集》（卷六十一），台湾：台湾世界书局，1985 年，27 页。
② 《摛藻堂四库全书荟要》集部，《汉魏六朝百三家集》（卷六十一），27 页。
③ 刘宝楠《论语正义》，264 页。

孙绰《论语》注研究的基本资料，虽然很少，却是研究孙绰思想的重要资料。

孙绰对《论语》"子在齐闻韶"一段的注释今已不复存在，但是按照常理以及魏晋南北朝现实状况推断，孙绰若注《论语》"子在齐闻韶"一段，应该会参阅前人注释。如前所述，魏晋南北朝几乎所有《论语》注家都将"子在齐闻韶"典故理解为孔子在齐听闻韶乐伤心得不知肉味，孙绰对此伤心说之注释应该是知道的。

我们也要注意到孙绰在永和九年兰亭集会上作诗的背景。兰亭集会作诗并不是毫无时间限制，而是要在很短的时间内临流赋诗。所谓临流赋诗，指诗人们在曲水旁，将盛着酒的杯子从曲水上游放出，让它顺着流水漂下，流到谁的面前，谁就畅饮此杯，即兴赋诗。正因为临流赋诗这种创作方式需要作者在极短的时间内作出诗，所以，兰亭集会上只有十一人各成四言、五言诗一首，有十五人只作成一篇四言诗或者五言诗，有十六人诗不成，罚酒三巨觥。所以，孙绰对《论语》"子在齐闻韶"一段肯定非常熟悉，否则不会在那么短的时间内如此信手拈来地化用。

由此，孙绰应该知道《论语》："子在齐闻韶，三月不知肉味，曰：'不图为乐之至于斯也。'"[1]有赞美说和伤心说两种理解方式：我们现在百思不得其解的这两种相反的理解方式，原来早在一千多年前的魏晋南北朝就已经被反复斟酌了。或许，孙绰兰亭集会上作诗时一语双关地运用了"子在齐闻韶"的典故，既表明了兰亭集会上大家陶醉于美乐之中，又表达了故国不在的悲伤，也许还有对当局者的不满。

三、"子在齐闻韶"之《史记》郑玄注

魏晋南北朝时期《论语》"子在齐闻韶"赞美说和伤心说两种理解方式并存，伤心说居于主流。再往前追溯，汉代亦有"子在齐闻韶"相关论述，较有代表性的是《史记·孔子世家》。

> 与齐太师语乐，闻韶音，学之，三月不知肉味。齐人称之。[2]

---

① 刘宝楠《论语正义》，264 页。
② 司马迁《史记》，北京：中华书局，2007 年，1905 页。

《史记》增补了"学之"二字，孔子学韶乐而三月不知肉味。现存文献确有孔子在齐学习韶乐的记载。《史记》多"学之"二字之后，文义虽与赞美说有所区别，但依旧是孔子感叹韶乐之美，与伤心说毫无关涉。

现存敦煌文献伯希和二五一〇号写本记载有郑玄注"子在齐闻韶"一段。《论语》原文为：

> 子在齐闻《韶》，三月不知肉味，不图为乐之至于斯。[①]

郑玄注为：

> 《韶》，舜乐名。鲁庄公二十二年，陈公子完以奔齐，故齐有焉。三月不知肉味，思之深也。昔时不图舜作韶乐之美，乃至于此也。[②]

郑玄（127—200），东汉末年经学大家，汉代经学的集大成者。敦煌文献郑玄注的发现，对我们理解《论语》"子在齐闻韶"意义重大。郑玄注虽然指出了陈公子完奔齐，故齐有韶乐的事实，但并没有指出孔子因此而伤心难过，反而指出孔子惊叹于韶乐能有如此之美。可见，郑玄注是《论语》注释史"子在齐闻韶"赞美说的源头。三国曹魏王肃开创"王学"，很多经典注释都一反郑学，《论语》"子在齐闻韶"即是一例，王肃可谓是《论语》注释史"子在齐闻韶"伤心说的源头。

《论语》："子在齐闻韶，三月不知肉味。曰：'不图为乐之至于斯也。'"也许孔子在齐闻韶之时，本来就有一种复杂的感情。众所周知，孔子喜爱韶乐，赞美韶乐尽美又尽善，所以，当孔子在齐听闻韶乐之时，肯定会惊叹韶乐之美。另一方面，齐之奏韶乐，严格来讲，本就是僭越违礼，所以孔子深思之也。郑玄注明示了孔子赞美之意，暗含了孔子深思进而伤心之意。由此，后人出现了赞美说和伤心说两种理解方式。郑玄之一念，影响了之后几千年，实可谓"一念三千"。

---

① 王素《唐写本论语郑氏注及其研究》，北京：文物出版社，1991 年，77 页。
② 王素《唐写本论语郑氏注及其研究》，77 页。

四、"子在齐闻韶"之朱熹、刘宝楠注

《论语》:"子在齐闻韶,三月不知肉味。曰:'不图为乐之至于斯也。'"①东汉郑玄持赞美说,王肃一反郑玄,持伤心说,之后魏晋南北朝众家《论语》注大都持伤心说,南朝梁皇侃也不例外。再往后发展,宋朱熹《论语》注沿用了《史记》学韶而不知肉味并叹美韶乐的说法。朱熹注为:

> 《史记》三月上有"学之"二字。不知肉味,盖心一于是而不及乎他也。曰:不意舜之作乐至于如此之美,则有以极其情文之备,而不觉其叹息之深也,盖非圣人不足以及此。②

朱熹是宋代理学代表性人物,名垂千载,其《论语集注》"子在齐闻韶"注自然也大大影响了后人。

清刘宝楠《论语正义》"子在齐闻韶"注引用了周生烈和王肃注,并赞同周生烈之注释,反对王肃注。

> 子在齐闻韶,三月不知肉味,
> 周曰:"孔子在齐,闻习韶乐之盛美,故忽忘于肉味。"
>
> 曰:"不图为乐之至于斯也。"
> 王曰:"为,作也。不图作韶乐至于此。此,齐。"③

刘宝楠又言:"然此句承'不知肉味'之下,正以赞美韶乐,所以闻习之久,至不知肉味也。若以'为乐'作'妙乐','至于斯'为陈将代齐,则别是感痛之义,与上文不贯,似非是也。"④

---

① 朱熹《四书章句集注》,北京:中华书局,2011 年,96 页。
② 朱熹《四书章句集注》,96 页。
③ 刘宝楠《论语正义》,264 页。
④ 刘宝楠《论语正义》,264 页。

正义曰：皇本"韶"下有"乐"字。《史记·孔子世家》言"孔子年三十五，昭公奔于齐，鲁乱，孔子适齐，与齐太师语乐，闻韶音"云云。江氏永《乡党图考叙》："此适齐为孔子三十六岁，三十七岁自齐反鲁。"《说苑·修文篇》："孔子至齐郭门之外，遇一婴儿挈一壶，相与俱行，其视精，其心正，其行端。孔子谓御曰：'趣趋之！趣趋之！韶乐方作。'"此相传夫子闻韶乐之事。"不知肉味"，犹言发愤忘食也。《说文》："味，滋味也。图，画计难也。""不图"者，言韶乐之美，非计度所及也。《释文》："为乐并如字，本或作妨，音居危反，非。"包氏慎言《温故録》："妨，陈姓，父子盖知齐之将为陈氏，故闻乐而深痛太公、丁公之不血食也。"此就释文所载或本为义。然此句承"不知肉味"之下，正以赞美韶乐，所以闻习之久，至不知肉味也。若以"为乐"作"妨乐"，"至于斯"为陈将代齐，则别是感痛之义，与上文不贯，似非是也。①

对于王肃注"为，作也。不图作《韶》乐至于此。此，齐。"②刘宝楠明确提出了批评。

注"为作"至"此齐"。

正义曰："为、作"，常训。注以"此"为"齐"，言此韶乐不意至于齐也。此王误解。《汉书·礼乐志》："夫乐本情性，浃肌肤而藏骨髓，虽经乎千载，其遗风余烈尚犹不绝。至春秋时，陈公子完犇齐。陈，舜之后，招乐存焉。故孔子适齐闻招，三月不知肉味。曰'不图为乐之至于斯'，美之甚也。"以"不图"句为美，义胜此注。上篇子谓"韶尽美尽善"。又《左传》："吴季札见舞韶箾者，曰：'德至矣哉，大矣！如天之无不帱也，如地之无不载也。虽甚盛德，其蔑以加于此矣，观止矣。'"是言韶乐至美也。③

---

① 刘宝楠《论语正义》，264 页。
② 刘宝楠《论语正义》，264 页。
③ 刘宝楠《论语正义》，264 页。

三国魏时何晏《论语集解》只保存了王肃和周生烈注，刘宝楠《论语正义》也只引用了王肃和周生烈注，并且明确指出，"子在齐闻韶"应该理解为孔子喜爱韶乐。

朱熹生卒年为 1130 年至 1200 年，刘宝楠生卒年为 1791 年至 1855 年，南朝梁皇侃所著《论语义疏》成书于南朝梁武帝年间，南宋乾道（1165—1173）、淳熙（1174—1189）以后亡佚。清乾隆年间（1736—1796）由日本传回中国。朱熹生活的年代正好是南宋乾道、淳熙时期，朱熹而立之年后，皇侃《论语义疏》正好亡佚，朱熹很有可能未看到皇侃《论语义疏》。刘宝楠出生之时，《论语义疏》应该是正好刚刚从日本传回中国，刘宝楠是否看到过《论语义疏》，不得而知。皇侃《论语义疏》保存了魏晋南北朝关于"子在齐闻韶"的范宁注、郭象注、江熙注、皇侃注、周生烈注、王肃注，何晏《论语集解》只保存了周生烈注和王肃注。结合朱熹和刘宝楠"子在齐闻韶"注，初步判断有两种可能性：第一，朱熹和刘宝楠没有看到皇侃《论语义疏》，只看到了何晏《论语集解》。第二，朱熹和刘宝楠，尤其是刘宝楠，有可能看到了皇侃的《论语义疏》，但并没有重视它。

由春秋时期的孔子，再到公元两千多年的今天，时间跨度是如此之大。今天的我们无法确切知道孔子真正的想法，但可以确定的是，历史上"子在齐闻韶"赞美说和伤心说并存，也一直存在着关于这两种理解的争议。

现在尽管已经有学者指出了《论语》"子在齐闻韶"伤心说的理解方式，但学界以及普通大众大都还是只闻赞美说，而不知伤心说。美学界、音乐理论研究界、文艺理论研究界很多学者在谈及孔子的音乐美学思想时，常引用"子在齐闻韶"这一段作为例证，其实是有失偏颇的。从中国历史来看，"子在齐闻韶"赞美说、伤心说两种解释方式一直并存，在这种情况下，引用"子在齐闻韶"典故证明孔子喜爱音乐，论证力不足。

"从心所欲不逾矩"：孔子论"自然式"生存

林凯

北京大学

*

[摘　要] 孔子将人之理想存在状态界定为"从心所欲不逾矩"，此中关涉其对"个体自由——集体交往"关系的回应。本文致力于探求孔子如何弥合这对可能的冲突。笔者认为这对关系是在其核心概念"仁——礼"中得到论述的。孔子将外在交往规则（"礼"）的基础建立于内在之"仁"，并以达"仁"作为个体存在之实现；而同时他又将"仁"诠释为情感性存在，从而保证在"仁"的状态下，心灵得以自然发用又同时合乎礼之要求。经如此建构，孔子通贯了"从心所欲不逾矩"的内在逻辑。此理论在向现实推进方面尚有不足，但相比其他诸子各有偏重的方案，孔子的理想无疑更具有积极意义。

[关键词] 孔子　礼　仁　自由　"自然式"生存

引　言

孔子晚年回顾自己一生之修行，至七十方至身心自然之化境，即"七十而从心所欲，不逾矩"①（《为政》）。此中作为行动规范的"矩"，可以理解为"礼"。孔子之回顾，其重心并不在"不逾矩"，即非强调"礼"的功用——因为孔子一生知礼行礼并教授礼节，实不必晚年重申；其七十自述，强调当在"从心所欲"，即在规矩之内要求达成心灵直接之意欲。

当交往自然发生而通畅，规矩不会被需要；往往在私欲破坏自然秩序时，规矩才会凸显。所以"不逾矩"往往要求个体内在理性的自觉，以理性监督情欲，将之限制在合乎整体利益的规矩之中。人在此中经由理性思考而自由抉择，即使自然欲望受到抑制，但是人之主体性、人的自由意志却得到彰显——在这个意义上它可谓一种"自由"，一种非直接的、理性自觉的"自由"。而"从心所欲"之"欲"，却指向一种直接性、非自觉性。正如朱熹和程颐在解读这一句时都强调孔子乃"不勉而中"②，即不必时刻勉励而自然中节。此心之"欲"并不就是"情欲"③，却有着类似情欲那样的直接性，与理性警觉的心灵状态相异。二者的区别，即在"非自觉——自觉"，此正如朱熹引用程子说法评论颜回和孔子的境界区别："颜子不自私己，故无伐善；知同于人，故无施劳。其志可谓大矣，然未免出于有意也。至于夫子，则如天地之化工，付与万物而己不劳焉，此圣人之所为也。"④有意而为，乃为自觉；无意之化，自然而然也，此乃至境。如果我们不在西方强调主体意识在场的意义上使用"自由"，而在意志顺畅即为自由上说，"从心所欲"作为一种"自然而然"的运作，也可名之为"自然式"的"自由"。

可见，一般意义上"不逾矩"要求理性自觉，而"从心所欲"则要求非自觉的直接性，二者协调一致是否可能，并且如何达成？⑤一个"从心所欲"的人能否并

---

① 本文所涉《论语》原文与章节划分遵从孙钦善先生的整理。孙钦善《论语本解》，北京：三联书店，2009年。

② 朱熹《四书章句集注》，北京：中华书局，1983年，54页。

③ 应该说，孔子谈论到的"欲"（意欲）包含两个层次：一个是"富与贵是人之所欲也"（《里仁》）的"利"之欲，一个是"我欲仁斯仁至矣"（《述而》）的"义"之欲。后者在类比前者的意义上得到对其"直接性"的理解。

④ 朱熹《四书章句集注》，82页。

⑤ 这里想提到一下牟宗三在《才性与玄理》（牟宗三：《才性与玄理》，桂林：广西师范大学出版社，2006年）"自然与名教：自由与道德"一章的观点。他借用黑格尔模式认为，个体不自觉而符合道德要求乃是原始阶段，经不起挫折和质疑，其后将进入自由与道德的冲突阶段；对此冲突，儒家采取建构"真正的主体性"方式，充分发挥自由意志，而将道德内在化，最后实现融贯二者。这种"道德内在化"的理路也是笔者所认同，但牟先生极为强调这过程中理性反省所促成的转化，而笔者突出情感性理解的作用。

如何真正做到"不逾矩"？这便是本文所要探究的问题。孔子晚年之忠告，显示着这是一种可以成就的境界。本文希望通过对《论语》文本的考察，探讨孔子如何处理个体自由和社会规范的关系，从而揭示其价值前提和论证思路，以启当下。这个探讨从"礼"和"心"两方面进入，首先考察孔子如何理解礼节之发生基础以及人之内在心性，基于这些理解进而探求孔子对二者融贯的可能性和实现方案的思考。其后行文也将依照这样的路径展开。

一、"不逾矩"：礼作为"仁"的实现

规矩即礼首先可以在理想和现实两种意义上做出区分。理想意义的礼，被认为是从某些公共的价值原则出发、符合事物运作规律而理性地构建起来的"合理之礼"；现实意义的礼则缺乏严格的合理性，而牵涉复杂多变的利益因素。于是合理之礼，往往构成对现实之礼的批判与纠正，这也是所谓"理想"的意义。孔子所坚守的乃是一种"合理之礼"，它以"天"作为此合理性的信心支持：

> 子畏于匡。曰："文王既没，文不在兹乎？天之将丧斯文也，后死者不得与于斯文也；天之未丧斯文也，匡人其如予何？"（《子罕》）

"文"乃主要体现在礼乐方面，"斯文"即指周礼，孔子认为它以"天"为源头，天不丧礼，人奈之何。在具体实践上，孔子即将旧有之周礼作为符合"合理之礼"的最佳体现，并以恢复周礼为己任，"周监于二代，郁郁乎文哉！吾从周"（《八佾》）。周礼成为孔子针砭时弊的基本标准。

所以"不逾矩"之"矩"，应当理解为孔子体系内自洽的"合理之礼"，它在孔子个人实践中得到延续；但就当时现实"礼坏乐崩"，这样的礼仪普遍地丧失。那么某种意义上，孔子遵礼实质是在自身的合理性中"遨游"。当然这不可简单化为个人中心，因为孔子所遵之"合理性"乃试图突破自我，考虑整个共在而建构起来。

这一节正是针对这样的合理之"礼"，探求其所合之"理"，以说明孔子何以以"不逾矩"为前提界限。至于另外一层，即如何应对那些复杂利益造成的现实之礼，个体是否可能在这样的规矩中"遨游"，将尝试在最后一节再次讨论。

从现有《论语》文本看，笔者以为，孔子论"礼"乃从三个层面展开。在各个层面上他都给出了"礼"值得肯定的理由，由此，我们将看到孔子特殊的价值关怀。

首先从社会层面去考虑，这是最常见之视角，因为礼首先应用于社会管理。这一点主要通过对比刑罚方案而提出：

> 道之以政，齐之以刑，民免而无耻；道之以德，齐之以礼，有耻且格。（《为政》）

> 名不正，则言不顺；言不顺，则事不成；事不成，则礼乐不兴；礼乐不兴，则刑罚不中；刑罚不中，则民无所措手足。（《子路》）

相比刑罚之禁，孔子更推崇礼教之疏导（《为政》），理由乃是：礼乐可为法度（刑罚）之确立提供标准，使得民众行动有方向和秩序，整个社会保持安稳（《子路》）。这合乎"礼"的一般使用，即"礼"乃为考量他者存在而突破自我——如此也意味着对个人中心的限制——指向一种公共利益。"礼"保证着事功之成和公共利益，正如王博先生指出，礼具有"政治原则"①。在这个角度下，礼的考虑集中于"集体"和"结果"。

孔子明晓这个主流的解读方向，但也警惕着其缺陷，即它将对"个体"和"过程"有所压抑。最常见乃集体和个体的利益冲突。如果个体牺牲小我，成就大家，大家反过来补偿小我，这尚是一个良性循环；一旦偏重失衡，个体牺牲得不到补偿，甚至集体成果为上位者私人独占，这个循环被破坏，"上失其道，民散久矣"（《子张》）。这是"礼"偏重"集体"而容易陷入的困境。所以作为一种平衡措施，需要在强调集体利益的时候也尊重个体利益的实现；当涉及具体之礼时，应该遵从集体和个体利益双赢的原则。

但即使双赢，这依然是一种偏重"结果"的考量，它将导致另一种困境：当我们过分追求结果，容易忽略其生成本源，不但没有加强反而破坏过程生成的动力，最后这个结果必然衰竭。此即类老子"金玉满堂，莫之能守"的教诲。孔子讲

---

① 王博《中国儒学史·先秦卷》，北京：北京大学出版社，2011年，58页。

义利之辨，警惕一时利害违背恒久之道义，即在强调其本源动力也。

在上述两种困境中再看孔子之"礼"论，我们就能理解孔子"礼"论的转向，即孔子一方面肯定礼在社会管理上的效果，一方面却重新将"礼"的运作基础建立于个体的内质"仁"[①]。"人而不仁，如礼何"[②]（《八佾》），人若无仁之质，则不能践行合宜之礼，或空有形式如"礼云礼云，玉帛云乎哉？乐云乐云，钟鼓云乎哉？"（《阳货》），或出现"八佾舞于庭"（《八佾》）这样的败坏。可见"仁"乃为"礼"运作的内在之"理"和价值所在。

以个体内在之"仁"为基础，并不是要否定集体和结果；相反从事理说，它应该能促进礼的运作，从而更好化解集体与个体、结果与过程的冲突。这种向个体内在的转向，是孔子在新时代试图吸取教训而为"礼"建立一个持久稳固之基础的努力。这就引向了第二个理由。

从个体价值层面考虑，第二个理由则在"礼"乃"仁"之实现。前一个理由偏重可见的结果而缺少事物运作的整体观，孔子鉴于此而追问"礼"运作的基础，即在"仁"。这一个转向，不仅事理上更为完备，转向本源以助结果之持久；更重要的是产生了价值的转向，礼的根本意义由外在效果之实现转向个体内在价值的实现，即"礼"以成"仁"。而另一方面"仁"的展开必然也体现为"礼"。这一点可从孔子论文质关系充分见出：

> 文质彬彬，然后君子。（《雍也》）

> 君子义以为质，礼以行之，孙以出之，信以成之。君子哉！（《卫灵公》）

内质固然重要，但若外在之"文"（主要为"礼"）不足，则还是失于"狂简"

---

① 见王博《中国儒学史·先秦卷》，66 页。王博认为传统礼的根据在天道，到孔子则转向人心。
② 谈到礼之本，经常使用到（《八佾》）这条材料："林放问礼之本。子曰：'大哉问！礼，与其奢也，宁俭；丧，与其易也，宁戚。'"然而这条材料中孔子并没有专门定义"礼之本"，其所回答乃有"因材施教"的意思。其告林放宁俭，当有特定针对性，因为孔子认为"礼"的关键在诚而不在奢俭。如"子贡欲去告朔之饩羊。子曰：'赐也，尔爱其羊，我爱其礼。'"（《八佾》）过俭而失诚，亦不当为。

（《公冶长》）；真正成"仁"者，也即君子人格，必须文质相宜（"文质彬彬"）。若君子有其美好之内质，乃需通过"礼"践行出来，方为真正成就（"礼以行之"）。否则即使有美好内质，却也无法实现好的效果："恭而无礼则劳，慎而无礼则葸，勇而无礼则乱，直而无礼则绞。"（《泰伯》）由此可见"成仁"（不仅知仁而且必须行仁）之展开，必然寓于礼之中。

这种价值转向，并非说孔子抛弃了礼在社会效应上的考虑。事理上，合"仁"之"礼"应当会达成好的结果，内外必将一致。所以只要我们抓住内在本源，外在的效果也就不必担忧——此即所谓"仁者不忧"（《子罕》）。当然现实里，动机与结果未必一致，现实总有人事已尽之处，穷困难免，孔子则以"君子固穷"（《卫灵公》）表明自己的志向；若"取之不道"，纵有一时之得，孔子也宁愿放弃"结果"而坚守君子品格。这种取舍，表明孔子的思维方式已经跳出结果偏重，而坚守于本源之处。

第三个理由则从个体修身层面看，礼也是"仁"之修习过程中必要的促成因素，即王博先生说的，礼是一种"修身原则"[1]。此乃顺着第二个理由而来，礼既以"仁"为基础并成为"仁"之实现的外在显示，那么以此"合仁之礼"去规范修行中未成仁之"心"，这将起到很好的指引之效。此乃孔子育人之重要方式，正如颜回感叹"夫子循循然善诱人，博我以文，约我以礼"，使得他"欲罢不能，既竭吾才，如有所立卓尔"（《子罕》）。通过"合仁"之礼去修"仁"，则此礼不是外于仁的另一物，如此修行乃是一种在"仁"之中成就"仁"的功夫。

另一方面，礼的修身之用又通过"立"人来体现，"立于礼"（《泰伯》）、"不学礼无以立"（《季氏》）。"立"并非人已达到完善境界，而是意味着借助礼以修行，人逐步能于各种社会关系中"站立"，学会处理得当，臻于完善。这一点也通过"成人"之论体现："若臧武仲之知，公绰之不欲，卞庄子之勇，冉求之艺，文之以礼乐，亦可以为成人矣。"（《宪问》）有知、不欲、勇、艺这些良好内质，还需要经过"礼乐"的打磨（即作为动词的"文"，文饰），方可谓"成人"。

以上强调"礼"之意义的三种理由，在生存价值上具有根本意义的乃是第二者，即"礼"是"仁"之实现，也即是人内在价值实现的展开。在这个意义上去

---

[1]　王博《中国儒学史·先秦卷》，58 页。

谈"礼",它就不再是一般意义对个体造成压抑的"消极"规范,反而是一种彰显存在价值的"积极"方式,行"礼"成为一种个体内在的需要。正是在这个积极的意义上,孔子才会以"不逾矩"为前提,生命的"遨游"尽在此中。西晋时期乐广批评时人之放达而言"名教自有乐地"(《世说新语·德行》),也能见出其这里的影响——正是"名教"(主要体现为"礼")出于内在需要,它也才能成就自得之乐。

二、"从心所欲":"仁"作为情感性存在

第一节谈到"欲"乃表明心灵运作的直接性,这种直接性最容易在"生之谓性"的情欲中体会到;但若将"从心所欲"理解为情欲之发泄,倾向肯定情欲价值的第一性,则私人情欲与公共规矩之间的冲突将是难以协调的。这种直接性是否还有其他的实现方式?或许我们不从自然天性而从后天修习去说,也能养成某种直接性,即如"习惯成自然",在修习中身心形成"习惯"而直接反应。

这类直接性按其持久性程度,又可再分两种情况看。第一种持久性差,虽然在特定情境下能习惯化,但一旦情境变化,私欲便被激发而重新干扰习惯,需要重新唤起理性自觉去应对,从而中止心灵直接性。这种情形当然不是孔子所期待的,如其感叹"回也其心三月不违仁,其余则日月至焉而已矣"(《雍也》),只有能持久守在这种状态的人才是成"仁",可惜弟子们功夫并不够,此中修习并非轻易。第二种则具备良好的持久性,在复杂多变的情境下,他能做到自然而发,发而中节。此中他所修习的品性俨然已经内化成其"本性"的一部分,以至于发乎自然,而不必强大的理性自觉。这也是孔子强调"从心所欲"的意义所在。

然而这种持久的心灵直接性,是否可能并如何达成?换言之,"修习"与原始"本性"关系如何,它是否必然破坏后者的原始直接性?这里,我们首先需要理解孔子对心性的界定,才能进一步理解他的解决方案。

对于心性,从现存《论语》文本上看,孔子直接论述很少,只留下一句"性相近也,习相远也"(《阳货》)以强调教化的功用。朱熹引程子说法,以为此处之"性"乃是气质之性而非性之本(即"天地之性"),正由于要从气质之性返回性之本,才需要强调修习的环节。在最核心的人性与天道上孔子如此隐晦,子贡也只好感叹:"夫子之文章,可得而闻也;夫子之言性与天道,不可得而闻也。"(《公冶

长》）当然这也跟子贡的悟性有关，他太依赖彰显式的表达；孔子虽不明言其"道"，却在言行之"迹"中处处显示其"道"，即其自言"吾道一以贯之"（《里仁》）。我们且从其当前文本片断之"迹"去看看孔子对心性之理解。

孔子虽不直接定义心性，但其最核心的"仁"论却包含其对心性之理解。作为内在品性的"仁"，具有某种根本性：

> 仁远乎哉？我欲仁，斯仁至矣。（《述而》）

> 欲仁而得仁，又焉贪？（《尧曰》）

> 有能一日用其力于仁矣乎？我未见力不足者。盖有之矣，我未之见也。（《里仁》）

> 宰我问曰："仁者，虽告之曰：'井有仁焉。'其从之也？"子曰："何为其然也？君子可逝也，不可陷也；可欺也，不可罔也。"（《雍也》）

"欲仁"之"欲"具有某种直接性，以明"仁"为本有。朱熹解读《述而》条曰："仁者，心之德，非在外也。放而不求，故有以为远者；反而求之，则即此而在矣，夫岂远哉？"[1]"仁"根植于个体内在，向内寻求即得。欲求之而确又能得之，全在性分之内，故而无所谓贪多（《尧曰》）。由此可见"仁"之本有可以在性分意义上把握。既然"仁"是心灵本有的品性，那么在反面意义上我们也可理解孔子对"不仁"者的那些批判：《里仁》所言的"力不足"实乃用心不够，没有真诚面对自己的内心。而宰我就是如此不诚者的代表。当宰我对仁表示质疑（"其从之也？"），他似乎出于明智而拒绝"盲从"，但其实这个反问本身就显示，"仁"一开始就被宰我理解为一种外在于自身的东西（仁德不当在外井[2]而在内心也）；宰我离开人心本源居然是如此之远，也难怪为孔子怒斥。孔子以为，君子仁智兼

---

① 朱熹《四书章句集注》，100 页。
② "井有仁"可理解为"井里有仁德"，参见孙钦善《论语本解》，74 页。

备，有智慧去识别并拒绝盲从，所以不会被陷害和迷惑（"不可陷""不可罔"）；但仁乃本有之质，人一旦领悟，即使被摧折、被合乎情理的言辞所欺骗①也甘愿为之坚守。这种以仁为人本有之内质的思想，在孟子心学中得到更为详尽的论证。不过如同孟子"四端说"指出，"仁"虽根植人自身，却不是现成的状态，而是有其"端"；要成为一位真正的"仁者"必须经过"习"以充实发扬，如礼之约束和理性自觉，亦即教化成为不可缺少的环节。

然而如何理解"仁"？《论语》文本中孔子出于因材施教的考虑而对"仁"给出多种说法，是否能有一个超越具体论述情境而更为抽象的描述去把握"仁"？程颐以为"仁主于爱"②，这是主流较为认同的说法。这直接来自孔子对樊须问仁的回答，曰"爱人"（《颜渊》），以及他批评宰我推卸三年守丧时曰："予之不仁也！子生三年，然后免于父母之怀。夫三年之丧，天下之通丧也。予也，有三年之爱于其父母乎？"（《阳货》）这两处实际显示了"爱"所包含的两个层面，即"爱亲"与"爱人"。

"爱己"的维度并不为孔子认可，而等同"私欲"；孔子的"爱"首先指向他者，无论父母兄弟抑或外人③。孔子对"爱"的构建是这样的：从最狭隘但也最直接的孝亲之爱开始，以"忠恕"之道推己及人，达成更广博的"爱人""泛爱众"（《学而》），实现将整个世界的人际交往整合在爱的情感中。这个模式从"小爱"开始，因为孝亲关系是人来到现世的第一种关系，第一次最直接地将他者（父母）接纳入自己的世界；而它又必须拓展为"大爱"，将更多的他者接纳，将"我的世界"扩大到与"整个世界"重合，因为这才是个体存在的真实情况，分享到这一层才能创造良好的共存秩序——某种意义上个体之间冲突乃是因为他们都试图将"我的世界"替代"整个世界"从而排斥世界之外的他者。但"爱"对他者的接纳，将不断构成对自我的挑战，我究竟是出于共存的理性考虑才给别人让出空间（如此暗含对自我的在意），还是出于某种情感甘愿地接纳他者，就像最开始接纳父母那般

---

① 此解释参见孙钦善《论语本解》，74 页。

② 朱熹《四书章句集注》，48 页。王博先生也赞同这一儒学史所公认的理解，"作为爱的仁"，见王博《中国儒学史·先秦卷》，68 页。

③ 应该指出"爱"之层次区分，仁爱之爱指向他者，爱恶之爱更多出于自我。相较而言，爱恶的"情欲性"更多，而仁爱的道德感更强。但仁爱毕竟首先是一种情感（非情欲），虽然它不排斥道德性维度。

自然？无疑，孔子选择的是后一条道路。有子所谓"孝弟也者，其为仁之本与！"（《学而》）孝悌乃是行仁之起始，这是培育"仁"最好的方式。

孔子的建构最艰难之处在于，如何"自然地"从小爱过渡为大爱，即小爱乃自然直接，但我们是否也能"自然地"大爱他人？当他人与私我利益冲突，"爱"能扮演怎样的角色？孔子给出的方式是"忠恕"（《里仁》），朱熹解读为"尽己之谓忠，推己之谓恕"，即首先忠诚于自己的内心，并将心比心地推及到他人，从积极的角度看，乃是"己欲立而立人，己欲达而达人"，消极的角度则为"己所不欲勿施于人"[1]。此中推演的基础乃是一种"同情心"，它以情感逻辑运作，感同身受地接纳他者。在推演中，私我与他者利益可能冲突；但也只有以同情心为基础的推演，才能"甘愿地"突破自我，从更大的格局去处理利益关系。

到最后，"成仁"所达到的只是一种"心安"，所谓"仁者安仁"（《里仁》）。孔子曾批评宰我不仁："女安则为之！夫君子之居丧，食旨不甘，闻乐不乐，居处不安，故不为也。今女安，则为之！"（《阳货》）心安，实质乃是"诚于己"，这是行动的出发点；而心安地存在，本身就是一种价值实现，也即"仁"的发用也。这个"诚于己"，并非局限于自身，而是通过"同情心"将他者当成自己去对待，实际也诚于他人，只不过基础在自身。宰我显然没有真诚对待其内心，那么微弱的赤子之心被他的利欲所压制，所以其口能争辩说"安"，而孔子则怒斥其诚之丧。

综合以上对"仁"之修习过程的考察，从起始的直接自然的孝亲之爱，经由"同情心"的扩充，至于"心安"的真诚存在；在不同阶段的不同状态中，修习始终顺性情而为，保证着心灵的情感特性，并不必然为理智扭曲。为此，"仁"所发用可以理解为情感性的存在。"仁"除了包含一般理解的道德理性，也有必要凸显其情感性的一维。

如此，"仁"状态下的心灵表达也可具有类似情欲但实为更高阶之情感的直接性（与理性自觉的"思"相对）。对于直接之情欲，孔子主张节制，而赞赏"不欲"，如"苟子之不欲，虽赏之不窃。"（《颜渊》）如果要对所欲的东西表示肯定，那也只能适用于"仁"上，即"我欲仁，斯仁至矣。"（《述而》）在这个意义上，"成仁"乃孔子所肯定之"欲"，即所谓"从心所欲"。如此我们便可以理解文本中的一处矛

---

① 此解释参见孙钦善《论语本解》，41 页。

盾假相：孔子晚年，最爱弟子颜回丧去，他悲痛过度，有逾矩之嫌："有恸乎？非夫人之为恸而谁为！"（《先进》）形式上似有"过"，但本质上实合"中"，因为它正合乎"仁"具情感性的规定，也正应合其自称"从心所欲不逾矩"。在这里我们也可以发现魏晋时代将"仁"自然化（如郭象）的源头。

从另一个方面说，在规矩之内的"从心所欲"，其持久的直接性也只能在"仁"的状态才真正具备（相对于情欲和理性自觉），这一点在孔子对"仁与智"的区分上就有很好体现："知及之，仁不能守之；虽得之，必失之。"（《卫灵公》）即对于真正的道义，"知"可明却未必可守，因理智状态下内心隐含监督与被监督的冲突；唯内心修炼成通达之"仁"，内在冲突已经化解，一切发之自然，方可持守。"不仁者不可以久处约，不可以长处乐。仁者安仁，知者利仁。"（《里仁》）智性有助于仁之修养，但唯真正之仁者才能长久地安守规矩（"约"）之中，并享受这种存在（"乐"），也即"不逾矩"同时"从心所欲"。

总之，强调以"从心所欲"的方式生活在规矩之中，而非时时依靠理性自觉之提点，这不仅出于事理本身的考虑，即从心灵与行为的运行规律看，前者才是长久持守规矩的合理途径；更由于这种存在方式本身具有的内在价值，即追求"内心之条畅"已然成为一种基础的生存原则。"古之学者为己，今之学者为人。"（《宪问》）学修道义也即"成仁"的追求，其目的乃指向自身内在（"为己"），而非出于他者的要求（虽然二者并不必然矛盾）。在关于个体生存的价值归属上，我们可以认为孔子在这里给出了一种回答：即人按照其"本心"（仁）去生活，才是一种值得的生存方式。

三、心与矩的融合

如上论述，"从心所欲"即为一种"成仁"状态，而规矩又以"仁"为运作基础——这个理解将在逻辑上化解"心与矩"的冲突。在这种理解下，心灵与规矩运作并非各有独立原则，而是规矩以心灵为本源，规矩的确立处处体现心灵自由运作的规则。也即，心灵自由的运作为规矩划定界限并且决定着界限的变动，心灵在此界限中的运作其实就是在自身中运作，自然不会有所束缚。可以说，在成仁状态中，人实现了"自然而然"的生存。

我们总结一下孔子的处理方案。面对一般理解中容易冲突的二者，即夹杂情欲的现实心灵与牵涉复杂利益动机的现实规矩，我们从上面的澄清可以看出，孔子采取双向"理想化"的策略将二者一致化：即一方面对规矩进行现实和理想的区分，而坚持理想规矩，并将其合法性重建于内心之"仁"本；另一方面又将现实人心"纯化"为理想之"仁"，即通过"教化"以去杂、以返本；最后在情感性的"仁"之生存状态下，心与矩达成一致。

与这种理论自洽相应的另一面却是，现实中孔子一生坎坷，在礼坏乐崩的春秋时代常陷穷困，不免感叹"道不行，乘桴浮于海"（《公冶长》）。直至晚年，孔子才敢用自己一生的修行成就去证成其道。孔子虽安贫乐道而有内心之条畅，但在触及外在现实时，理想与现实之间却有如此反差，他如何处理这种矛盾？或者说，他通过怎样的诠释将矛盾消解在自身体系中？

孔子将这种穷困理解为"偶然性"的，并以"天命"去说明如何对待偶然性："道之将行也与？命也。道之将废也与？命也。"（《宪问》）对于理想与现实之间的"偶然"的差距，他以超越性的"天命"去解释，从而将"必然性"的领域留给了人类去创造。这种做法划出了人力可为与不可为的界限，如此在可为的必然之域积极倡导参赞化育，在"例外"之域则于天命找到慰藉。从积极层面看，天命之说保证了对人之能力的肯定，成为"君子固穷"的一个理由。在将"内心之条畅"推进到"内外现实之通达"上，"天命"假设成为一种应对不顺畅情形的策略。

但这种应对现实困境之策略容易遭到质疑：困境是否偶然？如果并不偶然，此策略依托的原先整个理论体系是否应当修正？笔者这里想继续对比孔子之后诸子对这个困境的思考，以明孔子理论之长短。

先从儒家内部说。虽有孟子对孔子思想的继承并发扬，但也有荀子的质疑与改造。荀子坚持心性二分，以性为恶，以心为理性自觉，并通过心的理性能力去建构礼义，以疏导情欲之性。荀子放弃了"从心所欲"的自由追求，根本上不信任个体内在自足，而依靠"理智"以达成"不逾矩"。于是在荀子这里，"仁"隐退而"智"得到极力提倡，"心智治人欲"成为有效的治国方针。我们看到，在孔孟那里，"情欲——仁义"关系中，情欲需要以仁义为目标才能获得自身适宜的实现，当它以自身为目标时反而适得其反；在荀子这里，情欲价值得到了"本性"意义上的肯定，它虽然也需要借助礼义才能更好实现自身，但它自身就是一个根本的目标。可以说在"义利之辨"中，荀子以实利为中心，从而使得其方案有较强的实用性，这是孔孟所不具备的。但荀子却遭遇这样的危险：个体心性分裂，心智以情欲实现为目标则此"智"有如"工具理性"，智力的竞争虽可成就欲望但也可重新导致社会之乱——避免这一点却是孔子将"礼"建立于"仁"之上的缘由。

再看对儒家批判严厉的道家思想。与孔子重内在价值、重存在自由相似，庄子也首先关注人存在之"真"，以修成"真人"①。但是两家对于何为真性的存在理解很不同，如此在具体的践行选择上也不同。孔子以"仁"论人之本质，庄子却要说这反而是破坏了人之"质""朴"。庄子的质疑直指孔子体系的可能缺陷。

我们看孔子对"仁"本的论证，他以"仁"之发用作为个体可以体证的情感状态，这可以说明"仁"本的公共性，但却不能论证其为唯一性，从而难以说成"根本性"。我们怎么处理"仁"与现实心灵中其他同样具有公共性的特质，将成为一个棘手难题。孔子如此"去杂""提纯"而将"仁"置于更为根本的位置，必然造成心灵内部的竞争。然而其"厚此薄彼"的理由何在？它是出自内在的理由，还是引入了外在目的的考虑？此处始终是各家争论不休的关键点。或许道家策略有其独特启发，在他们看来，不只突出仁，突出心灵的任一部分而造成主次竞争都是一种"扰乱人心"②；而道家希望"损之又损"，不断排空人为观念造成的主次竞争，信守最终在"清静"之境中实现的自然存在方为"本真"，此也即"虚室生白"③的境界。相比孔子以突出仁义替代世俗的突出情欲，道家来得更为彻底，他们拒绝一切突出。

道家通过离形去知、不断消减的方式达到其所谓"自然"，不累于外物，就此意义而言乃可实现个体心灵自由，即"从心所欲"；但是相比孔子理论，他们缺失的是建构一套"规矩"，难以达成"不逾矩"。是否在道家的自然存在状态，任真而发，就能建构一套交往规则？我们在老庄文本看到的更多是对现有规则之批判，而

---

① 参陈鼓应注译《庄子今注今译》（修订版），北京：商务印书馆，2007 年，199 页。

② 参看《庄子·齐物论》："百骸、九窍、六藏，赅而存焉，吾谁与为亲？汝皆说之乎？其有私焉？如是皆有为臣妾乎？其臣妾不足以相治乎？其递相为君臣乎？其有真君存焉！如求得其情与不得，无益损乎其真。"参陈鼓应注译《庄子今注今译》（修订版），58 页。关于身心全体的主宰者是哪一部分，人类的思索其实是没有结果的，放弃智力探求反而能达其本真。

③ 参陈鼓应注译《庄子今注今译》（修订版），139 页。

非新的建构——实际上他们批判任何成形固定的建构。对道家之"无",我们将之理解为是对"有"的一种纠偏力量或许更适合。

那么,在相较荀子和庄子偏重两端的方案上,孔子要整合"从心所欲"和"不逾矩"的努力就显得很难得,确实也很艰难。为了将一种公共的交往规矩内在化,他向本性、向生存价值归属层面深入,找到了利于建构公共规则的品性——"仁";虽然"仁"未必为最中心的公共品性,但他却将之突出化而立为"根本"地位,并用心修习,将之拓展充实至整个心灵。他也许期待这样的可能:心灵中积极的部分发扬了,破坏性的部分将自动被抑制甚至化解。某种意义上他应当相信心灵生长的可能性(而非固定不变),而这无疑是在现实中实现"合理之礼"的希望所在。

总之,孔子体系在一定程度上具有自洽性,但延伸至现实的多样性领域,其融合还有进一步修正的空间。实际上我们也不敢期待,某人能在"个体现实存在"如此基础的主题上给出完美的方案;他们的思考能为我们提供诸多启发性视角则已足以欣慰。在孔子这里,他将这个主题推进到了更为深刻的领域:在事理上让我们看到内外运作一致性的重要,并且在价值上让我们深思人存在的根本归属。其中智慧无疑会促进我们对自身、对整个社会的理解。

"文—质"论与"质—文"论

——试论一个中国古代美学命题与历史学的交汇

冷雪涵

北京大学

———— * ————

[摘　要] 本文讨论了中国古代"文—质"之论中两条思维路向的起源及其关系。本文首先以小学方法分析了"文"的本义及其三个意涵;其次论说了"文—质"对举的基本结构;然后对作为历史观的"文—质"之论进行了梳理,阐述了"质文论"历史观的缘起和在汉代形成的经典模式;最后论述"文—质"之论在根本上与文人对自身意义和命运的认知有关。

[关键词] 文质　文质论　质文论　文人

"文—质"之论往往被视为中国美学的传统论题而被研究讨论。美学领域的"文—质"之论,一般被称为"文质论"。以"文质彬彬"为代表的文质论很早地表达了先秦时期已形成系统的美学理念;而围绕"文"与"质"、"绘"与"素"展开的争论,则足以从一个侧面呈现出先秦诸家学说的区别。在某种意义上,先秦关于"美"的理论很大一部分即是借由"文—质"来呈现的。[①] 及至两汉,文质论中包含的理念和争论在文论中得以体现,并逐渐确定为一种论述模式。这种论述模

---

① 参见于民《中国美学思想史》,上海:复旦大学出版社,2010年,143页。

式在《文心雕龙》中得到更为充分的展开，成为一套美学、艺术论的论述框架。

然而，在这一套论述框架之外，自先秦始，人们也开始以"文"与"质"的区别来论述上古三代制度的特征，或以文、质分别对应文明与原始的社会形态。这样一种史学论域中的"文一质"之论，一般被归纳为"质文论"。质文论提供了"文一质"之论的另一个方面：把"文一质"结构中的两个元素置入历史的维度。至于两汉，质文论同样形成了一种思想传统和论述框架，即用文、质之更替理解和表达历史发展规律。

有意思的是，从文、质二者的关系来看，史学或制度论的质文论与美学文质论具有不同的理论结构。而从"文一质"之论的展开轨迹中，我们可以区分出两条截然不同的思维发展路向，它既纵向地表达着文明史的发展历程，又可横向地用于分析某一事物的两个层次。迄至汉末，这两条路向都基本成形，并从此以不同的方式影响着中国文人对于文明世界的理解方式和论说方式。两种路向之间的张力则体现出了这一问题的复杂性与特殊性。

而作为本文论题的"文一质"之论，则指"文一质"为论述框架而呈现的理论，在内含上并不等同于"文质论"或"质文论"。一方面，本文试图通过对于概念、词义的重新探讨，从源头上找到"文一质"论两种展开模式的生发基础；另一方面，本文将以历史观或制度论的质文论为重点，呈现"文一质"之论的这一路向不同于美学路向之处，并呈现二者内在的沟通方式。"文一质"问题的多面性，在先秦时期的各类文献中已经得到了一定程度的彰显，而上述两种模式的形成和固定则在两汉完成。因此，通过考察两汉之前的"文一质"论，可以探究这两种模式的衍生过程及相互关系。

一、"文"义考

探究"文一质"论的来源与内涵，要从清理"文"与"质"本身的含义开始，而尤应以"文"为核心。在作为概念而被运用之前，"文"首先是一个古文献的词汇，通过探究其本义及字形字音中包含的基本引申义，能够找到"文"这个概念的意义生发基础。由与字形相关的"文"的本义出发，逐层推演，可以找到"文"的三个重要内在意涵及早期文献中的佐证。

（一）字形与本义：（基于智性的）"区分"与"制作"

《说文解字》卷九（上）"文"部"文"字释曰："文，错画也，象交文。"①段玉裁注曰："错当作逪，逪画者，交逪之画也。"②说明"文"所表示的画下的线条，不是单一的、并行的，而是多数的、相交的。许慎的解释与春秋时期出现的一些"文"字字形相符。由上述含义出发，段注做了一个引申："黄帝之史仓颉见鸟兽蹄迒之迹，知分理之可相别异也，初造书契，依类象形，故谓之文。"③段注用仓颉造字之典说明了"文"如何具有"文字"的含义：人见鸟兽行走留下之迹，得知通过不同纹路可以区别、判断事物，于是，人们也可以用不同的画迹来表达对应的事物，文字由是产生。可见，"文"不是任意的画纹、痕迹，而是可以被辨识、具有区分作用、能在一定程度上传达意义的线条图案。这是"文"的本义中包含的一层重要含义。

再查看"文"更早期的字形，可知其或与在人体之上绘制花纹有关。商王武丁以前的甲文字形皆像人形，于躯干或头部有标记（包括"错画"之纹样）④。此外，"文"也较早地与纺织品及色彩相关联。如《考工记》云"青与赤谓之文，赤与白谓之章"⑤，又如《逍遥游》中云"瞽者无以与乎文章之观"⑥，皆就织物而言。因此，"糸"部的"纹"字作为"文"的俗体出现，被广泛地用以表达"文"的名词义。总而言之，无论是"画下交错的线条""文字"还是"在人体或纺织品上绘制纹样"，"文"所指的都是由人完成的一种"制作"。这也是"文"的字形本义中已包含的另一层含义。

（二）"文"之意涵一：修饰以彰显

在《说文》中，"文"不仅是一个字，也是许慎所设的五百四十部之一。不同于后世字书，《说文》中部首及其排列要承担表达意义的作用，而在意义上紧密相

---

① 段玉裁注《说文解字》，杭州：浙江古籍出版社，2007年，425页上。文中《说文解字》以下简称《说文》。

② 段玉裁注《说文解字》，425页。

③ 段玉裁注《说文解字》，425页。

④ 邹晓丽《基础汉字形义释源——〈说文〉部首今读本义》，北京：中华书局，2007年，32页。

⑤ 闻人军译注《考工记译注》，上海：上海古籍出版社，1993年，124页。

⑥ 郭庆藩《庄子集释》（上），北京：中华书局，2010年，30页。

连、只因细微差别而分开的部首在位置上一般彼此相邻，可成组加以处理。与"文"部相邻的是"彡"部和"文彡"部。"文"（动词）、"彡"（名词）、"文彡"（形容词）三者构成意义相关的一组部首。理解"文"的意义时，可取资于其他两部。考"彡"部所录之字，其含义多与"成文"有关，例如"形""修""彰""彫"等。有学者考释，"彡"就是"花纹"的"纹"字。[①]而"纹"是"文"名词意项上的俗体字，因此我们可以将"彡"看作"文"作名词时的同义词。

从意义上来看，《说文》释"彡"为"毛饰画文"，即用毛笔"饰"和"画"而得到的纹样。其中的动词"饰"，古多与"拭"通用，段玉裁注云"去尘而使光明"[②]。与此相通，"文"中也包含"修饰"，亦即"去掉不必要的部分"的意涵。同样，如果人们通过学习而修饰自身，这个动作、过程也被称为"文"。《论语·宪问》中有"文之以礼乐，亦可以成人"[③]。同时，可以起到修饰从而彰显之作用的东西，也被称为"文"。因此，就有"言，身之文也"[④]"服，心之文也"[⑤]等。就智性而言，由"文"的饰（拭）而使光明之意便可引申到"文明""文化"的意义。

（三）"文"之意涵二：丰富、使丰富

"文"的第二层意涵可由对"文彡"部的分析得到。"文彡"不仅在字形上与"文"相关，在意义上亦然。《说文》释为"𧹄也"，王力释"𧹄"为"郁"，"郁郁乎文哉"[⑥]者也。段玉裁指出后来人们用作形容词的"文"本应作"文彡"[⑦]。我们因而可以通过"文彡"来理解"文"的意涵。"郁"有丰富、繁多的意义，所以"文彡"进一步明确了"文"本义中包含的"多"的意义。是故先秦即有"物一无文"的表达。同样，人们通过学习来使自身丰富，这一过程也叫作"文"。而具备这种不断地学习而丰富自身之德行的人，就被视作具有"文"的品质。"孔文子"

---

① 邹晓丽《基础汉字形义释源——〈说文〉部首今读本义》，32 页。

② 段玉裁注《说文解字》，424 页上。

③ 杨伯峻译注《论语译注》，北京：中华书局，2006 年，149 页。

④ 杨伯峻编著，《春秋左传注》（一），北京：中华书局，2006 年，418 页。

⑤ 《国语》，上海：上海古籍出版社，1987 年，195 页。

⑥ 杨伯峻译注《论语译注》，28 页。

⑦ 段玉裁注《说文解字》，425 页上。

谥为"文",《论语》中的解释即为："敏而好学，不耻下问，是以谓之'文'也。"①

（四）"文"之意涵三：秩序——以"礼"为中心

前文已指出，"文"字的本义中包含了两个基本规定："区分"和"制作"。要理解"文"的第三重意涵，需了解被儒家视作"文"的"礼"。王夫之："文与礼原亦无别……在学谓之文，自践履之则谓之礼，其实一而已。"②"礼"与"文"之间有内在共通之处，即皆通过"区别"来呈现规律或秩序，表达意义。其意义在两个层次上形成对照：首先，二者的根基都在于"区分"和"秩序"。在段玉裁所举的仓颉造字之例中，"文"是具有区分之功能的线条图案。而礼者，节文也；礼者，别异也。第二，二者都可以有效地传达这种"区分"或"秩序"，从而分别是一种"表意系统"。文字无疑是表意系统，而古礼也"是一套完整的表意系统。"③对于儒家而言，"言语有章，动作有文"④。"文"与"礼"都包含基于"秩序"的表意的可能性。"礼"是儒者言行动作遵循的秩序，"礼"因而也是儒家、儒者需遵守的一种规定。也可以看到，"文"与"礼"的内在关联使我们很难脱离礼乐文明理解"文"的意涵。

通过对字形和相关字义的考察，我们知道，"文"是可见的、明了的、起区分作用的；"文"所指涉的是多的、丰富的；与"礼"相关联，"文"有"条理""秩序"的意涵。同时，"文"指的是一种由人的制作而得到的状态。在对"乡""文乡"两个相关字义的考察，可以发现：就人而言，如果希望自身具有"文"——丰富、明亮的特质，主要的途径是学习。随着典籍、文章的兴起，这种学习的内容也主要以"文字"为载体。"文"的"丰富""明亮"之意涵，于先秦时期就已经可以运用于从物体到人的智性或德行等广泛范围。

在"文"的单独出现中就已经包含了多个维度的意义走向。而在人们实际地使用"文"所进行的表述中，往往同时囊括了其中的多重意涵。"文"在意义上的这

---

① 杨伯峻译注《论语译注》，47 页。
② 王夫之《读四书大全说》卷五，《船山全书》第 6 册，长沙：岳麓书社，2011 年，691 页。
③ 邹昌林《中国礼文化》，北京：社会科学文献出版社，2000 年，49 页。
④ 杨伯峻编著《春秋左传注》（三），1195 页。

种多向性是"文—质"论形成、展开、持续发生影响的基础。

二、"文""质"对举

（一）"质"的含义

"质"（"質"），同形有二字。其一，音陟利切，去声，其本义即与字形相符，与钱物有关。《说文》释曰："以物相赘"[1]，朱骏声："以钱受物曰赘，以物受钱曰质。"[2]即以财物作抵押、作保证。此义项于先秦古籍中常见，如《战国策·赵策四》："于是为长安君约车百乘，质于齐，齐兵出。"也用作名词，即指抵押品、人质。

其二，音之日切，入声。段注《说文》"质"字条又云："引伸其义为朴也、地也。如'有质有文'是也。"[3]然由"抵押"之义到"朴""地"之义，从词义引申上很难找到直接的解释。把两个"质"分别处理为两个字或更为合理。一为作"抵押"讲的"质"，一为作"朴""地"讲的"质"。段注拟音为"之日切"的，是后一个"质"字，而非许慎释为"以物相赘"的"质"。段玉裁释为"朴""地"的"质"字在先秦古籍中已常见，指质地、底色。如段注所引《周礼》"射则充椹质"[4]，又如《仪礼·乡射礼》"天子熊侯，白质；诸侯麋侯，赤质"[5]。在此，"质"与"饰"形成对举，在这个意义上有"文—质"之对立。"质"由这个意义而引申指本质，如《论语·卫灵公》："君子义以为质，礼以行之。"[6]此外，这个"质"字还有"箭靶"的意思，《荀子·劝学》云："是故质的张而弓矢至焉。"[7]从这个意义引申指对象、目标，故《庄子·徐无鬼》中有"臣之质死久矣"[8]。所以，"质"是可以

---

① 段玉裁注《说文解字》，281 页下。
② 朱骏声《说文通训定声》，武汉：武汉市古籍书店影印，1983 年，617 页下。
③ 段玉裁注《说文解字》，281 页下。
④ 段玉裁注《说文解字》，281 页下。
⑤ 郑玄注、贾公彦疏《仪礼注疏》（上），北京：北京大学出版社，1999 年，234 页。
⑥ 杨伯峻译注《论语译注》，47 页。
⑦ 王先谦《荀子集释》，北京：中华书局，2010 年，7 页。
⑧ 郭庆藩《庄子集释》（下），843 页。

与之相对的存在、可以瞄准的固定物。我们可以看到，若加以对比，则"质"为本然的、实然的、内里的、固定的，而"文"为制作的、表层的、有多种可能性的。

（二）对"文"的反思和补充

先秦诸子对"文"有不同的态度。如《韩非·解老》："物之待饰而后行者，其质不美也。"①又《庄子·缮性》言："至德之世，同与禽兽居，族与万物并……同乎无知，其德不离，同乎无欲，是谓素朴……然后附之以文，益之以博……文灭质，博溺心，然后民始惑乱。"②这里的"文"既可以指人、物之上的附丽，也可以指智识文明。"文"是人的一种发明，但墨家、道家等诸种学说则鲜明地体现了对于"文"的反思态度，在这种反思中"文"与"质"体现为一种对立的关系。

在"文—质"对举的论述中，与人为的、后天的"文"相比，"质"是原初的，其存在在时间和逻辑上都先于文。同时，我们可以看到"文—质"对举在某种程度上已经包含了对于"文"的反思，这是"文"发展到一定程度上才可以出现的。

基于这种反思，我们可以回到前文对于"文"的意涵的阐述。从上文所指出的"文"的几重意义来看，如果"文"发展至极，有可能会导致几种弊端："文"有丰富之意，然而，过于丰富则繁冗；"文"有修饰而使有光泽之意，然而，如果可见的表层过于齐整和光亮，则内里有可能被遮掩；"文"有"区分""秩序"的意义，而过于区分可能导致"亲亲"的缺失、"和"的缺失。"文"具有"制作"的意义，而人工的日益发展会使事物逐渐偏离了自然本初。

上文论及"文"作为"礼"的一种替代表达对于儒家而言意义重大。然儒家对于"文"的弊端也未尝没有反思，因而提出了"文质彬彬"的观念。彬彬，杂半貌。"文"与"质"兼备不偏废是儒家的主张，但若在二者之中选择，也宁可取其"质"。"文"和"质"因意义上的层层对立因而形成对举关系，为先秦时期不同学派的共识。先秦不同学派对于"文"持有不同的理解和态度，其思想中的"文—质"对举因而也呈现出不同的结构。

---

① 王先慎《韩非子集解》，北京：中华书局，2010 年，133 页。
② 郭庆藩《庄子集释》（中），552 页。

（三）"文—质"对举的基本结构

在文与质的"对举"中，实际上包含着两种不同的结构。这两种结构已经指示了后世"文—质"之论展开的两种路向，即"对立"和"相续"的两种状态。

"文—质"对举的一种结构是文与质相互补充和互相依赖，所谓"文，益其质"①。文与质是表里关系，文依附于质，而质的彰显有赖于文。文不改变其质，是作用于事物表层的一种"增益"。二者是一种"共时性"的表里关系。"文—质"的另一种结构，是相互对立和互相取代。在这种结构中，质和文分别对应"真"与"伪"或"性"与"伪"。一者出现，另一者则消失。可以看到，文与质的对举很早就出现，且两者并不一定是对立的关系。文质对举的两种可能性分别导向了两条思维路向，而这两种结构在本质上存在区别。随着两种结构在理论上的逐渐精细和深刻，两种成型的"文—质"之论也随即展开。我们会看到，在两条发展路向上的"文—质"之论距离日渐扩大。

三、作为历史观的"质文论"

由于"文"与"礼"之间有内在共通之处，"文—质"之论在中国文人对于历史规律的总结中，占有重要的地位。康有为在《春秋董氏学》中说道：

> 天下之道，文质尽之。然人智日开，日趋于文。三代之前，据乱而作质也，《春秋》改制，文也。故《春秋》始义法文王，则《春秋》实文统也。但文之中有质，质之中有文，其道递嬗耳。汉文而晋质，唐文而宋质，明文而国朝质……②

以一文一质的规律来论述"天下之道"看似生硬，却是中国古代文人关于"文明进化"的一种基本思路。值得注意的是，一方面，"文"是至于《春秋》才形成的传统，是文明进化的表征，因而在这里，文与质的区分是从文明、文化的角度来

---

① 《国语》，387 页。
② 康有为《春秋董氏学》，北京：中华书局，1990 年，121 页。

说的。另一方面，"文—质"之论用于表述历史进程的特点在于其中包含循环往复的思想。人们很早就用"文"与"质"来区分文明与野蛮或原始的区别。但直到"文"与"质"被抽象化，这种论说方式才开始包含"循环"的特质。

在《礼记·表记》中，则明确地出现了以亲尊文质论三代不同的表述。"亲亲"与"尊尊"的区别可以清晰地表明殷周制度之变化，而三代风教不同也很早地从亲尊文质的角度得到呈现。《礼记·表记》引《诗·大雅·泂酌》之"凯弟君子，民之父母"①，随后论述人君治民之道。所谓"凯""弟"者，"凯以强教之，弟以说安之。"②两者相补充，可达到"乐而毋荒，有礼而亲，威庄而安，孝慈而敬，使民有父之尊，有母之亲"③。而父德与母德则直接与尊、亲对应："母亲而不尊，父尊而不亲"，具体的表现是"父之亲子也，亲贤而下无能；母之亲子也，贤则亲之，无能则怜之"④。亲与尊有着明显的区别和界限，其差别如同水与火、天与地。以此为基础，《礼记·表记》具体地区分了三代的世风、民风。夏朝"尊命，事鬼敬神而远之，近人而忠焉。先禄而后威，先赏而后罚。亲而不尊。其民之敝，憃而愚，乔而野，朴而不文"⑤。商朝"尊神，率民以事神，先鬼而后礼，先罚而后赏。尊而不亲，其民之敝，荡而不静，胜而无耻"⑥。周朝"尊礼尚施，事鬼敬神而远之，近人而忠焉，其赏罚用爵列。亲而不尊。其民之敝，利而巧，文而不惭，贼而蔽"⑦。

由文明进化的角度来看，夏代尚为"朴而不文"的原始状态；商代赏罚制度似更为严苛，但社会仍然缺乏礼的秩序；周代礼制成熟，人民甚至因而有了"利而巧，文而不惭，贼而蔽"的弊端，也就是"文"带来的弊端。可见，三代各有所偏重，因而皆有利而有弊。因此，在夏、商、周三朝相比较的基础上，《礼记·表记》又将虞帝之世纳入比较之中，将其描述为完美治世。于亲尊，虞帝之世也可谓

---

① 郑玄注、孔颖达正义《礼记正义》（下册），上海：上海古籍出版社，1990 年，476 页。
② 郑玄注、孔颖达正义《礼记正义》（下册），476 页。
③ 郑玄注、孔颖达正义《礼记正义》（下册），476 页。
④ 郑玄注、孔颖达正义《礼记正义》（下册），476 页。
⑤ 郑玄注、孔颖达正义《礼记正义》（下册），476 页。
⑥ 郑玄注、孔颖达正义《礼记正义》（下册），476 页。
⑦ 郑玄注、孔颖达正义《礼记正义》（下册），476 页。

兼备而不偏，其子民"尊仁畏义，耻费轻实，忠而不犯，义而顺，文而静，宽而有辨"①。所谓"文而静"，"静"此处或与"情"相通，"情"者则可以"质""朴"为训，"文而静"者，实文而质也。在《礼记·表记》看来，接近于虞帝之世的夏或可与虞帝之世并提，故而"虞夏之道，寡怨于民。殷周之道，不胜其敝"②。而虞夏与商周的这种区别最终以"质""文"而界定："虞夏之质，殷周之文，至矣。虞夏之文，不胜其质；殷周之质，不胜其文。"③

　　"质文论"中文与质的区分基于始自周文王的"文统"之开创。因此，要理解质文论，需要探究周制中具有开创性的部分，亦即其所以被称为"文"的因由。而在此论域中，后世之所谓"文"者，核心内涵即在于其与"周文"的相符程度。商周间，礼乐文明的出现彻底地使上古历史由原始进入"文明"之中。这一文明的转折体现在从商至周的制度变迁中，由"质"到"文"的轨迹有着明确的表征。王国维以《殷周制度论》论述了商周间政治与文化的三大剧变："立子立嫡"及由此而生的宗法、丧服之制，庙数之制，以及同姓不婚之制。其与文质问题直接相关。由"立子"之制而生出嫡、庶之分。公羊家记录的传子之法、嫡庶之法的条例为："质家亲亲先立娣，文家尊尊先立侄。嫡子有孙而死，质家亲亲先立弟，文家尊尊先立孙。"④其本质上的区别在于"质家据现在立先生，文家据本意立后生。"⑤文家尊尊，故立子的标准在于以贵不以长，立嫡的标准为以长不以贤。尊卑已定，周制如是确立"文统"。由"立子立嫡"而有"丧服之制"。王国维指出"无嫡庶，则有亲而无尊，有恩而无义，而丧服之统紊矣"⑥更加明确地指出了文家尊尊之义中以"秩序"为重。尊尊与嫡庶相对应，是保证周礼丧服之制形成完备体系的要素。

　　可以看出，以"文"来概括周制的特征，与"尊尊"相对应。但《殷周制度论》进一步指出"文"之不同于"质"，不仅仅在于其分别代表两种治道，同时也

---

① 郑玄注、孔颖达正义《礼记正义》（下册），476 页。
② 郑玄注、孔颖达正义《礼记正义》（下册），476 页。
③ 郑玄注、孔颖达正义《礼记正义》（下册），476 页。
④ 王国维《观堂集林》（上册），北京：中华书局，1959 年，457 页。
⑤ 王国维《观堂集林》（上册），457 页。
⑥ 王国维《观堂集林》（上册），462 页。

在于"文"中兼有"亲亲"与"尊尊"二义。王国维说道,"古人言周制尚文者,盖兼综数义而不专主一义之谓。"①将殷周制度相对比可知,"商人继统之法,不合尊尊之义,其祭法又无远弥尊卑之分,则与亲亲尊尊二义,皆无当也",而"周人以尊尊之义经亲亲之义而立嫡庶之制,又以亲亲之义经尊尊而立庙制。此其所以为文也"②。文中有质,以尊尊经亲亲、以亲亲经尊尊,形成亲亲与尊尊相异相维的秩序,这才是"文"更为深刻的含义。从殷周之间制度的剧变来看,以"文—质"论制度并不只是一种比附。周礼之出现,使得社会形态有了"文"。商、周制度的这种区别,在古人的论述中逐渐成为一种共识,成为制度论意义上的"文—质"之论。

《礼记·表记》中的三代质文递变说,可能是汉代"文质""三教"之说的主要渊源。③其总体思路,即三代风教不同、由质而文、因文而生敝、而以"虞帝"之世为文质相得等,对汉儒"三教""文质"之说颇有启迪、足资取材。而将三代看作是一质一文,由质而文的过程,在战国末期的思想论著中已经确定下来。这种以礼制为核心的质文论在两汉之前也已经显得细致和稳定,这样的一种论点经过阴阳家的改造而逐渐成为汉儒的经典质文论。至于两汉,这种三代质文递变论被纳入更广阔的理论框架,这就是邹衍—董仲舒的"天人"学说。

就汉人"质文代变"论的承袭而言,蒙文通等皆指出《子思子》《邹子》是其主要思想来源④。在已经提到的材料中,"质文论"还仅用来表达对古代历史的总结,尚未成为对于整体文明进程的把握和预知,直至阴阳五行思想对这一问题的介入。《汉书·严安传》载:"臣闻《邹子》曰:'政教文质者,所以云救也,当时则用,过则舍之,有易则易之。'"⑤此处"邹子"本或作"邹衍",颜师古注即云:"邹衍之书也。"⑥

邹衍"变救"说带来了文质论的重要转向:作为治道的文与质各有偏失,文

---

① 王国维《观堂集林》(上册),468 页。

② 王国维《观堂集林》(上册),468 页。

③ 参见阎步克《士大夫政治衍生史稿》,北京:北京大学出版社,1996 年,307 页。

④ 蒙文通《古学甄微》,成都:巴蜀书社,1987 年,229 页。

⑤ 《汉书》(第九册),北京:中华书局,1962 年,2809 页。

⑥ 《汉书》(第九册),2809 页。

质兼得的至德之世似乎永不可复现，"变救"一说则化解了文质不可兼得的矛盾。一切应时而取舍，过时则变，文质处于相互补充的整体循环之中。而这个整体统一的循环大系统则给予邹衍思想中以阴阳—五行为枢纽天人系统。通过把阴阳家的五行说"唯理化"，邹衍得以将王朝的更替归因于"奉天承运的天道必然性"[1]。这样一来，作为制度论或历史观的"文—质"之论才真正拥有了哲学上的基础，从而得以进入汉代的统治思想之中。阴阳五行说对于"文—质"之论的核心意义即在于此。

三代质文相替、承弊救变的思想在西汉已经流传开来，成为一种显见的理论。而经邹衍的改造，两汉之时的"文—质"之论已经成为在天人关系之下的理论。司马迁言汉之承周秦文弊而因改之，在于"得天统"。而天人关系之下的"文"，意义更为复杂了。《易·贲卦》之象辞曰："刚柔交错，天文也；文明以止，人文也。观乎天文以察时变，观乎人文以化成天下。"[2]成规律、合秩序、可被理解的天象，即为"天文"。成规律、合秩序的人间秩序、人们的行为，即为"人文"。天文与人文的相通，王者因此有了奉天的完美理由。汉人因此为文质之论带来两种新的思想：一、天人相通后的"文"义——王者奉天而行，天文与人文相通；二、文质相救与三统相配，赋予王道政治类理性的解释。

汉儒的"文—质"之说出于其政治理想，与政治批评相关。汉兴而奉黄老之治，本是对秦政的反动。然而，随着统一帝国的不断扩张，黄老之治也无法满足其发展的需求。取黄老而代之的"儒术"，就被窦太后斥为"文多质少"。因此，虽然汉儒的质文论包含承周秦文弊的"反质"主张，但与反朴、无为的黄老之治有着根本的区别。汉代作为制度论和历史观的"文—质"之论表达的仍是儒家学者的治道理想，其"反质"仍然是建立在"礼治"基础之上的，是基于亲亲、尊尊相异相维之框架、以文质兼得为理想的质文论。

因此，无论是主张改周之文，从殷之质的汉代"文质说"，还是主张损周之文，用夏之忠的"三教说"，最终都在董仲舒的手中呈现为复杂详密的终极形态。

董仲舒提出政教文质之说，在"改制"之思想中容纳了文质之论。受邹衍学说的影响，董仲舒的"文—质"之论中，即充满"变救"思想。通过揭示春秋笔法，

---

[1]　侯外庐《中国思想通史》卷二，北京：人民出版社，2004年，95—96页。
[2]　李道平《周易集解纂疏》，北京：中华书局，1994年，244页。

董仲舒诠释了《春秋》经中如何反映了文之极必反于质，而质之极亦必加于文，文质必须互补，这样一种不可违逆的"天道逻辑"。在此基础上，董仲舒形成了一整套的改制之说，主要有"三正"和"三教"二义，而以"文—质"之论统摄二者。而对于政教文质说最为详尽的构建则见于《春秋繁露·三代改制质文》一篇中。《三代改制质文》从《春秋》中的"王正月"说起，在通说历代改制之大概之后，极其详尽地为从商汤至周公的治理统系配备了相应的制度，以质文论三代治道区别的传统在这里得到了延续。接下来，《三代改制质文》又将这种传统理论置入新的天人系统之中，最为系统的"三正""三统"之说即出现在这里。在"三统""三正"之说的基础之上，《三代改制质文》进一步抽象地概括出"再复说"和"质文说"的历史发展规律："故王者有不易者、有再而复者、有三而复者、有四而复者、有五而复者、有九而复者"[①]等。

董仲舒精心构造的质文论中却存在不少自相矛盾之处，不少研究者已指出。但这种矛盾恰恰体现出文质论的构造意义——《三代改制质文》一文进一步将"文"与"质"提炼成为了抽象的概念。透过"质文""三正""三统"等，以董仲舒为代表的西汉儒者找到了支配整个古史的言说方式，并通过诠释《春秋》等经书将这种言说方式贯穿始终，从而透过历史、制度的变迁，将人们带入有理性的天人秩序中，并通过这种方式，最终实现其政治上改制的理想以及对汉德的建构。

四、"文—质"论与"质—文"论的内在张力

及至东汉，以礼治为核心，以天人秩序为框架的质文论思想更为普及。在《白虎通》中，亦有《文质》《三正》《三教》诸篇。而两汉以降，质文论历史观仍频繁出现。汉魏之际，阮瑀、应场分别作《文质论》。在涉及对礼制的讨论以及文明的进化关系时，人们仍愿意用"文"或"质"对概念加以论说。此外，"文—质"概念更进一步被用于描述风俗，且逐渐向文论中的文质论过渡。与两汉时期相同的情况在于，魏晋之质文论也与魏晋时期的政治文化有着密切的联系。但是，汉儒精心制作的"一文一质"的再而复的结构已经随着与其最为匹配的时代的过去而难以

---

① 李道平《周易集解纂疏》，204 页。

复现。及至魏晋，质文论也已完全成为了一套论述工具。①"文"与"质"相替的规律为儒者解释历史、现状提供了始终有效的语言，"文"与"质"相救的法则则为儒者解决困境提供了普遍有效的方法。因此，尽管质文论在董仲舒的论述中存在着矛盾，但仍然成为了后世文人奉为圭臬的经典史观。

若观察作为历史观的质文论中包含的价值倾向，则可以看到：尽管在先秦诸子的思想中，与"质"相对应的原初的社会状态并不一定低于与"文"相应的文明社会，但随着质文论逐渐包含"一质一文"的结构，"质"与"文"的对立就被化解在文质的循环中。因此，以道家为宗的思想主张看到文的弊端，而提出反质、反朴的要求。而对于儒家学者而言，其以文质彬彬为理想的社会状态则能够在一个长时期的历史进程中得到某种程度的实现。作为历史观的质文论因而既保留了儒家政治理想的实现可能，又使得现实的作为具有价值。

回到"文"与"质"的意义上，我们可以看到，"文"在先秦已经包含"秩序"的意味。同时，在"质"与"文"的对举中，"文"趋向于区别和规范，与"礼"仍然保持着对应关系。尽管在《礼记·表记》中，我们还可以看到对于"文"的反思和对于远古"质"的赞扬。但在推崇周礼的背景之下，"文"因为本身具有兼综、涵盖之义而得以涵盖"质"之含义。因而，从总体上来看仍然是"以文统质"。只有不把"文"当作宗周礼制的代称，而是视作与"质"相对应的另一种社会形态特征，一文一质相替才有可能。不能否认，"文质兼备"之理想的内核是以文为本，一文一质的规律终究是为文统的辩护。因而从历史上来看，或许并没有真正意义上的"质家"。

"文—质"之论成为一种纯粹抽象的概言，正如其从定型之时起，就是一种与儒家政治思想密切相关的理论。更重要的是，"文—质"之论从此直接承载着儒家的政治理想。文人、士人自身的命运与儒家政治理想的实现在历代质文论之中相续出现。作为历史观的"质文论"来源是久远的，形成的过程是经过多种思想的交汇的。这种质文论的影响是根深蒂固的。而这种论述所包含的理性化和神秘化的双重特质，也使得中国后来的社会历史和思想史往往展示出吊诡的特点。

通过以上论述，我们可以看到：从源头上来看，"文—质"之论的产生包含着复

---

① 阎步克《乐师与史官——传统政治文化与政治制度论集》，北京：三联书店，2001 年，293 页。

杂的情况，即"文"字的多义性及其在"文—质"之论中的核心性。通过对于史学论域内的质文论较为详尽的考察，我们也可以看到，两种"文—质"之论虽然都基于文与质两者本身的对立，但其发展路向却可以归结于不同的逻辑基础。

卡西尔《人论》第十章《历史》以这样一段话作结："艺术与历史学是我们探索人性本性的最有力的工具。没有这两个知识来源的话，我们对于人会知道些什么呢？……在伟大的历史和艺术作品中，我们开始在这种普通人的面具后面看见真实的、有个性的人的面貌……诗歌不是对自然的单纯模仿；历史不是对僵死的事实或事件的叙述。历史学与诗歌乃是我们认识自我的一种研究方法，是建筑我们人类世界的一个必不可少的工具。"①通过对"文—质"这一中国古代思想中重要的论述语言的考论，我们在某种意义上，切入了中国古代"艺术与历史"这两个领域。但正如卡西尔所说，历史和艺术都是我们探求人性的工具。从历史与美学的角度，我们看到了"文—质"之论得以展开的广阔领域，但"文—质"问题从根本上是一个"人"的问题，一个"文人"的问题。这也是我们研究"文—质"论最终应该关注的问题。

如果将"文"作为对文人的规定，其内涵则将在更大的意义范围内展开。赵园说道："'文'的内涵由广而狭，宋明之人已有论者：明初宋濂：'传有之，三代无文人，六经无文法。无文人者，动作成仪皆成文；无文法者，物理即文，而非法之可拘也。秦汉之下则大异于斯，求文于竹帛之间，而文之功用隐矣。'"②"文"的意涵由广而狭的过程即是"文人"的角色化、"文"的文体化的过程。宋濂试图回归他所认为的原初语义的"文"，说"吾之所谓'文'，乃'经天纬地之文'"，"余之所谓文者，乃尧、舜、文王、孔子之文，非流俗之文也"，"天地之间，万物有条理而弗紊者，莫非文"③。又如李颙："经天纬地之谓文，非雕章绘句之末也"，"文乃斯文之文，在兹之文，布帛菽粟之文；非古文之文、时文之文、雕虫藻丽之文。"④可以看到，本文一开始所讨论的文的根本意义和广阔的意义域在古代文人的视野中

---

① 恩斯特·卡西尔《人论》，甘阳译，上海：上海译文出版社，2004年，285页。
② 赵园《制度·言论·心态——〈明清之际士大夫研究〉续编》，北京：北京大学出版社，2006年，351页。
③ 赵园《制度·言论·心态——〈明清之际士大夫研究〉续编》，351页。
④ 赵园《制度·言论·心态——〈明清之际士大夫研究〉续编》，351页。

是清晰的。而文质论之所以与文人有着密切的联系，在于"文"部分地规定着"文人"的存在。从汉儒的论述中，我们已经看到文人面对"文"时谨慎、矛盾的态度。文士有关历史演进大势的判断，有赖"文—质"这一对立范畴做出，这一点便深刻地影响了士人对社会文化及其深层变动的敏感度，也塑造了他们感知几微的能力。

总而言之，就"文—质"之论本身而言，历史观质文论看似是先秦文质论的一种变形，但同样形成了强大的"礼"论传统。同时，我们还是可以看到两种文质论之间存在着暗合之处。《文心雕龙·时序》中说过"文变染乎世情，兴废系乎时序。"在作为历史观的质文论发展的过程之中，阴阳五行思想为文质两个概念之间的转换提供了解释和方向。而就"文—质"之论的意义而言，世运、文运以及文人自身的命运相互交织，每一个时代的文人都在面临着最为古老的"文质"问题。文者以文，兼济天下；质者以野，独善其身。文在兹，则天不丧我；文不在兹，则天丧吾。"文"的存亡与文士的存亡命运息息相关。也正因为此，"文—质"问题是任何一个时代的文人都无法避免的问题。

《乐记》对《乐论》"情感"思想的继承和超越[*]

李红丽

西北政法大学

———— * ————

[摘　要]《乐记》对于《乐论》既有继承的部分，也有超越的部分。一方面，它继承了以荀子为代表的先秦儒家礼乐思想，是对先秦古乐理论的总结和梳理。另一方面，它又超越了前人，吸收了《易传》思想，以阴阳五行与占星学相结合的思想对荀子《乐论》作了新的解读和阐释。从对二者"情感"思想的对比研究中发现，《乐记》对于《乐论》，超越甚于继承，不能仅仅将其看作先秦儒家音乐理论的总结，或者是先秦儒家礼乐观的集大成，而要将其看作是先秦两汉时期儒家礼乐思想的总结和集大成。《乐记》的核心思想是汉代的以阴阳五行与占星学相结合的思想。

[关键词]情感　《乐论》《乐记》　阴阳五行　占星学

一、荀子《乐论》中的"情感"思想

如果说礼是外在的规范，制约着人之情，乐则由于其对人心的兴发作用，与人

---

*　本文是陕西省教育厅专项科研计划项目"论先秦儒家情感哲学的独特性"的阶段性成果，项目编号：16JK1799。

情有一种天然的联系。荀子探讨乐与情的关系问题主要集中在以下四段话中：

> 夫乐者，乐也，人情之所必不免也，故人不能无乐。乐则必发于声音，形于动静，而人之道，声音、动静、性术之变尽是矣。[①]

> 故乐者，天下之大齐也，中和之纪也，人情之所必不免也。是先王立乐之术也，而墨子非之，奈何！[②]

> 乐者，圣人之所乐也，而可以善民心，其感人深，其移风易俗，故先王导之以礼乐而民和睦。夫民有好恶之情而无喜怒之应则乱。先王恶其乱也，故修其行，正其乐，而天下顺焉。[③]

> 且乐也者，和之不可变者也；礼也者，理之不可易者也。乐合同，礼别异。礼乐之统，管乎人心矣。穷本极变，乐之情也；著诚去伪，礼之经也。[④]

（一）乐，养情性

乐是"人情之所必不免"。《乐论》一开篇，荀子首先从人性层面论述了乐："夫乐者，乐也，人情之所必不免也，故人不能无乐。"人类对乐的要求来源于人天性的需要。乐能够表现人快乐的情感，而快乐又是人的情感之中不可缺少的，所以，人不能无乐。荀子把乐建立于人的本性之上，认为乐是人之性情内在的需要，乐本身就是为了表现人的情感，这给予乐以很高的地位。而"夫民有好恶之情而无喜怒之应则乱"，所以"先王恶其乱也，故修其行，正其乐，而天下顺焉。"这说明人的情感生发以后，必须要有乐的引导，才能张弛有度、进退得宜。北美汉学家John Knoblock 认为："音乐影响我们的心灵，它不仅引发我们以情感的方式去活动，并且同时去感受它。先王对此深有领悟，所以将音乐抬到了最高的地位。他们的关注点不是音乐能满足耳目之欲，而是它可以作用于人的心灵，调整我们的好恶之情

---

① 王先谦《荀子集解》，北京：中华书局，1988 年，379 页。
① 王先谦《荀子集解》，北京：中华书局，1988 年，379 页。
② 王先谦《荀子集解》，380 页。
③ 王先谦《荀子集解》，381 页。
④ 王先谦《荀子集解》，382 页。

并把它保持在其边界之内。"①

　　荀子还举了具体例子说明乐如何影响情感的抒发，"故齐衰之服，哭泣之声，使人之心悲；带甲婴轴，歌于行伍，使人之心伤②；姚冶之容，郑、卫之音，使人之心淫；绅端章甫，无③韶歌武，使人之心庄"④。看到穿丧服、哭泣的人，就会感到悲伤。看到将士们一身戎装，一起在队伍中放声歌唱，就会让人心为之震荡，从而奋发振作。喜欢欣赏妩媚的容颜，放纵情性的郑、卫之音，会让人生发轻淫、放荡的情感。"绅端章甫，无韶歌武"从上古雅乐的角度出发，认为雅乐会使人心变得庄敬。荀子以这些具体的例子告诉我们：其一，声、音、乐与人心有密切的联系，"夫声乐之入人也深，其化人也速，故先王谨为之文。"⑤声乐是直接作用于人心，所以其能起到感化人心，导养性情的作用。其二，人与人之间的情感可以互相感染和影响，这就是乐为什么能够和同群体情感的主要原因。

（二）乐，善民心

　　乐导人向善。人的快乐虽然要靠乐来表现，但是人的快乐因为也包括了各种生理心理的过多欲望，所以容易产生纷乱，让人心不宁，因此，圣人"制雅、颂之声以道之，使其声足以乐而不流，使其文足以辨而不谝，使其曲直、繁省、廉肉、节奏足以感动人之善心，使夫邪污之气无由得接焉"⑥，圣人做雅、颂之乐，是为了引导人的情感，让其快乐但不淫乱，通过乐曲的曲调、节奏感动人的善良之心，导人向善。故"乐者，圣人之所乐也，而可以善民心，其感人深，其移风易俗，故先王导之以礼乐而民和睦。"⑦

---

① 　John Knoblock.*Xunzi—A translation and study of the Complete Works, Volume* Ⅲ *, Books* 17–32. Stanford: Stanford University Press. 1988. p. 79.
② 　此处按"伤"理解，文意不通，俞樾认为此处应该是"惕"字，并认为"惕"与"荡"同。参见王先谦《荀子集解》，北京：中华书局，1988 年，381 页。北京大学《荀子》注释组认为此处应该是"扬"字，即发扬、振奋。笔者认为这两种意见都有合理之处，从此句的文意来看，主要是表现将士们奋发上进的士气带给人的振奋、鼓舞的情感。
③ 　此处的"无"字，当通"舞"。
④ 　王先谦《荀子集解》，381 页。
⑤ 　王先谦《荀子集解》，380 页。
⑥ 　王先谦《荀子集解》，379 页。
⑦ 　王先谦《荀子集解》，381 页。

（三）乐，和同群体之情感

荀子曰："故乐在宗庙之中，君臣上下同听之，则莫不和敬；闺门之内，父子兄弟同听之，则莫不和亲；乡里族长之中，长少同听之，则莫不和顺。故乐者，审一以定和者也，比物以饰节者也，合奏以成文者也，足以率一道，足以治万变。"[①] 乐使人与人之间的情感得到了有效的沟通，使君臣之间合敬，使父子兄弟和亲，乡里乡亲和顺，所以，乐的最大功用就是"和"。"和"是儒家追求的最高境界，而乐通过作用于人心，沟通了人与自身、人与他人之间的情感，起到了和同人心的作用。所以荀子说："故乐者，天下之大齐也，中和之纪也，人情之所必不免也。"[②]

（四）乐，感人心

乐之所以能"善民心""移风易俗"，最关键的是乐能"感"。"感"，从天道方面而言，首先是声音与阴阳二气相互感应。"凡奸声感人而逆气应之，逆气成象而乱生焉；正声感人而顺气应之，顺气成象而治生焉。唱和有应，善恶相象，故君子慎其所去就也。"[③]不同的声音会有不同的气来感应，并形成不同的乐象，声音与气相互呼应。所以，君子要谨慎地对声加以取舍。从人道方面而言，是人心对于乐之"感"。"君子以钟鼓道志，以琴瑟乐心；动以干戚，饰以羽旄，从以磬管。"[④]君子用钟鼓、琴瑟等音乐来导引志向、陶冶性情。用羽毛做装饰，并以磬管之音相应和，在乐的演奏过程中，人的心意被感发了，情感美化了，德性变善了，曰"美善相乐"。最后，天道与人道靠乐之感而合二为一，"故其清明象天，其广大象地，其俯仰周旋有似于四时。故乐行而志清，礼修而行成，耳目聪明，血气和平，移风易俗，天下皆宁，美善相乐"。[⑤]乐声像天地一样清明和广大，舞蹈像四季一样有节奏的变化。所以，在乐的活动中，人的志向变得纯洁，礼义更加完备，人自身则"耳目聪明，血气和平"，社会则"移风易俗，天下皆宁，美善相乐"，这就是荀子所设想的理想人格和理想的社会。

---

① 王先谦《荀子集解》，379—380 页。
② 王先谦《荀子集解》，380 页。
③ 王先谦《荀子集解》，381 页。
④ 王先谦《荀子集解》，381 页。
⑤ 王先谦《荀子集解》，381—382 页。

（五）情与礼、乐

　　情与礼乐的关系。礼、乐的关系是：乐和同，礼别异。"且乐也者，和之不可变者也；礼也者，理之不可易者也。乐合同，礼别异。礼乐之统，管乎人心矣。穷本极变，乐之情也；著诚去伪，礼之经也。"[①]乐使人和谐一致，礼使人区分等级差别。礼与乐的总体，管束着人的心灵。乐的本质是从根本上改变人的情性，礼的本质是表现真诚去掉虚伪。在这里值得注意的是，一方面不论乐的"穷本极变"，还是礼的"著诚去伪"，都是以表达人的情感为核心。可见，荀子的礼论和乐论，都是以情为中心，让人之真诚的情感得到合理的抒发。另一方面，礼、乐都有修饰情感的作用，"且乐者，先王之所以饰喜也；军旅铁钺者，先王之所以饰怒也。先王喜怒皆得其齐焉。是故喜而天下和之，怒而暴乱畏之。先王之道，礼乐正其盛者也。"[②]乐，是对喜的修饰，使喜悦的情感表达合宜；军旅铁钺，是对怒的修饰，使震怒的情感得以适当的宣泄。"喜怒皆得其齐"，这就要同时靠礼、乐的共同作用，让人的情感当喜则喜、当怒则怒，进退得宜。只有这样，天下才能归于治。

二、《乐记》的核心思想属于先秦还是汉代

　　荀子的《乐论》与《礼记·乐记》的文字和思想有很多重合之处。这就引发了《乐论》和《礼记·乐记》的创作谁先谁后的问题。

　　现存的《乐记》取自《小戴礼记》。《乐记》的作者以及成书年代问题，历来是学术界争论最多的问题之一。20世纪初主要观点有两种：一、《乐记》作者是战国时期的公孙尼子。持这种观点的以郭沫若、杨公骥、周柱铨等为代表。[③]二、《乐记》成书于汉武帝时代，由西汉河间王刘德、毛生等编纂而成。持这种观点的以蔡仲德等为代表。[④]这个问题争论至今，依然没有定论。

---

① 王先谦《荀子集解》，382页。

② 王先谦《荀子集解》，380页。

③ 关于《乐记》的成书年代和作者问题，持公孙尼子说者，分别参见郭沫若《公孙尼子与其音乐理论》、杨公骥《公孙尼子的〈乐记〉及其艺术理论》、周柱铨《〈乐记〉考辨》，三篇文章均收入于人民音乐出版社编辑部编《〈乐记〉论辩》（北京：人民音乐出版社，1983年）。

④ 蔡仲德《〈乐记〉、〈声无哀乐论〉注译与研究》，杭州：中国美术学院出版社，1997年。

从今本《乐记》11篇的内容来看，其中有与《荀子·乐论》《易传》以及《吕氏春秋》等内容相同或相近之处。这就引起了到底是《乐记》抄录了上述著作，还是上述著作抄录了《乐记》的讨论。持战国公孙尼子说者，自然认定《乐记》核心思想属于先秦。反之，持西汉刘德、毛生说者，自然认定《乐记》核心思想属于汉代。

朱良志认为"《乐记》与《荀子·乐论》《吕览》《易传》相同或相似处，是《乐记》一书性质所决定的，它本来就不是独立创作的私家著作，而是综合先秦以来论乐之说而成的。《奏答》说'捃拾遗文'，'编次'而成，是可信的。正因此，《乐记》的思想可以视为西汉之前我国音乐理论的集大成著作，并非反映刘德一家的观点。"[①]笔者认为此种观点从史料出发，客观公允，值得参考和借鉴。

近年来，学界对此问题的研究又有了最新的进展。章启群从占星学的角度探讨了《乐记》的成书年代及其核心思想问题，认为《乐记》中，占星学和阴阳五行思想占据了一个特有的重要地位，而占星学和阴阳五行思想的广泛流行是在汉代，所以《乐记》编纂成书是在汉代，其核心思想也是属于汉代。他说：《乐记》所提出的"乐者，天地之和也。礼者，天地之序也"，"乐由天作，礼以地制"，"大乐与天地同和，大礼与天地同节"，实质上是占星学礼乐观的集中表述。[②]笔者认为此种观点从思想史出发，着眼于先秦和汉代思想最大的不同，即阴阳五行和占星学相结合并广泛的流行是在汉代，来论证《乐记》核心思想属于汉代，具有创新意义，也同样值得参考和借鉴。

在吸收借鉴以上多位学者的研究成果的基础上，笔者倾向于对此问题做出这样的解释：《乐记》核心思想既有先秦的成分，也有汉代的成分。原因在于《乐记》一书本身的特点，它的成书和其他先秦古书一样，非一人一时而成，而是西汉时期，由刘德、毛生等汉儒在搜集整理先秦儒家谈乐的言论（"共采《周官》及诸子言乐事者"）时编辑整理而成。因为它是综合先秦儒家论乐的思想而来，所以其核心思想有先秦的成分。同时，又因为它的编纂时间在汉代，免不了汉儒以汉代思想进一步阐释先秦乐论，所以其核心思想又有汉代的成分。

---

① 朱良志《中国美学名著导读》，北京：北京大学出版社，2004年，6页。
② 章启群《星空与帝国——秦汉思想史与占星学》，北京：商务印书馆，2013年，236页。

三、《乐记》对《乐论》"情感"思想的继承和超越

探讨这个问题的前提就是承认《乐记》的创作晚于荀子的《乐论》，这一点在学术界基本上达成了共识。

叶朗认为："《乐记》是《乐论》的进一步发展，更成熟，更系统化了，而且有很多概括性的结论。"[①]并肯定《乐记》是发挥了先秦儒家的音乐美学思想，"《乐记》一书是孔子以来的儒家的音乐美学思想的系统化。它主要发挥的是孔子、荀子（也许还有公孙尼子）的音乐美学思想。它的特点是比较有系统性。"[②]

李泽厚、刘纲纪认为："不论《乐记》的作者为谁，从它的基本思想来看，属于荀子学派。它的成书，不会在荀子之前，而应在荀子之后。"[③]并且通过二者思想内容的对比探讨了《乐记》与荀子《乐论》的关系。他们的结论是："《乐记》的基本思想属于荀子学派。尽管《乐记》还吸收了阴阳五行的思想，抄录了不少《易传》中的文字，但它的全部音乐理论是建立在这个根本的前提之上的……但《乐记》又不是《乐论》的简单重复，它在许多重要问题上作了比《乐论》更为系统深入的阐明，发展了《乐论》的思想。"[④]

章启群从思想史的角度探讨了这个问题，他不仅认为《乐记》的创作晚于《乐论》，还认为二者之间并不是简单的继承关系，而且在根本观念上存在深刻、巨大的差异，他说："《乐记》的成书时间可以确定为汉代，但其思想比较驳杂，其中保留了上古音乐思想和先秦儒家礼乐思想是毫无疑问的，包括《荀子·乐论篇》的思想，但是《乐记》又体现了汉代经学的观念，融入了占星学的宇宙观。《乐记》对于先秦儒家礼乐思想进行了改造与整理，与其说它把汉代阴阳五行观整合在先秦儒家的礼乐思想之中，倒不如说，它把先秦儒家的礼乐思想整合在占星学的宇宙观之中。从这个角度说，它基本上颠覆了先秦儒家礼乐思想的根本观念，因此与《乐论篇》具有重大的区别。"[⑤]

---

① 叶朗《中国美学史大纲》，上海：上海人民出版社，1985 年，149 页。

② 叶朗《中国美学史大纲》，150 页。

③ 李泽厚、刘纲纪《中国美学史·先秦两汉编》，合肥：安徽文艺出版社，1999 年，323 页。

④ 李泽厚、刘纲纪《中国美学史·先秦两汉编》，329 页。

⑤ 章启群《星空与帝国——秦汉思想史与占星学》，218—219 页。

对于以上学界前辈们的观点，笔者深受启发。《乐记》对于《乐论》，到底是继承的部分多，还是超越的部分多？笔者想以情感的角度切入此论题，从二者对情感的态度、方式的对比中加以具体分析。

（一）"情"字内涵之比较

从"情"字出现的频率来看，荀子《乐论》篇中，"情"字仅出现了4次，而《乐记》中出现了18次之多。二者共同之处是，"情"字都有"情感"和"本质"的内涵，其中，所谓"情感"的"情"是最主要的。荀子《乐论》中，"人情之所必不免也""夫民有好恶之情而无喜怒之应则乱"，这两处的"情"字都是对人喜怒好恶情感的总称。"穷本极变，乐之情也"的"情"字，指本质。《乐记》中，"情"字同样有这两种含义，而且用法、意义也更加丰富。"情动于中，故形于声""合情饰貌者礼乐之事也""是故先王本之情性，稽之度数，制之礼义""是故君子反情以和其志""是故情见而义立，乐终而德尊""乐章德，礼报情反始也"，这些段落中出现的"情"字，都是指"情感"。当然，也有作为"本质"含义的"情"，如："论伦无患，乐之情也""化不时则不生，男女无辨则乱升，天地之情也"。

《乐记》较《乐论》的特别之处是两次提到了"礼乐之情"。"故知礼乐之情者能作，识礼乐之文者能述"[1]，"礼者，殊事合敬者也；乐者，异文合爱者也。礼乐之情同，故明王以相沿也。"[2]这两处的"情"字，作"本质""情感"，都可以讲得通，笔者更倾向于当"情感"讲。"礼者，殊事合敬者""乐者，异文合爱者也"，这两句可以形成互文，意思是说礼乐在内容（"事"）、形式（"文"）方面有所不同，但同样都表达了合敬合爱的情感，所以"礼乐之情同"。

（二）"情"源于"性"还是"人心之感于物"

《乐论》延续了荀子关于"性""情"关系的看法，认为情来源于性，"情者，性之质也"[3]，"性之好、恶、喜、怒、哀、乐谓之情"。[4]《乐记》则认为情不是

---

① 朱彬《礼记训纂》，北京：中华书局，1996年，568页。

② 朱彬《礼记训纂》，567页。

③ 王先谦《荀子集解》，428页。

④ 王先谦《荀子集解》，412页。

直接来源于性，而是来源于心之感于物。"乐者，音之所由生也；其本在人心之感于物也。是故其哀心感者，其声噍以杀。其乐心感者，其声啴以缓。其喜心感者，其声发以散。其怒心感者，其声粗以厉。其敬心感者，其声直以廉。其爱心感者，其声和以柔。六者非性也，感于物而后动。"①这里主要是讲乐是人心感于物而生。哀、乐、喜、怒、敬、爱，虽然称之为"心"，其实就是指这六种情感。《乐记》认为这六者不是性，而是人心感于物而后发动所产生的情感。所以，《乐记》言"情"，主要是从"感"的角度出发，人心感于物才产生了"情"。以"感"论"情"，体现了对于人自然情感的自我感知和体验。而今，"情感"已经作为一个合成词被广泛地使用，"情"与"感"已经密不可分。

（三）"情"是"感于恶"还是"感于善"

荀子《乐论》中的"情"主要还是延续了自然天成的性情含义，但是因为荀子更看重"情"之"欲"的一面，"人之情，食欲有刍豢，衣欲有文绣，形欲有舆马，又欲夫余财蓄积之富也，然而穷年累世不知不足，是人之情也"。②所以，过度地追求情欲就会导致性、情皆恶。《乐记》则很少提及"欲"，它更多地看到了"情"之"动"的一面，也就是"情"之"感于物"的一面，所以"情"本身无善恶之分，关键是在"感"。"感于善"则"善"，"感于恶"则"恶"，所以，"先王慎所以感之者"③，正因为"感"很重要，所以要"感"于美的、善的事物，由此而生出来的"情"也就是既美又善的了。其实，荀子也是从"感"的角度言"性""情"，比如"感而自然谓之性"，但是很少提到"情"之"感"。并且，荀子与《乐记》作者最大的区别是：荀子《乐论》更多地看到了心"感于恶"的一面，所以导致"情恶"。《乐记》正相反，它更多地看到了心"感于善"的一面，所以导致"情善"。

（四）"情"与"性"是否为隶属关系

荀子《乐论》中，情与性的关系是：情隶属于性，情是性的基本内容，即"情

---

① 朱彬《礼记训纂》，559—560 页。

② 王先谦《荀子集解》，67 页。

③ 朱彬《礼记训纂》，560 页。

者，性之质也"①。在《乐记》中，情与性没有隶属关系。情与性的关系，是动与静的关系。动和静是事物的两种存在状态。从《易传》而言，动与静又分别是乾与坤的两种相反的状态，"一阴一阳之谓道"，《易传》中的阴、阳是两种相反相成的作用力，二者互相融合与生成，所以，乾与坤、阳与阴、动与静，都是相互生成的，没有隶属关系。而《乐记》的创作时代正是阴阳五行学说大为兴盛的汉代，深受《易传》思想影响。所以，此处既然分别以静、动来指称性、情，则情不属于性，性情二者没有隶属关系。"化不时则不生，男女无辨则乱升，天地之情也。及夫礼乐之极乎天而蟠乎地，行乎阴阳而通乎鬼神；穷高极远而测深厚。乐著大始，而礼居成物。著不息者天也，著不动者地也。一动一静者，天地之间也。故圣人曰礼乐云。"②这段话基本上是模仿《易传》思想而来，把《易传》中的"乾知大始""坤作成物"改成了"乐著大始，礼居成物"，这就把礼与乐提升到了天与地的地位。"乐"如"乾"德之健动不已，创生万物，"礼"如"坤"德之顺承天道，厚德载物。乐与礼，一动一静，永存于天地之间。以阴与阳、静与动，来言说性与情的关系，以及礼与乐的关系，这不得不说是《乐记》的一个创造。而这种创造，必是在以《易传》阴阳五行学说盛行并直接影响到社会人事的汉代才能出现。因此，从这一点上来看，《乐记》的核心思想属于汉代。

（五）礼乐之统，管乎"人心"还是"人情"

在荀子《乐论》中，"且乐也者，和之不可变者也；礼也者，理之不可易者也。乐合同，礼别异。礼乐之统，管乎人心矣。穷本极变，乐之情也；著诚去伪，礼之经也。"③而《乐记》将这一思想加以发挥和改造，形成了不同于荀子的礼乐观，"乐也者，情之不可变者也。礼也者，理之不可易者也。乐统同，礼辨异，礼乐之说，管乎人情矣。穷本知变，乐之情也；著诚去伪，礼之经也。礼乐偩天地之情，达神明之德，降兴上下之神，而凝是精粗之体，领父子君臣之节。"④从这两段相似的文字来看，很明显，是《乐记》抄袭了荀子《乐论》的思想并加以发挥。二

---

① 王先谦《荀子集解》，428 页。
② 朱彬《礼记训纂》，572—573 页。
③ 王先谦《荀子集解》，382 页。
④ 朱彬《礼记训纂》，585—586 页。

者的思想有一致性，比如"乐合（统）同，礼别（辨）异""礼也者，理之不可易者也""穷本极（知）变，乐之情也；著诚去伪，礼之经也。"这几处虽然在个别文字上有改动，但思想上未有本质的变化，其基本思想都是对于礼乐作用的论述。

这两段话区别较大的地方有三处。

（1）关于"乐"。《乐论》曰："且乐也者，和之不可变者也。"《乐记》曰："乐也者，情之不可变者也。"为何《乐记》要将《乐论》的"和"字改为"情"字？笔者推测有两点：其一，为了和后面的"理"字相呼应，相比"和"与"理"，"情"与"理"作为一对范畴更贴切。其二，"和"就是"乐"要表达的主要情感，但除此之外，"乐"还可以表达更丰富多样的情感，这表明《乐记》较《乐论》而言，更侧重"乐"的情感表现功能。还有一种说法，"乐"表达的是合于中节的情感，郑玄曰："愚谓乐由中出，而本乎中节之情，故曰：'情之不可变'"[①]。这种解释也具有一定的合理性。

（2）关于"礼乐之统"。荀子《乐论》中，"礼乐之统，管乎人心矣。"而《乐记》中是"礼乐之说，管乎人情矣"，《乐记》这一段主要讲礼乐可以治人情。"礼乐之统"，由荀子的"管乎人心"到《乐记》的"管乎人情"，足见《乐记》中情感与礼乐的联系密切。

（3）关于《乐记》中增加的这一段话："礼乐偩天地之情，达神明之德，降兴上下之神，而凝是精粗之体，领父子君臣之节。"这段话是对于《乐记》主要思想"大乐与天地同和，大礼与天地同节"[②]的具体阐释。礼乐是天地之情的体现，上可以同于神明，和谐于天地；下可以同于人伦，和谐于社会。除此之外，礼乐还可以和谐于自身。"是故先王本之情性，稽之度数，制之礼义。合生气之和，道五常之行，使之阳而不散，阴而不密，刚气不怒，柔气不慑，四畅交于中而发作于外，皆安其位而不相夺也；然后立之学等，广其节奏，省其文采，以绳德厚。律小大之称，比终始之序，以象事行。使亲疏、贵贱、长幼、男女之理，皆形见于乐，故曰：'乐观其深矣。'"[③]值得注意的是，这两段话都反映出了浓厚的《易传》思想，

---

① 孙希旦《礼记集解》（下），北京：中华书局，1989年，1009页。

② 朱彬《礼记训纂》，567页。

③ 朱彬《礼记训纂》，577—578页。

"达神明之德，降兴上下之神""合生气之和，道五常之行，使之阳而不散，阴而不密，刚气不怒，柔气不慑，四畅交于中而发作于外，皆安其位而不相夺也"，都是《易传》阴阳五行学说在礼乐方面的具体运用，再次见出《易传》对于《乐记》的深刻影响。

（六）"情"与"乐"的关系

关于"情"与"乐"的关系，《乐记》延续了荀子《乐论》的思想。首先，也承认"乐，人情之所必不免也"，并认为乐的产生是"情动于中"，"凡音者，生人心者也。情动于中，故形于声。声成文，谓之音。"[①]不同的是：荀子论音乐，只是一概而论，而《乐记》对"声""音""乐"作了具体的划分。"音，生于人心"，这是音乐的自然属性。"声成文，谓之音"，"文"是文饰、文明，是人类特有的活动，声经过修饰就成了音。而"乐者，通伦理也""知乐，则几于知礼也。"这是指乐的伦理、教化功能。所以，君子不仅要"知声""知音"，还要"知乐"。朱良志对此有精彩的解释："知声，了解音乐来自人的生命之本；知乐，了解音乐原是人区别动物的艺术创造；知乐，了解音乐原是与天地万物生民利益息息相关，是沟通天地、贯彻人伦的重要媒介。"[②]

《乐记》作者一方面也继承了荀子的"穷本知变，乐之情也"的思想，另一方面，他又说："论伦无患，乐之情也；欣喜欢爱，乐之官也。中正无邪，礼之质也；庄敬恭顺，礼之制也。若夫礼乐之施于金石，越于声音，用于宗庙社稷，事乎山川鬼神，则此所与民同也。"[③]礼中正庄敬、乐和伦仁爱，礼乐表现于乐的演奏活动中，不仅用于宗庙祭祀，而且可以侍奉山川鬼神。

（七）"反情以和其志"

"反情以和其志"是《乐记》特有的思想，此思想出现在两个段落中。

---

① 朱彬《礼记训纂》，560 页。
② 朱良志《中国美学名著导读》，23—24 页。
③ 朱彬《礼记训纂》，569 页。

凡奸声感人，而逆气应之；逆气成象，而淫乐兴焉。正声感人，而顺气应之；顺气成象，而和乐兴焉。倡和有应，回邪曲直，各归其分；而万物之理，各以其类相动也。是故君子反情以和其志，比类以成其行。奸声乱色，不留聪明；淫乐慝礼，不接心术。惰慢邪辟之气不设于身体，使耳目鼻口、心知百体皆由顺正以行其义。①

　　是故君子反情以和其志，广乐以成其教，乐行而民乡方，可以观德矣。德者，性之端也。乐者，德之华也。金石丝竹，乐之器也。诗，言其志也，歌，咏其声也，舞，动其容也。三者本于心，然后乐气从之。是故情深而文明，气盛而化神。和顺积中而英华发外，唯乐不可以为伪。②

　　何谓"反情以和其志，比类以成其行"？"情懼其流也，反之，则所发者不过其节而其志和矣。行懼其失也，比拟善恶之类，去其恶而从其善，则其行成矣。"③这是说君子要返回人的性情之正，以和于人的心志；和善类相攀比，以成就美行。

　　第一段，揭示了君子之所以能"反情以和其志"的原因，即"万物之理，各以类相动"。"以类相动"是《乐记》的独创思想，也是整个《乐记》的中心思想。它的意思是世间万物都是相互感应的，一唱一和，一应一答。这是《乐记》作者对于《乐论》"凡奸声感人，而逆气应之；逆气成象，而淫乐兴焉。正声感人，而顺气应之；顺气成象，而和乐兴焉"思想的解释。正因为万事万物之间相互感应，尤其是不同的声音会有不同的气来应和，所以要"慎所以感者"。"感"要"感于善"，与善类为伍，才能成就美好的德与行。

　　第二段以"反情以和其志"为出发点，同样申述了礼乐教化对于人的德行的深刻影响。德乃性之端绪，乐乃德之光华。诗、歌、舞三者各一为乐，都是内在之德发于外，以乐器广而传之。这是说内在的德不可见，必待乐的激发才能显现出来。

---

① 朱彬《礼记训纂》，579 页。
② 朱彬《礼记训纂》，582 页。
③ 孙希旦《礼记集解》（下），1003—1004 页。

"情深而文明"指内在之德的贞正坚固，"气盛而神化"指乐的穷本知变，内外和谐，德与乐交相辉映，这就是"和顺积中而英华发外"。

（八）"礼乐之情"

《乐记》中的"情"字，还与礼乐直接相连，被称之为"礼乐之情"，有以下两段话：

> 故钟鼓管磬，羽龠干戚，乐之器也。屈伸俯仰，缀兆舒疾，乐之文也。簠簋俎豆，制度文章，礼之器也。升降上下，周还裼袭，礼之文也。故知礼乐之情者能作，识礼乐之文者能述。作者之谓圣，述者之谓明；明圣者，述作之谓也。[①]

> 大乐与天地同和，大礼与天地同节。和，故百物不失，节，故祀天祭地，明则有礼乐，幽则有鬼神。如此，则四海之内，合敬同爱矣。礼者，殊事合敬者也；乐者，异文合爱者也。礼乐之情同，故明王以相沿也。故事与时并，名与功偕。[②]

这里的"礼乐之情"，如前所述，笔者更倾向于从情感的角度去理解。"礼乐之情"就是用礼乐来表达礼乐化了的情感。《乐记》有言："合情饰貌者礼乐之事也。"荀子已经提出了"情貌"说，他从礼的角度具体分析了人的情感会在面色、饮食、服饰、居住环境等方面反映出来，"文"就是要修饰人的情感，使之达到礼的要求。《乐记》作者可谓继承了荀子的"情貌"思想，认为礼乐要做的最主要的事情就是"合情饰貌"，即和顺人的性情并矫饰人的情貌。

礼乐的目标是"合情饰貌"，要想达到这个目标，就需要礼乐之"器"与"文"。"故钟鼓管磬，羽龠干戚，乐之器也。屈伸俯仰，缀兆舒疾，乐之文也。簠簋俎豆，制度文章，礼之器也。升降上下，周还裼袭，礼之文也。""器"指器物，属礼乐的

---

① 朱彬《礼记训纂》，568 页。
② 朱彬《礼记训纂》，567 页。

物质层面;"文"指文饰、节奏等,属于礼乐的精神层面。礼乐的产生,必须要靠这二者的共同配合才能完成。

小 结

总之,《乐记》对于《乐论》既有继承的部分,也有超越的部分。一方面,它继承了以荀子为代表的先秦儒家礼乐思想,是对于先秦古乐理论的总结和梳理。另一方面,它又超越了前人,吸收了《易传》思想,以阴阳五行与占星学相结合的思想对荀子《乐论》作了新的解读和阐释。笔者从二者对于"情"思想的对比研究中发现,《乐记》对于《乐论》,超越甚于继承,不能仅仅将其看作先秦儒家音乐理论的总结,或者是先秦儒家礼乐观的集大成,而要将其看作是先秦两汉时期儒家礼乐思想的总结和集大成。《乐记》中,以阴阳五行与占星学相结合的汉代思想不是简单的掺杂,而是起到了思想统帅的作用,它的核心观念、思维方式都是汉代的,因而,笔者倾向于将《乐记》的核心思想视为是汉代的,并以"超越"论之。

论两汉咏物赋中的物

陆晨琛

北京师范大学

.... * ....

[摘　要] 两汉咏物赋是中国本土物象观念的产物。基于这一基础，两汉咏物赋营造出了极具灿烂感性的、理想的、人化的物象世界。由于两汉咏物赋中物的表现力过于强大，以至于作者的真实情感遭到挤压，哪怕是作者假设出的、以体验为目的的"我"在赋作中也总是处于隐藏的状态。在这之中，人与物的对峙、感性与理性的共存形成一种有趣的张力。这张力也许就是赋之区别于诗的地方，也是咏物赋的赋性所在。

[关键词] 两汉咏物赋　物　感性　理想　人物关系

咏物赋是赋的一种。顾名思义，它吟咏的对象是物。根据现有文献，"咏物"的观念最早可追溯至春秋时期。据《国语·楚语上》："若是而不从，动而不悛，则文咏物以行之，求贤良以翼之。"①在此，楚王向申叔时请教如何才能将太子培养成理想的君主。申叔时认为应教之以礼乐制度的经典典籍，培养他的德性。如果这样教导还不听从，举止失当而不改正，就用文辞托物的方式劝诫他，并寻找贤良之士

---

① 　左丘明《国语》，上海：上海古籍出版社，2015 年，355 页。

辅佐他。可见，"咏物"这一范畴在形成之初，就已经与政治、教化这样的社会功能密切联系了。战国时期，咏物赋开始出现。如，第一部以赋命名的文学作品——荀子的《赋篇》，就属于咏物赋。屈原的《橘颂》、宋玉的《风赋》等文本也在这一阶段问世，对后世咏物赋的精神内核、题材选择与句式构成等方面产生诸多影响。及至两汉，咏物赋的文体规范与创作手法越发明晰，出现一大批或短小精悍，或雄奇靡丽，或阐理明道，或直抒胸臆的辞赋作品。咏物赋作为咏物文学中一种独具特色的文体，登上历史舞台。

两汉咏物赋既是中国咏物史上的高峰，同时也是两汉辞赋的重要组成部分。根据现存资料统计，两汉阶段以咏物为主题的赋作达百余篇，占了现存汉代赋作将近一半的数目。两汉咏物赋具有十分重要的研究价值。首先，在两汉咏物赋中，物不仅是其最直接的吟咏对象，更承载了汉人独特的物象观念。基于此，我们从物的角度切入两汉咏物赋的研究，既能更好把握两汉咏物赋自身，同时又有益于更加具体、系统地理解两汉时期的物象观念。再者，与赋的其他类型相比，咏物赋以物为直接表现对象，体现出最鲜明的赋性。陆机强调，"诗缘情而绮靡，赋体物而浏亮"[①]，即诗用来抒发感情，所以要细腻动人；赋用来铺陈事物，所以要清晰明朗。"体物"由此成为赋之区别于诗的赋性所在。本文所提到的赋性便是从"体物"这个角度进行理解。刘勰也认为赋的本质是"铺采摛文，体物写志"[②]，强调"铺陈物象"对于赋体的重要意义。因此，人们对两汉咏物赋中物的解读过程，在一定程度上也就成为人们对赋之赋性的发现过程。

一、物的分类

根据赋作的标题，我们可以将汉代咏物赋的表现主题简要分为自然物与人工物两大类。以自然物为表现主题的咏物赋作又可具体分为山川草木、鸟兽鱼虫、星云天象几项内容。1. 山川草木类，如枚乘《柳赋》、孔臧《杨柳赋》、刘胜《文木赋》、扬雄《长杨赋》、班固《终南山赋》、蔡邕《汉津赋》；2. 鸟兽鱼虫类，如

---

① 陆机《陆机文集》，上海：上海社会科学院出版社，2000 年，12 页。
② 刘勰《文心雕龙》，上海：上海古籍出版社，2000 年，32 页。

贾谊《鵩鸟赋》、路乔如《鹤赋》、公孙诡《文鹿赋》、班昭《大雀赋》、蔡邕《蝉赋》、王延寿《王孙赋》、祢衡《鹦鹉赋》；3. 星云天象类，贾谊《旱云赋》、公孙乘《月赋》等。

以人工物为表现主题的咏物赋作的数量要远远大于前者的数量，其主要包括棋乐游戏、生活用具、宫室建筑等内容。1. 棋乐类。例如：贾谊《簴赋》、王褒《洞箫赋》、刘向《雅琴赋》、刘玄《簧赋》、傅毅《琴赋》、马融《长笛赋》《围棋赋》、蔡邕《弹棋赋》、边韶《塞赋》；2. 生活器具类。例如：邹阳《几赋》、羊胜《屏风赋》、刘安《熏笼赋》、刘向《芳松枕赋》、刘歆《灯赋》、傅毅《扇赋》、班固《竹扇赋》、班昭《针缕赋》、王逸《机赋》；3. 宫室建筑类。例如：司马相如《上林赋》、扬雄《蜀都赋》《甘泉赋》、傅毅《洛都赋》、班固的《两都赋》、张衡《二京赋》、王延寿《鲁灵光殿赋》等。

"赋的一个最基本的功用，即对当代物质文明形态的再现，其中又构成了诸如'宫室''校猎''礼仪''山水''人物''鸟兽''游乐'等名物系统。这些因物态的描写而形成的名物系统，固然源于赋家创作'体裁'的选择与'主题'意识的彰显，究其根本，则在于赋家面临的物质世界与礼制社会。"[1]两汉咏物赋中，无论是自然物，还是人工物，均是人类日常生活可见、可用之物。两汉咏物赋中的自然物并非远离人群、荒野之地的天然物象，而是置于人的生活场域、已经被人化了的自然物象。与自然物相比，人工物更是人类社会的必备之物。艺术是艺术家从周遭生活中取材而成。经过我们的统计发现，两汉咏物赋的作者多是朝廷的贵族或者文人官员，这些作者往往生活在城市或者城市的近郊。也就是说，两汉咏物赋作者的日常生活，其实就是城市生活；两汉咏物赋作者所描绘的自然与人文景观，其实就是城市里的景观。咏物赋围绕都市生活展开，自然物题材的赋作与人工物题材的赋作共同建构出一幅汉代都市生活的美好画卷：这里的都市往往都依山傍水，都市中有气势恢宏的建筑，建筑里有美妙雅致的生活用品、生机勃勃的动物、拥有理性品格的植物，有乐器，还有酒。咏物赋作者对这种都市化生活做宏观上的描写，于是成就咏物大赋；咏物赋作者对这种都市化生活最细节性的微观描写，于是成就出咏物小赋。自然物与人工物交织环绕，共同构成了两汉士人贵族完整的生活场域。

---

[1] 许结《赋学：制度与批评》，北京：中华书局，2013年，58页。

二、物的特点

两汉咏物赋的表现范围极为阔大，上至宇宙天象，下至针缕微茫，均有涉及，推而广之，不可胜载，营造出一个极具灿烂感性的物象世界，体现出汉人独特的物象观念。其中，无论是自然物还是人工物，无论是咏物大赋中的物还是咏物小赋中的物，它们均呈现出极其鲜明的感性化色彩。以枚乘的《柳赋》为例。在这里，作者采用白描的手法，用文字精心绘制出一幅炎炎夏日，柳荫之下，君臣畅饮玩乐的图画。如果说枚乘的《柳赋》塑造出的是一幅立体的空间图像——由一个长镜头在既定空间内做缓慢地、相对静态地挪移，那么扬雄的《甘泉赋》则将一组影像以类似蒙太奇的方式组合在一起。鉴于宫殿的崇高，《甘泉赋》立足于"我"瞬间的心理感受（咏物赋中的"我"与咏物赋作者不同），对甘泉宫做出感性、直观的印象式解读，在持续的时空建构中完成了对这所宫室的立体感知。显而易见，两汉咏物赋并不局限于描绘事物的外在感性形象，当遭遇一些巨大、抽象的表现对象，赋者往往突出作品中的那个一直潜在的"我"的角色，从事物带给"我"的审美体验出发，反证事物的感性性状。然而，无论是普通事物的含蓄自持，还是宏大主题的虚构夸饰，两汉咏物赋聚焦的均是事物的感性性状，塑造的均是人们在日常生活中可以经验到的物象世界，这是毋庸置疑的。

两汉咏物赋的这种感性化倾向有多层面原因。首先，从技术层面，铺陈代替音乐，成为改善赋体感染力的重要手段。在中国古代，音乐被视为最具传达力与感染力的艺术。就徐复观的观点，两汉之前的辞赋作品"不仅《毛诗》中凡被称为'赋'的，在周代固然皆可弦而歌之，即诗赋略中所列屈原之赋，亦皆系歌以楚声。"[①] 及至西汉初年，赋从诗、乐、舞一体的原始文化状态里分化出来，正式进入文体发展的自觉阶段。它取消了音乐在赋作中的主导地位，强调言语的重要性，进而实现了文体自身的独立，即"不歌而诵谓之赋"[②]。但是，汉赋在取消音乐的同时，也消解了通过音乐激发情志的可能性。在这种情况下，铺陈就成为代替音乐、改善赋体感染力的必然选择。铺陈具有铺展、展开义，也有"直言铺陈今之政教善恶"的

---

① 徐复观《中国文学精神》，上海：上海书店出版社，2004年，355页。
② 班固《汉书·艺文志》，北京：商务印书馆，2000年，650页。

功能属性。刘勰认为赋的本质是"铺采摛文，体物写志"，强调"铺陈物象"对于赋体的重要意义。与赋的其他类别相比，咏物赋以物为直接表现对象，自然更具铺排的基本特征。

再者，从现实功用层面，宫廷献纳的写作目的不允许作者深入探讨物自身的物性，只能停留在事物的感性外观，在铺陈物象的同时美化物象。西汉初年的咏物赋主要是针对宫廷献纳而作。赋作是文人晋升的一种工具，这一先决条件对它的表现方式形成约束。在这一阶段，咏物赋的真正主题不在深入探讨物自身的物性，而在美化、歌咏贵族或君主。这样，出于政治的考量，两汉咏物赋或铺排藻饰诸般罗列事物的感性特征，或真挚地表达作者的公共性情感，直接引起接受者的情感同构，达到以审美为手段、以政治为旨归的双重目的。

更重要的是，中国文化有感性化的传统。"古者包羲氏之王天下也，仰则观象于天，俯则观法于地，观鸟兽之文，与地之宜，近取诸身，远取诸物，于是始作八卦，以通神明之德，以类万物之情。"①在中国传统美学看来，这些天象物理、山川大地、鸟兽虫鱼的外在感性形象，非但不是人类虚妄知识的起点，反而是人们认识世界、理解自身的发端。事实上，佛教东传以前，在中国美学中，物并不因它的形象性而远离真理。《道德经》有言："道生一，一生二，二生三，三生万物。"与柏拉图理式世界与现实世界二元对立的层级关系不同，在老子看来，道与万物是一种共在关系。道生万物，物中有道。因为物中有道，物便具有本真性。"物生而后有象，象生而后有滋"②，包蕴生命动能的物具有向形象开显的内部潜能。从表面上看，象是物显现出的光，但从根本上讲，象是道显现出的光。因此，物象自身也具有本真性。由于物象与道的这种同质关系，现实生活中，人们对感性直观的具象事物的体验就可以成为对道的体悟和把握，"味象"的同时，就是在"观道"。庄子亦云，"目击道存""乘物以游心"，主张通过直接观照事物的感性外观实现对道的体悟与把握。一方面，物象作为物的感性显现，具有本真性；另一方面，对物象的观照直接关涉到对道的观照，对事物感性化的表现就是对道的表现。在这种思想背景下，两汉咏物赋中对物的感性外观的关注就成为一必然、

---

① 陈鼓应、赵建伟《周易今注今译》，北京：商务印书馆，2010年，650页。
② 左丘明《左传》，长沙：岳麓书社，1988年，65页。

合理的现象，成为中国本土美学精神的最直观的表现。

三、物的选择标准

咏物赋的表现对象是日常生活中人们可以接触到的物，然而，并不是所有眼之所见、心之所动的生活之物均能入赋，只有那些可以承载多重文化含义或者能够唤起人们审美惊奇的理想之物才能获得辞赋作者的青睐。

（一）雅化的物

西汉初年，咏物赋主要用于宫廷献纳，咏物赋的写作目的是颂德与服从。因此，咏物赋的表现对象多为一些雅化的物，物中倾注的是公共性、仪式性情感，体现出情感持重、文辞典雅的特点。以《西京杂记》卷四记载的忘忧之馆群赋为例。其中枚乘赋作的表现对象——柳树的生命力顽强，"尺断能植"。《诗经·齐风·东方未明》中有"折柳樊圃"的记载，此时作为园圃的篱笆、柳树主要发挥着现实防护的功能。至两汉时期，折柳送别与寒食插柳的习俗成型，"正月旦取杨柳枝著户上，百鬼不入家。"[①]可以看出，在这一时期，柳树的防护功能已经由物理现实扩展到人的精神领域。柳树不仅在现实层面保护人们的园圃，还在理想层面保护人们的身心不受外邪伤害。而《诗经·小雅·采薇》中"昔我往矣，杨柳依依；今我来思，雨雪霏霏"的诗句，则为两汉时期柳树的意象化、风雅化提供了文学上的源头。枚乘以柳树为表现对象，既如实描写了此次宴乐的物理环境（因为基于现实，对于君王的美化就显得尤为可信），又依托经典，让颂德行为显得信而不诬，同时还彰显了赋者个人的精神品格与风雅情怀，如此一举三得，显然是深思熟虑、精心挑选的结果。

忘忧之馆群赋中的其他表现对象亦是具有多重文化内涵的美好意象。鹤是长寿、富贵、吉祥、高雅的象征，在中国传统文化中又被称为"仙鹤"。《周易·中孚》中说"鸣鹤在阴，其子和之。我有好爵，吾与尔靡之。"[②]认为鹤的情操高洁，

---

① 贾思勰著、缪启愉校释《齐民要术校释》，北京：农业出版社，1982年，253页。
② 陈鼓应、赵建伟《周易今注今译》，545页。

喜欢在背阴的地方鸣叫，从不夸耀自己，而贤德的君子之间也应是如此同声相应、同气相求。因此，修养高雅的君子、高士又被称为"鹤鸣之士"。鹿是一种美丽的动物，两汉时期亦被视为长寿、祥瑞之兽。在我国中原地区出土的一些汉代画像石中，鹿有时也会被画成仙人飞升、灵魂接引时的坐骑。据《夏小正》："鹿之养也离，离群而善之。离而生，非所知时也，故计从、不记离。"①鹿在孕妊生养之时会离群，但鹿群善于养待离群的母鹿（鹿性见美食即相呼）。因此，鹿也被视为君子，它美丽的外表、温和的仪态、群居的天性、分享的举动往往被拿来比拟君子的品格。可以看出，与他物相比，有资格入赋的物都已经过作者的精心挑选，兼具深厚的文化意味与强烈的指称意味。群赋用这些极度美好的事物来指称君王，或指称自己感恩君王，不仅能很好地完成咏物赋的创作主题，同时也让作品的审美因素得以溢出政治因素，在有限的空间释放出属于作者自己的无限之心灵自由。

（二）宏大的物

至武、宣两朝，国家统一，经济富庶，地方权力集于中央，意识形态方面也渐趋一致，汉朝成为当时世界上最强大的国家。与时代背景一致，这一阶段的咏物赋"突破了以前的陈规旧式，表现出新的格局、新的色彩；思想内容方面，也由于现实社会生活的冲击与影响，表现出了一种以前作家未曾有过的强烈情绪"②。在这一阶段，用于宫廷献纳的咏物赋有所发展，由雅化的个别物象拓展到具有宏大主题的集体物象，代表作品有司马相如的《上林赋》等，文风激情洋溢、汪洋恣肆，读来令人眼花缭乱、心往神驰，极大地提升了咏物赋的表现力与感染力，并开以建筑群或城池为歌咏对象的咏物大赋之风气，直接影响了扬雄、刘歆、傅毅、班固、王延寿等人的赋作观与赋作风格。在《上林赋》中，司马相如开篇点题，总写上林苑之广大，气势之崇高；然后排比铺陈，详写上林苑品类之繁盛，建筑之壮美；在一系列具有巨大体积、数量的物象罗列之后，续写天子游猎，于是乎，整部赋作就在天子游猎的壮观场面里达至高潮。

---

① 洪拔贡《夏小正疏义》，上海：上海商务印书馆，1940 年，44—45 页。
② 赵逵夫《汉王朝的兴衰与汉赋的发展及转变》，《西北民族大学学报》2009 年第 2 期，243 页。

（三）新奇的物

至东汉末期，咏物赋由公共性、仪式性情感的铺陈走向了个人情志的抒发，日常生活中的新奇事物成为咏物赋的歌咏主流。赋者或对物作纯粹的情状描写，如朱穆的《郁金赋》、王逸的《荔支赋》；或是从物自身出发用物的鲜活情状比拟人的情志，乐观如张衡的《冢赋》、马融的《长笛赋》，悲愤如赵壹的《穷鸟赋》、祢衡的《鹦鹉赋》，等等。郁金是一种罕见的香草，据晋左棻《郁金颂》："伊此奇草，名曰郁金；越自殊地，厥珍来寻；芳香酷烈，悦目欣心"[1]，透露出郁金在中原地区的珍贵。荔枝是亚热带水果，在中原地区并不常见，况且它的外壳漂亮，味道嘉美，赋者不由赞叹它是"卓绝类而无俦，超众果而独贵"。坟冢是汉人日常生活中比较常见的，但是以坟冢为表现对象，张衡的《冢赋》实属首作。鹦鹉则出自西域，羽毛鲜艳，能仿人言。与普通事物相比，这些不常见的新鲜事物或者不常入赋的事物更容易唤起人们的审美惊奇，激发起人们的创作兴趣。在一定程度上也反映了东汉末期人们尚新、尚奇的情趣。

纵观两汉咏物赋的流变，我们可以大致得出两个基本走向：其一，两汉咏物赋由宫廷文学走向文人文学；其二，两汉咏物赋由公共性情感走向个人情感。在这一过程中，咏物赋的表现范围也随之产生相应拓展，由自然物象题材拓展到人工物象题材，由雅化的个别物象拓展到具有宏大主题的集体物象。不过，无论两汉咏物赋的表现对象是自然的物还是人工的物，是雅化的物还是新奇的物，我们发现，它们都与真实的日常生活保持一定距离。作者或者描写被传统文化建构过的雅化的物，用附着在物上的文化意味拉开物与现实的距离；或者描写一些具有宏大主题或者日常生活中不常见的物，用超出人们期待视野的方式拉开物与现实的距离。也就是说，两汉咏物赋呈现出的并非事物普普通通的物理形象，而是作者乃至那个时代理想中的物与理想中的生活。人们通过理想的物看到一个理想的世界，这个理想的世界又返身指向现实世界，即使现实世界并不完美，但至少在辞赋的层面上，两者杂糅在一起。从这个角度说，两汉时期的咏物赋确实是一种"造梦的艺术"。它就像是现实的面具，其理想性远远大于它的现实可靠性。

---

[1] 欧阳询《艺文类聚》（下），上海：上海古籍出版社，2015年，1394页。

四、人物关系

诚如上文所言，两汉咏物赋中的物并非纯然，而是一种理想化了的情态。无论是人工制作的屏风与几案，还是自然生长的动物、植物，抑或凌空蹈虚的天象，均是以它们应该有的样子出现。在赋作中，作者使用铺陈的方式塑造理想化的世界和物，使咏物赋显现出强烈的主体化色彩，赋中的表现对象——物也因此具有了鲜明的人格化特征。

以宫廷诏作刘安的《屏风赋》为例。在赋作中，屏风以人的口吻道出自己原本是一株在荒野奄奄一息的枯木，幸亏帝王慧眼识珠才有幸成为屏风，得以时常亲近帝王，荫庇房屋。而在班昭的《针缕赋》中，针缕完全是人类美德的写照。针缕是由金属制成的，具有金属坚硬的品格。它虽然体积微小，形状却端正笔直。它洞穿一切事物，也可以缝补一切漏洞过失。它不辞劳苦，却总是默默无闻，被人忽视。可以看到，在赋作中，无论是屏风还是针缕，均已经超越它们的自然属性，呈现出一种朝人性聚拢的姿态。赵壹的《穷鸟赋》、祢衡的《鹦鹉赋》更是如此。赵壹借穷鸟险恶的处境比拟自己的不幸遭遇，表达了自己的悲愤之情以及对友人的感激之情。而在祢衡笔下，鹦鹉的举止神态亦被高度拟人化，与其他禽鸟明显不同。鹦鹉虽然苟全了性命，却背井离乡，母子永隔，夫妻分离。赋者将自己的不幸遭遇渗透到鹦鹉的实然处境里，在此，鹦鹉只有完全人格化，其痛苦才能超越一只禽鸟的痛苦，为众人感同身受。

两汉咏物赋中的物体现出强烈的人格化情态，在笔者看来，这是出于咏物赋看似咏物，实则咏人的根本目的。两汉咏物赋对人工物的审美自觉，实际上是对人自己的本质力量的一种审美自觉。所以，我们能看到，两汉咏物赋展示出的总是一种现世的理想与关怀。但究其根本，物的这种人格化情态还是立足于中国哲学"天人合一"的主导思想。中国文化语境中的"天"是一个杂合的范畴，既是有意志的人格神、道德天，又是没有意志的道的显现，还囊括具象的天地宇宙万物。因此，中国传统哲学将人与抽象的道、具象的万物看作一共同主体，认为决定事物实在性状的是本体之道，因为物中有道，故能独立自足；因为万物皆有道性，故能物物沟通。人只有先实现了齐物我、泯是非，才能到达"天人合一"的境界。中国传统哲学与文化中的这种"天人合一"观念潜移默化地影响了汉代咏物赋的构成。事实上，人只有把物视为可以沟通的、平等的，甚至更美好的，才会以物喻人、以物自喻。

　　"昔者庄周梦为胡蝶，栩栩然胡蝶也。自喻适志与，不知周也。俄然觉，则蘧蘧然周也。不知周之梦为胡蝶与，胡蝶之梦为周与？周与胡蝶，则必有分矣。此之谓物化。"①在咏物赋中，物与人浑然一体，恣意转化而不觉，遂产生人化的物与物化的人。咏物赋通过咏物，达乎咏人。通过咏人，达乎"天地与我并生，万物与我为一"，在这之中的任何停留都是有限的。实际上，这不仅仅是咏物赋的根本意图，也是中国文学艺术的根本意图。

五、结　语

　　两汉咏物赋是中国本土物象观念的产物。基于这一基础，两汉咏物赋营造出极具灿烂感性的、理想的、人化的物象世界。与此同时，我们也发现一个有趣的现象，两汉咏物赋中往往存在两个观照主体：一个是作者；一个是体验主体，即咏物赋中的"我"，是作者在赋作中设定出的表现对象的观照者，这个观照者相当于游戏里的英雄人物或者小说里的主角，是作者的代替者。所以，我们可以看到，无论咏物赋的情感是汪洋恣肆，还是真挚隽永，咏物赋的作者都是绝对冷静的，处于一种疏离的状态，即一种"冷冰冰的旁观"。这也许是由咏物赋产生之初表达公共性、仪式性情感的需求所决定的。即使后来咏物赋走向了个人化，公共性的文体模式依旧规范着作者的写作，"赞咏"依旧是咏物赋的基调。"体物之赋，多在游观之际，系应他人的要求——人主或贵族的要求而作。后来有的并不是出于应他人的要求，写的动机仅在表现自己的才智深美。由自己才智深美的表现，依然希望可以得到名誉与地位生活上的报酬。这种作品，不是出于作者感情的内在要求，而是来自才智对客观事物的构画，以供他人的观赏。所以在这种作品中，除向外经营的才智外，并没有作者自己人格的存在"②。也就是说，咏物赋看似咏物，实则咏人。应他人要求之作，咏的是理想的君主或贵族；应自己创作意图之作，咏的是理想的"我"。于是，汉代咏物赋中就呈现出一种感性与理性共存的局面。两汉咏物赋虽然

---

① 郭庆藩《庄子集释》（上），北京：中华书局，2004 年，112 页。
② 徐复观《中国文学精神》，364 页。

看似"直言铺陈"、情深意重，却更像是在表演。咏物赋是在表演一种热烈，描绘一种理想。

但是，无论作者咏人的意愿多么强烈，在咏物赋中，人永远是隐藏的，物才是唯一出场的主角。而且，由于咏物赋中物的表现力过于强大，以至于作者的真实情感遭到挤压，哪怕是作者假设出的、以体验为目的的"我"在赋作中也总是处于隐藏的状态，是一位不出场的在场者。虽然在本质层面，两汉咏物赋中的人与物是一种相互沟通、化而为一的关系；在构成层面，人与物之间具体呈现出来的却是一种对峙的状态。于是，在赋作中，人与物的对峙、感性与理性的共存就产生出一种有趣的张力。我想，这张力也许就是赋之区别于诗的地方，也是咏物赋的赋性所在。

魏晋时期，玄学兴起，文人们由无限开阔的外向感知向内回返，返至深邃幽静的道心。一方面，面对广阔的社会现实，咏物赋进一步抒情化，赋者的真实情感冲破物的压制，在物象塑造与情感表现上向诗靠拢，体现出鲜明的诗化倾向。另一方面，受玄言风气的笼罩，赋者尝试用赋的文体表现抽象的佛理玄思。不可否认，这一阶段是咏物赋创作的高峰期，咏物赋史上大量的优秀作品都是出现在这一阶段。但是，我们也应该冷静地看到，咏物赋诗化的同时也消解了咏物赋自身的赋性；另外，虽然义理与美德一样，也是附加在物之上的价值因素，但美德需要显现为外在的形象与行为，义理却是对事物感性因素的背离。用感性化、理想化、人格化的赋体去表现简约性、深邃性、思辨性的玄理，当然也能创作出优秀的玄思性咏物作品，但与言简义丰、擅长隐喻说理的诗体比较，赋体的创作就显得不是那么得心应手，遂为唐宋之际辞赋衰落，诗词兴起埋下了伏笔。隋唐时期，佛教完成了它的本土化，随之一起流行全国的还有佛教的物象观念。然而，咏物赋的文体特征决定了它只能铺展，无法走向纵深。面对超越物象穷究义理的审美需要以及新的物象观念的冲击，在艰难的适应过程中，咏物赋逐步走向了式微。

三曹诗歌中的时间意识探析

许迪

国防大学政治学院

·············· * ··············

[摘　要]三曹是建安文学的领袖人物和杰出代表，特殊的政治形势和现实境遇使得他们的诗歌内容丰富且极具现实主义精神。这种现实主义精神突出地表现在三曹诗歌的时间意识之中，即三曹的诗歌都共同包蕴着对时间和生命本身的关注。这种围绕人的个体生命展开所形成的主体时间意识，主要表现为三个方面：其一，直面"死"之必然性；其二，以"立功、立言"的方式追求"死而不朽"；其三，三者共同于游仙诗中凸显自己安顿生命的方式。

[关键词]主体时间意识　"死而不朽"　游仙时间

曹氏父子是建安时期杰出的文学典范，不仅因为他们诗歌成就颇高，尽了对于建安文学[①]的提倡和领导作用，而且在他们的作品中最容易看出一般的共同时代特

---

① 向来讲建安文学的，都注重叙述所谓"建安七子"。七子之名，源于曹丕的《典论·论文》，他说："今之文人，鲁国孔融文举，广陵陈琳孔璋，山阳王粲仲宣，北海徐干伟长，陈留阮瑀元瑜，汝南应玚德琏，东平刘桢公干，斯七子者，于学无所遗，于辞无所假，咸以自骋骥䮍于千里，仰齐足而并驰，以此相服，亦良难矣。"（魏宏灿校注《曹丕集校注》，合肥：安徽大学出版社，2009年，313页。）然而建安七子的代表性也是有限的，当时的著名文士，并不以此七人为限，另有诸如杨修、邯郸淳、路粹等，如《魏书·王粲传》云："自颍川邯郸淳、繁钦、陈留路粹、沛国丁仪、丁廙、弘农杨修、河内荀纬等，亦有文采，而不在此七子之例。"所以"建安七子"这一词的用处就在于他可以表示出当时邺下文风的盛况来。

征，可以被认为是这一时期最好的代表人物。曹氏父子生活的时代正值东汉末年，那一时期，政治朽败，阶级矛盾异常尖锐。在朝廷内部，不仅外戚、宦官把握朝政，而且常有政权斗争，如董卓专权、何进与宦官十常侍的争斗等；在朝廷以外，农民起义如火如荼地进行。曹氏父子亲历并目睹了割据战争、政权争斗给社会带来的动荡；同时，他们有机会于变化的政治形势中施展抱负，这些现实境遇都反映到了他们的作品里，使得他们的作品内容丰富且极具现实主义精神。

大概说来，他们的诗歌内容有：其一，记述纷乱的时局，后人称为"汉末实录"；其二，抒己之渴望建功立业的抱负与理想，以平定天下为己任的积极精神，如曹植《赠白马王彪》《杂诗》六首、《泰山梁甫行》《野田黄雀行》《七哀诗》等杰出篇章；其三，因志竟未成或苦闷于时命短促，而几欲于游仙、谈玄之间追求自由，曹植为此有《苦思行》《升天行》《仙人篇》《远游篇》《五游咏》《平陵东》《桂之树行》《飞龙篇》《游仙诗》等篇章，但他们的求仙思想，已经与汉代乐府中大量祈仙诗有了一些不同，因为曹氏父子内心对求仙一事还是抱持谨慎态度，诗文中有反对方士，认为神仙不可信的一面。三曹①诗文中的时间意识，亦与以上几点关系密切。

一、直面"死"之必然性

古代诗歌中时间意识的重要一部分，就是对人的生命的认识，而"生"与"死"是人的自然生命的两种重要状态，"生"是生命的感知过程，"死"是这种感知过程的终结。虽然"生"而不知其"死"之感，"死"时更是身、心、灵的终结，而无法对"死"本身有任何感知，做出任何思考，但生命流逝本身、"死"本身却一直给人们带来无尽的压迫和无助感。

---

① 三曹诗歌中尤以曹植的文学成就最为值得关注，正如黄节言："陈王本国风之变、发乐府之奇、驱屈宋之辞、析杨马之赋而为诗、六代以前莫大乎陈王矣。至其闵风俗之薄、哀民生之艰、树人伦之式、极情于神仙而义深于朋友、则又见乎辞之表者、虽百世可思也。钟记室品其诗、譬以人伦之有周孔、至矣哉。"（黄节注《曹子建诗注》，北京：人民文学出版社，1957年，序第1页。）故本文论三曹的时间意识主要取曹植诗论之，兼以曹操、曹丕诗中相关内容加以旁佐。

《诗经》中先民几乎不言"死"，但因为无休止的徭役，居处无定的窘困生活，而苦哀宿命，产生了不乐其生的厌世思想；《楚辞》中诗人因为现实的志竟未成和深切的现实困顿，而哀叹天时已过，人年易老。从《古诗十九首》开始，不仅"生命无常"的时间主题被反复吟咏，而且诗人也将对生命的敏感延伸到了对"死"的感念。三曹诗歌亦延续了这一对时命感叹，并直面死亡之必然性的传统。

（一）人命逝速，嘉会难常

三曹诗歌中对人的自然生命的感知具有一些共同的特点，其一是对人命的速逝迁迭的感念。[①]曹植《送应氏》诗有言："步登北邙阪，遥望洛阳山。洛阳何寂寞，宫室尽烧焚。垣墙皆顿擗，荆棘上参天。不见旧耆老，但睹新少年。侧足无行径，荒畴不复田。游子久不归，不识陌与阡。中野何萧条，千里无人烟。念我平常居，气结不能言。"[②]应氏指汝南应玚、应璩兄弟，同为建安诗人。据黄节说法，此诗为建安十六年，曹植随曹操西征马超，路过洛阳，与应氏兄弟相会，临分别时曹植作此诗送别。诗人感叹于董卓之乱后洛阳城的一片残破和人世沧桑，加之离别赠送的时机，更增添"不见旧耆老，但睹新少年"的世事迁易，所谓"清时难屡得，嘉会不可常。天地无终极，人命若朝霜"，战乱和离别都促发诗人对人命逝速、嘉会难常的感慨。又有《王仲宣诔》：

> ……早世即冥，谁谓不伤！华繁中零。存亡分流，夭遂同期，……人命靡常，吉凶异制。……又论死生，存亡数度。……倘独有灵，游魂泰素。我将假翼，飘摇高举。超登景云，要子天路。……虚廓无见，藏

---

① 曹丕亦有众多叹人老而劝人及时行乐的诗篇，如曹丕以《短歌行》追思曹操，其中有言，"人亦有言，忧令人老。嗟我白发，生一何早"，感叹维忧用老，年华易逝。《善哉行》中"忧来无方，人莫之知。人生如寄，多忧何为。今我不乐，岁月其驰。""人生居天壤间，忽如飞鸟栖枯枝，我今隐约欲何为。……今日乐，不可忘，乐未央。为乐常苦迟，岁月逝，忽若飞，何为自苦，使我心悲。"（《大墙上蒿行》）"男儿居世，各当努力，蹙迫日暮，殊不久留。"（《艳歌何尝行》），等等。（本文中曹丕的诗文均引自魏宏灿校注《曹丕集校注》。另参考黄节注《魏武帝魏文帝诗注》。）

② 本文所引曹植诗均出自赵幼文校注《曹植集校注》，北京：人民文学出版社，1984年。并参考黄节注《曹子建诗注》。

景蔽形。……永安幽冥。人谁不殁，达士徇名。生荣死哀，亦孔之荣。
呜呼哀哉！

　　曹植作诔文悼念王粲，忆其出身贵族，品行高洁，叙述其一生智慧忠勇，其中涉及一些有关生死的观点，诗人认为"存亡分流，夭遂同期"，这里，"存亡"指生死，意即生与死虽分路而行，但在同归于寿命终结的那一刻，金石不易被毁，但人命无常。曹植曾与王粲讨论过死生存亡的法则，并表示他们对此法则尚表示怀疑，并正在寻求明确的证据。最后，曹植说人人都将归于寿终，而不会长生不老，通达之人为名节而献身，生前荣宠死后有人致哀，也是最大的光荣。

　　《九愁赋》篇中有"民生期于必死，何自苦以终身！宁作清水之沉泥，不为浊路之飞尘"，此赋写于曹植因遭谗受诬，以致放逐离京赴藩国之时，直陈社会风气的乖变，诗人以清高之节难存于世，但是面对人生终有期限而必死的结局，诗人自警哪怕身处泥淖，仍不用终身自苦而生存，他宁愿选择做清水之下的沉泥，也不做浊水路上的飞尘，这种生命态度也是由人命终逝的客观事实逼促而出。另有《赠白马王彪》第六首，谓"心悲动我神，弃置莫复陈。丈夫志四海，万里犹比邻，恩爱苟不亏，在远分日亲，何必同衾帱，然后展殷勤。……仓促骨肉情，能不怀苦辛"。大藩激成祸乱者众的社会现实，让诗人在悟到人生朝露的无奈时，自勉以安分过日，终身余年。另有《赠白马王彪》其五：

　　太息将何为？天命与我违！奈何念同生，一往形不归，孤魂翔故域，灵柩寄京师。存者忽复过，亡殁身自衰，人生处一世，去若朝露晞。年在桑榆间，景响不能追。自顾非金石，咄唶令心悲。

黄初四年，曹植与白马王曹彪、任城王曹彰同赴京师参加"迎气"之礼，途中曹彰暴薨，诸王怀友于痛，当时魏已规定藩国不得互相来往，所以等到曹植及白马王曹彪还国之时，希望两人能同路东归，以互叙隔阔之思，但是监国使者不从，强行命二者辞别，曹植于是发愤作此诗。曹彰暴薨带来的死别，与曹彪暂别带来的生离，让曹植深感生死与离别之悲，直言人命叱呼之间或至夭丧，人寿将暮，身之渐衰，至死时孤魂须臾飞散的残酷，让诗人反复感叹人生无金石之固，却譬若朝露，景响不能追。①

（二）羽化成仙反衬如寄居之人生

曹植于黄初中作《仙人篇》，其诗有言："仙人揽六著，对博太山隅。湘娥拊琴瑟，秦女吹笙竽。玉樽盈桂酒，何伯献神鱼。四海一何局，九州安所如。韩终与王乔，要我于天衢。万里不足步，轻举陵太虚，飞腾踰景云，高风吹我躯。回驾观紫薇，与帝合灵符，阊阖正嵯峨，双阙万丈余，玉树扶道生，白虎夹门枢。驱风游四海，东过王母庐。俯观五岳间，人生如寄居，潜光养羽翼，进趣且徐徐。不见轩辕氏，乘龙出鼎湖，徘徊九天上，与尔长相须。"

当时曹丕为护佑自己的君王地位，以严苛的法律，派遣监国官吏，以管控诸王的行动，而且颁布禁令，严格规定诸侯游猎的活动范围不得过三十里。这样的现实境遇，不仅令曹植感到自试无门，而且几无人生自由，于是在思想形态中仙游于神仙传说是非常自然的。诗人在诗中幻想自己获王乔之邀，飞升太虚以寻求出路，翱翔云表，逍遥八荒，沉浸于彩云、紫薇、天神、天门的仙境中，毫无拘束，种种羽化而成仙的自由，更反衬出现实人生的寄居之感。再者，诗人托意仙人，志在养晦待时，诗末"潜光养羽翼，进趣且徐徐"暗示了诗人功业不久，盖将立言的决心。

（三）"死"乃反真

《髑髅说》是曹植谈论生死问题的主题诗歌中最有哲学意味的一首，此诗于曹植晚年时写就，在自表屡败，立功难成的现实面前，曹植在诗中虚构曹子（曹植自指）与髑髅的对话，表达了晚年转向道家之太虚与天地物化的生死观，借以寻求生命的安顿。

---

① 另有多处感叹年命不侔，如"……去父母之怀抱，灭微骸于粪土。天长地久，人生几何？先后无觉，从而有期。"（《金瓠哀辞》）"……日月不恒处，人生忽若遇。……"（《浮萍篇》）"……生若浮寄，惟德可论。朝闻夕逝，孔志所存。皇虽一没，天禄永延。"（《文帝诔》）"……主称千金寿，宾奉万年酬。久要不可忘，薄终义所尤。谦谦君子德，磬折何所求。惊风飘白日，光景驰西流，盛时不再来，百年忽我遒。生存华屋处，零落归山丘。先民谁不死？知命复何忧。"（《箜篌引》）"日苦短，乐有余，乃置玉樽办东厨。广情故，心相于。阖门置酒，和乐欣欣。游马后来，辕车解轮。今日同堂，出门异乡。别易会难，各尽杯觞。"（《当来日大难》），等等。

诗中人与髑髅对话，表示对生与死的两种不同立场。当曹子看到路边的骸骨时，疑惑并猜测其魂飞而残骸的原因，所能言及，如"子将结缨首剑，殉国君乎？将被坚执锐，毙三军乎？"等，都是生人之累，并哀叹"骨之无灵"，没有了精神。此时髑髅形藏而影显，与曹子进行对话，他认为：

> 子则辩于辞矣！然未达幽冥之情，识死生之说也。夫死之为言归也。归也者，归于道也。道也者，身以无形为主，故能与化推移。阴阳不能更，四时不能亏，是故洞于纤微之域，通于恍惚之庭。望之不见其象，听之不闻其声。抱之不充，注之不盈，吹之不凋，嘘之不荣，激之不流，凝之不停，寥落溟漠，与道相拘。偃然长寝，乐莫是逾。

曹子尚不通晓幽冥之情，不了解死生的观念。髑髅认为"死"是精神回归自然之道，所以能随自然之造化而变化，四时、寒暑都不能改变和减损它，并且藏于精微，与恍惚之地通，视而无形，听而无声，虚静幽深而为道所限制，是最为快乐的事情。

然而曹子还是执念于生，希望能够使神返其形。"神"叹然于曹子的冥顽不化，认为"生"之形骸是一种负累，而"死"能让其回返于自然状态中，"是反吾真也"，逍遥而自在。最后，曹子悟到，死生并没有区别，只是所处的环境不同而已，所谓"夫存亡之异势，乃宣尼之所陈。何神凭之虚对，云死生之必均"。

二、立功、立言以不朽

既然生年是如此短促，就连英勇骁战的"超世之杰"曹操都不免在年有大限的时命面前喟然神伤，那么如何超越有限的生，以做到"死而不朽"，是古代诗人心心念之的生命课题。《左传·襄公二十四年》中"立德立功立业"之三不朽的观点，对后世影响深远，曹氏父子对于何以"死而不朽"问题的回答，多少都不离"三不朽"理论之窠臼。曹操在诗文中没有直接讨论何以不朽的问题，但是通过《龟虽寿》《短歌行》等篇，可以析出曹操本人建功立业的志向是非常强烈的，他叹惋生命的无常与短暂，正是基于立功而无时的忧患，不同于曹操的是，曹丕、曹植兄弟在"死而不朽"这个问题上是做过专文来讨论的。

（一）曹植：立功难成，退而立言

曹植是希冀自己能够立功建业、垂名于世的，所谓"凡夫爱命，达者徇名"，在《与杨德祖书》中，曹植言："……吾虽薄德，位为藩侯，犹庶几戮力上国，流惠下民，建永世之业，流金石之功，岂徒以翰墨为勋绩，辞赋为君子哉！若吾志未果，吾道不行，则将采庶官之实录，辩时俗之得失，定仁义之衷，成一家之言，虽未能藏之于名山，将以传之于同好；非要之皓首，岂今日之论乎！"在他看来，"戮力上国，流惠下民"的建功立业是永世之业，可以如金石之固而流传，在"立功"难成的情况下，才会退而求"辩时俗之得失，定仁义之衷，成一家之言"的"立言"，以实现人生价值。所以他常以诗文中激昂慷慨，发而有捐躯卫国之愿，如：

> 明主敬细微，三季瞢天经。二皇称至化，盛哉唐虞庭。禹汤继厥德，周亦致太平。在昔怀帝京，日昃不敢宁。济济在公朝，万载驰其名。（《惟汉行》）

> 仆夫早严驾，吾行将远游。远游欲何之？吴国为我仇。将骋万里涂，东路安足由！江介多悲风，淮泗驰急流。愿欲一轻济，惜哉无方舟！闲居非吾志，甘心赴国忧。（《杂诗》）

> ……圣者知命，殉道宝名；义之攸在，亦弃厥生。……（《卞太后诔》有表）

> ……父母且不顾，何言子与妻！名在壮士籍，不得中顾私。捐躯赴国难，视死忽如归。（《白马篇》）

并且他还屡次上疏求自试，如魏明帝太和二年，上《求自试表》，于表中阐述己之军事才能，以求为国立功，而偿宿愿，生怕"坟土未干，而声名并灭"。太和末，他又上《自试表》，谈到士之生存价值，"臣闻士之羡永生者，非徒以甘食丽服，宰割万物而已。将有补益群生，尊主惠民，使功存于竹帛，名光于后嗣"①。可见，在曹植的生命中，他将立功之业看得很重。

自认具备治理国家的才能，怀着输力明君的热烈愿望，但碍于政治上争权夺名之故，"立功"不朽于曹植而言，实在是无施展之地，无实现的可能。②可是受着立名于世之思想的支配，曹植正如他在《与杨德祖书》中所陈述的那样，立功不成，就退而求次以"立言"来实现垂名的宿愿。《魏略》曾有"陈思王精意著作，食饮损减，得反胃疾"的记载，而且曹植的这种思想倾向可以从明帝诏令中得到证实，并且他的诗文中也屡次流露出了这一转变，如《薤露行》：

> 天地无穷极，阴阳转相因。人居一世间，忽若风吹尘。愿得展功勤，输力于明君。怀此王佐才，慷慨独不群。鳞介尊神龙，走兽宗麒麟。虫兽岂知德，何况于士人。孔氏删诗书，王业粲已分。骋我径寸翰，流藻垂华芬（指文章）。

自言从孔子删诗书以来，帝王之业已粲然分寄于文章，所以在他不能展功勤以佐治于王的现实面前，曹植选择驰骋寸翰，以垂芬于后世。

（二）曹丕：文章为不朽之盛事

曹丕的《典论·论文》在文学史和美学史上的地位很重要，因为他在文中肯定了文章的价值，也被认为是魏晋文的自觉的标志之一。但若从时间意识之"死而不朽"的追求来看，《典论·论文》表达了曹丕在这一问题上与曹操、曹植不同的立场。

曹丕在《典论·论文》中说："盖文章，经国之大业，不朽之盛事。年寿有时而尽，荣乐止乎其身，二者必至之常期，未若文章之无穷。是以古之作者，寄身于

---

① 赵幼文校注《曹植集校注》，506 页。
② 正如他在《三良》篇中所感叹的那样，"功名不可为，忠义我所安。秦穆先下世，三臣皆自残。生时等荣乐，既没同忧患。谁言捐躯易？杀身诚独难！揽涕登君墓，临穴仰天叹。长夜何冥冥！一往不复还。黄鸟为悲鸣，哀哉伤肺肝"。曹植哀叹三良不得其死，认为捐躯报国本不为难事，但杀身之因必须合乎忠义，然而穆公生不用三良，生不与其共功名，而死则要以同患难，故三良之死是屈从于君意而不合乎忠义之礼，所以曹植认为功立不由己而不可为。

翰墨，见意于篇籍，不假良史之辞，不托飞驰之势，而声名自传于后。故西伯幽而演《易》，周旦显而制《礼》，不以隐约而弗务，不以康乐而加思。夫然，则古人贱尺璧而重寸阴，惧乎时之过已。而人多不努力，贫贱则慑于饥寒，富贵则流于逸乐，遂营目前之务，而遗千载之功。日月逝于上，体貌衰于下，忽然与万物迁化，斯志士之大痛也。融等已逝，唯干著论，成一家言。"曹丕认为日月运行于天，人命渐老于地，年寿和荣乐二事都是有一定期限的，很快就会随万物而生生化化，但名声能够"不假良史之辞，不托飞驰之势"而自传于世，于是借助文章的价值，就可以实现"立言"以不朽。

三、游仙的生命意义

除了于"立德立名立言"之间，择其一以实现"死而不朽"，三曹诗文中的时间意识都与游仙诗相关，三者都写有游仙诗，于诗中极写幻想的仙境，但是三者所表达的生命意义却略有差异。

（一）曹操：建功立业与生命短促之内在冲突

曹操的游仙诗①集中表现在《气出唱》《陌上桑》《精列》《秋胡行》等几首诗中，从表面看来一般有两种情怀，一则企羡长寿，二则纯为描写于仙境游乐之场景。

游仙以求长寿诗有如下几首，如《气出唱》三首之其一：

> 驾六龙，乘风而行。行四海外，路下之八邦。历登高山临溪谷，乘云而行，行四海外。东到泰山，仙人玉女，下来翱游。骖驾六龙饮玉浆。河水尽，不东流。解愁腹，饮玉浆，奉持行。东到蓬莱山，上至天之门。玉阙下，引见得入。赤松相对，四面顾望，视正焜煌。开王心正兴，其气百道至，传告无穷。闭其口，但当爱气寿万年。东到海，与天连。神

---

① 文中曹操诗均引自《曹操集》（全二册），北京：中华书局，1974 年。部分解释并参考黄节注《魏武帝魏文帝诗注》。

仙之道，出窈入冥，常当专之。心恬澹，无所愒欲。闭门坐自守，天与
期气。愿得神之人，乘驾云车，骖驾白鹿，上到天之门，来赐神之药。
跪受之，敬神齐，当如此，道自来。

此诗描写了一个幻想的世界，前半首描写诗人历游海外诸邦，东到泰山，与仙
人玉女同遨游的仙游之境；"河水尽"句以下，诗人转喜为忧愁，诗人以"河水尽，
不东流"感叹河水有时而竭，年寿亦有时而尽。所以幻想上到天之门，与众仙齐
聚，一则学习仙人传授的长生之术，掩口吞气以保持元气，认为人的元气与自然之
气相适应，只要爱惜元气，"天与期气"，寿命就可保以万年，仙道自然就会来临。
二则跪求长生之药，以解寿命有限之忧。可以看到，曹操虽然被誉为"超世之杰"，
但面对寿命终有限期，而统一天下大业尚未完成的现实境遇，不免也常在晚年时，
慨叹暮年冉冉来临，于是幻想寻仙山，觅不死之药，以期益寿延年。又有《气出
唱》三首之其三：

游君山，甚为真。礧䃗砟硌，尔自为神。乃到王母台，金阶玉为堂，
芝草生殿旁。东西厢，客满堂。主人当行觞，坐者长寿遽何央。长乐甫
始宜孙子，常愿主人增年，与天相守。

描写游君山，至王母瑶台，参加西王母的宴会，宾主共祝长寿，与《华阴山》篇一
道，同言求仙功得之后，遨游八极，人神共饮的场景，君山上的美酒，亦能让人饮
而长生不死。

另有《陌上桑》是曹操晚年的作品，"驾虹霓，乘赤云，登彼九疑历玉门。济
天汉，至昆仑，见西王母谒东君。交赤松，及羡门，受要秘道爱精神。食芝英，饮
醴泉，挂杖（桂）枝佩秋兰。绝人事，游浑元，若疾风游欻翩翩。景未移，行数
千，寿如南山不忘愆。"反映了诗人想通过游仙来延长寿命的意念，表现了较为浓
厚的悲叹人生无常、追慕神仙幻境的情绪，反映出诗人思想的矛盾。

《精列》一首描写仙境，而实为慨叹时不待我的无奈：

厥初生，造化之陶物，莫不有终期。莫不有终期，圣贤不能免，何

为怀此忧？愿螭龙之驾，思想昆仑居。思想昆仑居，见期于迂怪，志意在蓬莱。志意在蓬莱，周孔圣徂落，会稽以坟丘。会稽以坟丘。陶陶谁能度？君子以弗忧。年之暮奈何，时过时来微。

"精"，指人体内的精微之气，即《气出唱》篇中"开玉心正兴，其气百道至""闭门坐自守，天与期气"之元气，古人认为此"气"乃人生命之所系，列与"裂"同，指分解。诗人在晚年强烈地意识到死亡是人力不可抗之自然规律，虽然在《气出唱》篇中幻想长生，以"气术"和灵药为长生之术，但此刻却深感"神气无时而亡，精血有时而壤"的长生无方，故感叹人之衰老和死亡，如精气之分解，正如刘向《楚辞·九叹》所言"精越裂而衰耄"，年之垂暮，来日无多的苦闷，全化为时不我待的哀叹。陈祚明说："仙人不可得学，托之于不忧。当年暮之感，徘徊于心。时过时来微，晚景之悲，造语不近。"①

《气出唱》三首之其二②则是承袭第一首而来，首篇言长生，此篇言游乐。描述在登天门，获长寿之术后，又游至昆仑山，与西王母、赤松、王乔等群仙"乐共饮食到黄昏"，纯为描写幻想中的游乐仙境。

不论是游乐仙境，还是叹年命有终极，且无论仙境的自由与年寿如何令人企羡，曹操内心其实是不信神仙的，《善哉行》残篇中"痛哉世人，见欺神仙"一句，将曹操的态度表露无遗。其游仙诗总不能全然洒脱，而求仙与现实生活的矛盾，功业未成的焦灼是曹操游仙诗所要表达的生命态度，正像《秋胡行》其二所表达的：③

---

① 黄节注《魏武帝魏文帝诗注》，6页。
② 全诗原文如下："华阴山，自以为大。高百丈，浮云为之盖。仙人欲来，出随风，列之雨。吹我洞箫鼓瑟琴，何闾闾！酒与歌戏，今日相乐诚为乐。玉女起，起舞移数时。鼓吹一何嘈嘈。从西北来时，仙道多驾烟，乘云驾龙，郁何茖茖！遨游八极，乃到昆仑之山，西王母侧。神仙金止玉亭，来者为谁？赤松、王乔，乃德旋之门。乐共饮食到黄昏。多驾合坐，万岁长，宜子孙。"关于诗中"德旋之门"，朱嘉徵言曰："歌华阴山，言王国多土，为德来也。夫西岳能全其高大，浮云覆之，神仙能自致其风雨，故至德归之，至德无亏，是谓德旋之门。"（见黄节注《魏武帝魏文帝诗注》，5页。）
③ 此诗作于赤壁之战以后，当时三国鼎峙的局面基本形成，面对孙权、刘备，曹操似乎没有更多的办法。建安十九年（214年），曹操征孙权，无功而返，建安二十年（215年）三月，曹操西征张鲁，途经天险散关山，未免有些意乱心烦，而作此诗。

愿登泰华山，神人共远游。愿登泰华山，神人共远游。经历昆仑山，到蓬莱。飘飖八极，与神人俱。思得神药，万岁为期。歌以言志，愿登泰华山。天地何长久！人道居之短。天地何长久！人道居之短。世言伯阳，殊不知老；赤松、王乔，亦云得道。得之未闻，庶以寿考。歌以言志，天地何长久！……四时更逝去，昼夜以成岁。四时更逝去，昼夜以成岁。大人先天。而天弗违。不戚年往，忧世不治。存亡有命，虑之为蚩。歌以言志，四时更逝去。

以《秋胡行》二首，叙述现实生活的烦忧与求仙幻想的矛盾。第一篇假借仙人"三老公"劝慰自己，割舍世间功名，但曹操自答内心还是渴望得到贤才辅佐以完成统一大业，故因俗务的牵绊让求仙之路难追寻。陈祚明说："《秋胡行》一首，戚然兴感，生此彷徨，意亦自叹。沉吟之累，升天难期，盖决绝始能蹈遽，沉吟不免羁绊。'遂上'之云，情知近诬，故定爱勋名，归于霸业，齐桓自拟，已矣终焉。"[1]第二篇先陈升仙之事，然后感叹天地之寿久长而人命之路实在短，四时更迭，年往不复，诗人不忧虑暮年将至，却唯恐国之不治，都是"慕名戚世，年往勿顾。竟以树建为期，而永念后来"[2]之辞，面对人寿无常而采取的积极进取态度。

（二）曹丕：疾求仙与尊儒立场之内在张力

曹丕诗歌中鲜有游仙诗，并且他对游仙以及求仙长生之说抱持驳斥的态度，《折杨柳行》如下：

西山一何高，高高殊无极。上有两仙童，不饮亦不食。与我一丸药，光耀有五色。服药四五日，身体生羽翼。轻举乘浮云，倏忽行万亿。流览观四海，茫茫非所识。彭祖称七百，悠悠安可原。老聃适西戎，于今竟不还。王乔假虚辞，赤松垂空言。达人识真伪，愚夫好妄传。追念往古事，愦愦千万端。百家多迂怪，圣道我所观。

---

① 黄节注《魏武帝魏文帝诗注》，23 页。
② 陈祚明《采菽堂古诗选》，李金松点校，上海：上海古籍出版社，2008 年，136 页。

本诗是疾虚妄之作，驳斥求仙长生之说。陈祚明曰："子桓言神仙则妄言也，疑神仙则但疑也，不似孟德有沉吟之心。"[①]诗人追念往事，认为彭祖、王乔等飞升成仙都是虚妄空言，俱属迂怪，"惟有观我圣道，顺命而行。如周公之东征，显父之出祖，皆圣道也。约其私情，止乎理义，皆圣道也。不必如神仙之超然境外矣"[②]。

另有《芙蓉池作诗》中言："……寿命非松乔，谁能得神仙？遨游快心意，保己终百年"，认为神仙不易求，长生遇仙不是可为之事，遨游于园中，舒快心意，保己得寿终才是理中之事。

虽然曹丕诗文中也常感于人寿，抒发人在自然面前无能为力之情，表达及时行乐之意，但是他甚少谈及游仙，并对求仙长生持驳斥态度，全在于他的思想立场是儒家的。《秋胡行三首》《定服色诏》等诗文都屡次提出遵古制，倡导先王之遗风，承尧舜之旧事等立场。《敕豫州禁吏民往老子亭祷祝》也可作为佐证：

> 告豫州刺史：老聃贤人，未宜先孔子，不知鲁郡为孔子立庙成未？汉桓帝不师圣法，正以嬖臣而事老子，欲以求福，良足笑也。此祠之兴由桓帝，武皇帝以老子贤人，不毁其屋。朕亦以此亭当路，行来者辄往瞻视，而楼屋倾颓，傥能压人，故令修整。昨过视之，殊整顿。恐小人谓此为神，妄往祷祝，违犯常禁，宜宣告吏民，咸使知闻。

这是曹丕为维护当时的礼法之序而发布的诏书，该诏书以儒为尊[③]，文中明确规定，对于老子的宣扬，不能超过孔子，要维护以儒为尊的正统地位，以便统一舆论，稳定社会局面，使自己的地位进一步得到巩固。可见，在儒家为尊的思想和巩固的政治立场下，曹丕对求仙长生之说是持反驳态度的。

---

① 黄节注《魏武帝魏文帝诗注》，47页。
② 黄节注《魏武帝魏文帝诗注》，47页。
③ 另有《以郑称授太子经学令》"……学亦人之砥砺也。称笃学大儒，勉以经学辅侯，宜旦夕入授，曜明其志"，认为郑称是博学大儒，勉励他以经学来辅助武德侯，他应该早晚入宫来授学，显明其志。

（三）曹植：游仙为现世之寄托

曹植是曹氏父子中最喜言鬼神、道教、长生、求仙之事的，大量的诗文可载，但统观其意，他对游仙长生之说的态度是经历了一个变化的，即早期他是反对方士，否定长生之说的，其后由于固守藩国，不得归京，自表陈请屡遭漠视等原因，其思想遁入了追踪仙人，继而由仙而隐的立场之中。

首先，曹植有大量不信鬼神、信嘉瑞的诗篇，在他眼里，人死后是没有灵魂的，鬼神一类的说法都是迷信，如《说疫气》一篇：

> 建安二十二年，疠气流行。家家有僵尸之痛，室室有号泣之哀。或阖门而殪，或覆族而丧。或以为疫者，鬼神所作。夫罹此者，悉被褐茹藿之子，荆室蓬户之人耳！若夫殿处鼎食之家，重貂累蓐之门，若是者鲜焉！此乃阴阳失位，寒暑错时，是故生疫。而愚民悬符厌之，亦可笑也。

曹植从时疫流行的环境中，发现贫穷人家死亡率高而富贵者少的矛盾现象，进而根据自己的探索分析，判定疫气不是鬼神所散布，而是气候失常，贫民物质生活条件不能与之相适应导致的。另有《毁鄄城故殿令》一篇，曹植以自身生活的体验，严肃地批判神致病的迷信传说，从而否定灵魂之存在，明确指出死者之无知。显然这是在《说疫气》的认识基础之上，进一步发展了"无鬼"这一理论，并提出了事实根据。而《诰咎文》的序言有曰，"五行致灾，先史咸以为应政而作。天地之气，自有变动，未必政治之所兴致也。于时大风，发屋拔木，意有感焉！聊假天帝之命，以诰咎祈福"，曹植以为天灾有其自身之规律，绝非政治治乱所能影响，与《荀子》"天行有常，不为尧存，不为桀亡"持同样的立场。

以上这些诗文所表达的主旨虽然与求仙无关，但可以看到，曹植此时思想的内核还是极为理性的，他认为天行有常，福瑞或者灾异都以自然之不变的规律为依据，而不能陷入鬼神、天帝之命等妄思之中。

另外，在《赠白马王彪》和《神龟赋》等篇中，曹植是明言列仙之不可信的：

> 苦辛何虑思？天命信可疑！虚无求列仙，松子久吾欺。变故在斯须，百年谁能持。……（《赠白马王彪》其七）

嘉四灵之建德，各潜位乎一方……顺仁风以消息，应圣时而后翔。嗟神龟之奇物，体乾坤之自然。下夷方以则地，上规隆而法天。顺阴阳以呼吸，藏景曜于重泉。餐飞尘以实气，饮不竭于朝露。步容趾以俯仰，时鸢回而鹤顾。忽万载而不恤，周无疆于太素……黄氏没于空泽，松乔化于扶木。蛇折鳞于平皋，龙脱骨于深谷。亮物类之迁化，疑斯灵之解壳。（《神龟赋》）

《赠白马王彪》中，曹植因先有任城王暴薨，后于白马王彪分别，内心有不能解除之痛苦，而叹于死生之戚，人生变故之速，并将之归于天命信可疑而与我违。《神龟赋》中诗人有感于龟死而作赋，诗中感叹龟本是灵性之物，法天象地，自调阴阳，可活万年，其寿无穷可与天地通，然而却常会受到世俗之害而丧命仅剩躯壳。如此，从龟之死，认为龟之千岁可疑，从而推断黄帝、赤松、王乔的成仙，也似龟之解壳一样，并进一步否定了人能通过升仙而摆脱死亡获得长生的思想。这种否定求仙长生的思想在曹操封魏王时所作《辨道论》①里也有比较全面的阐述。

其次，除以上列举之外，曹植的大量游仙诗都转变了立场，这些诗都作于太和年间，对求仙长生之说持相信的态度，不仅极力描绘仙境的美好，而且企盼能游于仙境，最后理性的思考本身，让他意识到求仙的不易与不能，于是由仙而隐，转而企望通过归隐的生活来安顿生命。曹植对于求仙长生之说的态度由诘难而接纳，其根源在于自身政治处境的灾变。《释疑论》为曹植晚年所作，由于自身的感受和客观情况的变化，他对于方术出现了企羡的思想情感，故在《释疑论》中，他否定了在《辨道论》中所作的结论，认为自己"初谓道术，直呼愚民诈伪空言定矣"的思想是因为天下之事不可尽知的孤陋而产生的臆断。《释疑论》中他是

---

① 曹操召集方术之士，其意图在《魏志·武帝纪》和《全三国文》所录《与皇甫隆书》中叙述得非常清楚。所谓上有好者，下必甚焉，这一措施，鼓励了群众对方士虔诚的崇奉（曹丕《典论》论郄俭等事）。曹操在镇压黄巾农民起义之后，深惧由此导致不测事变之发生而有所戒惧。为了巩固曹魏政权统治地位，对此不能不作深切的考虑。曹植《辨道论》是代表统治阶层的愿望而创作的，所以论中着重申明曹操聚方士于邺下，是具有严肃政治目的性的，从而给信仰者提出警告。其次揭露方士之虚伪性，嘲笑秦皇汉武之受骗，为曹操招致方士做了进一步的辩解，借以消除他们在群众中的影响。所以论中否定神仙之存在，指出长寿的基本原则，是有其政治目的的。

"恨不能绝声色，专心以学长生之道"的，这种专学长生之道的诗文在曹植晚年的著作中到处可见，《上仙录》《与神游》《五游》《龙欲升天》等篇，皆伤人世不永，俗情险艰，当求神仙，翱翔六合之外，与《飞龙》《仙人》《远游》篇同旨趣，兹列举如下：

> 人生不满百，戚戚少欢娱。意欲奋六翮，排雾陵紫虚。蝉蜕同松乔，翻迹登鼎湖。翱翔九天上，骋辔远行游。东观扶桑曜，西临弱水流，北极玄天渚，南翔陟丹邱。（《游仙》）

> 乘蹻追术士，远之蓬莱山。灵液飞素波，兰桂上参天。玄豹游其下，翔鹍戏其巅。乘风忽登举，彷佛见众仙。（《升天行》其一）

> 吁嗟此转蓬，居世何独然。长去本根逝，宿夜无休闲，东西经七陌，南北越九阡。卒遇回风起，吹我入云间。自谓终天路，忽然下沈泉。惊飙接我出，故归彼中田。当南而更北，谓东而反西。宕若当何依，忽亡而复存。飘飘周八泽，连翩历五山，流转无恒处，谁知吾苦艰。愿为中林草，秋随野火燔，糜灭岂不痛，愿与株荄连。（《吁嗟篇》）

> 晨游太山，云雾窈窕。忽逢二童，颜色鲜好。乘彼白鹿，手翳芝草。我知真人，长跪问道。西登玉堂，金楼复道。授我仙药，神皇所造。教我服食，还精补脑。寿同金石，永世难老。（《飞龙篇》）

> 阊阖开，天衢通，被我羽衣乘飞龙。乘飞龙，与仙期，东上蓬莱采灵芝。灵芝采之可服食，年若王父无终极。（《平陵东》）

以上所列举游仙诗都不外乎诗人极力描写幻想中缥缈绮丽的天宫仙境，又渲染自己在天宫中所受到的隆重接待，最后在服食长生不死的仙药而享遐龄的意象中，寄托自己对生命永存的憧憬。

最后，曹植仍清醒地意识到人寿短促，求仙难为。如《秋思赋》所感叹："四节更王兮秋气悲，遥思倘恍兮若有遗。原野萧条兮烟无依，云高气静兮露凝玑。野草变色兮茎叶稀，鸣蜩抱木雁南飞。西风凄惨兮朝夕臻，扇簟屏弃兮绨绤捐。归室解裳兮步庭前，月光照怀兮星依天。居一世兮芳景迁，松乔难慕兮谁能仙？长短命也兮独何怨！"所以，转仙而隐或许是更好的安顿生命的方式，正如他在《三鼎赞》中所赞赏的那样"世衰则隐，世和则出"。相较于游仙诗中的嗟叹之思，曹植在《苦思行》《释愁文》等篇中表达的道家式守默以全其身的生命态度是他更为赞赏的。

《苦思行》有言：

> 绿萝缘玉树，光耀灿相辉。下有两真人，举翅翻高飞。我心何踊跃！思欲攀云追。郁郁西岳巅，石室青青与天连。中有耆老一隐士，须发皆皓然，策杖从我游，教我要忘言。

曹植自黄初以来，多历忧患，无日不在忧谗畏讥之中，因之苦苦追寻藏身之固，欲追踪仙人而不可得，故托言隐士，认为安生之道，全身远害之方，惟守默为要。

另有《释愁文》，子建与玄灵先生（玄灵先生是曹植假托道家之士，疑作玄虚）对谈，子建愁烦，"吾所病者，愁也"，并陈述愁苦之状，"去来无方，乱我精爽"。先生作色而言曰："予徒辩子之愁形，未知子愁何由为生，我独为子言其发矣。方今大道既隐，子生末季，沈溺流俗，眩惑名位，濯缨弹冠，谘诹荣贵。坐不安席，食不终味，遑遑汲汲，或憔或悴。所鬻者名，所拘者利，良由华薄，凋损正气。吾将赠子以无为之药，给子以澹薄之汤，刺子以玄虚之针，灸子以淳朴之方，安子以恢廓之宇，坐子以寂寞之床。使王乔与子遨游而逝，黄公与子咏歌而行，庄子与子具养神之馔，老聃与子致爱性之方。趣遐路以栖迹，乘青云以翱翔。"玄灵先生认为子建只知愁闷之形，而不知愁闷之因，并进一步解释如今大道小时，追名逐利，虚浮浅薄的流俗损伤了人天生的纯真之气，所以子建会形容枯槁，愁闷不已。于是玄灵先生赠子建以无为之药，告诫其用玄虚、淳朴之方来养性、养神。曹植正是借玄灵先生之言，表达自己在政治上追求"戮力上国，流惠下民"的宿愿未成之时，选择倾向于取道清静无为的长生观，企图藉以排除忧患，安顿生命。

另有《桂之树行》言：

桂之树，桂之树，桂生一何丽佳！扬朱华而翠叶，流芳布天涯。上有栖鸾，下有蟠螭。桂之树，得道之真人咸来会讲，仙教尔服食日精。要道（至道，求长生之方）甚省不烦，淡泊、无为、自然。乘跞万里之外，去留随意所欲存。高高上际于众外，下下乃穷极地天。

曹植于诗中描绘想象中的神仙讲道的情状，内容充满着浓厚的道家清静无为的思想。[①]

《玄畅赋》之“……匪遑迈之短修，长全贞而保素。弘道德以为宇，筑无怨以作藩。播慈惠以为圃，耕柔顺以为田。不愧景而惭魄，信乐天之何欲。……”亦表明了自己乐天委命、全贞保素的生命态度。此赋内容可谓对曹植思想变迁的历程作出了总结。曹魏王朝缔造之初，曹植屡次自表陈请，争取做王朝政权中的重要助手，实现平素的政治抱负。但因过去争夺继承魏王地位，与曹丕发生不可调解的嫌怨，成了曹丕最疑忌的对象。这不仅令其平生愿望缺乏实现的可能性，反而遭遇着严酷的打击，以致在黄初前期彷徨于死亡的边缘。在这样的境遇里，进取信念固然消沉，当前要求只是如何保全自己的生命而已，所以全贞保素之人生准则，与乐天委命的隐士态度，便占据了主导地位。

四、小结

三曹是建安文学的领袖人物和杰出代表，沈约《宋书·谢灵运传论》曰：“至于建安，曹氏基命，三祖陈王，咸蓄盛藻，甫乃以情纬文，以文被质。”[①]学术界言及曹氏父子的文学成就，多从其大胆运用新体乐府，奠定了五言诗的基础，即从其对文学形式革新的贡献说起。本文从三曹诗歌的内容分析入手，剖陈其中包蕴的时间意识，认为三曹对时间的关注，即是对生命本身的关注。在认识到死之必然性

---

① 另外还有其他诗篇，如“尧禅许由，巢父是耻；秽其涫德，临河洗耳。池主是让，以水为浊。嗟此三士，清足厉俗。”（《许由巢父池主赞》）“嗟尔四皓，避秦隐形。刘项之争，养志弗营。不应朝聘，保节全贞。应命太子，汉嗣以宁。”（《商山四皓赞》）“汤将伐桀，谋于卞子。既闻让位，随以为耻。薄于殷世，着自污己。自投颍水，清风邈矣。”（《卞随赞》）等，陈示自己隐而养真，保持纯清之操，不污于乱世的生命态度。

后，他们以"立德、立功、立言"的方式追求"死而不朽"，并共同于游仙诗中凸显自己安顿生命的方式，三者的时间意识都围绕人的个体生命展开，本文称为主体时间意识，具体表现如下：

第一，对自然生命的感知，主要表现为曹植诗文中对人命逝速，嘉会难常的感念；羽化成仙反衬如寄居之人生；"死"乃反真的生死观。

第二，既然生年是如此短促，那么如何超越有限的生，而能做到"死而不朽"，是三曹所共同关注的生命课题。曹操对生命的无常与短暂的叹惋，基于其立功而无时的忧患；曹植希冀自己能建功立业以垂名，但在政局革变的现实面前，退而求次选择以"立言"的方式实现人生价值；曹丕以《典论·论文》表达自己"立言"以不朽的立场。

第三，除了于"立名、立言"之间，择其一以实现"死而不朽"之外，三曹诗文中的时间意识都共同地与游仙诗相关。曹操的游仙诗处处流露着他建功立业的本心；而曹丕从儒家思想和政治利益的考量出发，疾求仙长生为虚妄之辞；曹植是曹氏父子中最喜言鬼神、道教、长生、求仙之事的，但统观其意，其对游仙长生之说的态度是经历了一个变化的，即早期他是反对方士，否定长生之说的，其后由于固守藩国，不得归京，自表陈请屡遭漠视的原因，致其思想遁入了追踪仙人，继而由仙而隐的立场之中。

---

① 沈约《宋书》，北京：中华书局，1974 年，1778 页。

白居易对"乐与政通"的应用和新诠释

周婧

香港大学

———— * ————

[摘　要]在唐代，以西域音乐为主体的胡乐在继承南北朝与隋代胡乐的基础上繁荣发展。胡乐的流行与传播也影响了音乐思想领域。中唐诗人白居易在《新乐府》组诗以及《复乐 古器古曲》一文中基于"乐"与"政"的关系重新诠释了"乐与政通"这一来自于《礼记·乐记》中的观念，清晰地反映出在胡乐兴盛的背景下，他对"乐与政通"这一传统音乐观念的新思考。

[关键词]唐代　胡乐　白居易　乐与政通

通过对白居易胡乐舞诗文的分析，本文详细阐述了白居易对"乐与政通"这一观念的诠释。胡乐一词在不同历史时期有不同的具体内容，泛指非中国本土的音乐。具体来说，主要指中国北方游牧民族音乐以及沿丝绸之路传来的印度、伊朗西域音乐，后者在地域上近至甘肃河西走廊、新疆，远达中亚、伊朗。在唐代，胡乐一词虽然仍包括一些其他来源的乐曲，但其核心为西域音乐，本文中胡乐一词亦主要指沿丝绸之路传入的西域音乐。白居易（772—846）关于胡乐舞的诗歌可分为两个部分。一是以胡乐、胡舞为主题的诗歌，如《柘枝妓》《胡旋女》，这类诗歌中以大量笔墨直接描写这些胡乐曲或胡舞的特点。二是以胡乐器为主题的诗歌，如

《五弦弹》，展现出诗人对西域乐器深入的了解和丰富的感受。对胡乐的欣赏和熟悉使白居易对于中国传统音乐观念"乐与政通"作出新思考和新诠释。具体来说，从白居易与元稹共拟的《策林》之一《复乐 古器古曲》到他的组诗《新乐府》中有关胡乐的作品，可以看出白居易在熟悉和喜爱胡乐舞的基础上，曾尝试重新诠释传统观念"乐与政通"，来给予胡乐生存空间。虽然这次尝试是不成功的，但足以看出当时胡乐在音乐思想领域所引发的思考和冲击。

一、白居易讨论"乐与政通"的背景——严夷夏之防

作为音乐观念的"乐与政通"，依托于"严夷夏之防"的儒家思想。经过天宝末年的安史之乱，至中唐时"严夷夏之防"的观念在国家政治理念和边防措施上是非常重要的内容。白居易于元和元年（806）与元稹共拟的《策林》中，第四十八篇《御夷狄 徵历代之策陈当今之道》在分析了讨伐、舍弃、和亲与约盟这四种与其他国家、民族交往的策略后写到："是以讨之以兵，不若诱之以饵；诱之以饵，不若和之以亲；和之以亲，不若备之有素。"[①]最后认为最上策即备之有素，而后以富国宏德为根本，以求与其他民族之和谐共处。生活时代稍早于白居易的杜佑（735—812）在《通典·边防序》中也有相同观点，认为华夏民族外的其他民族"其地偏，其气梗，不生圣哲，莫革旧风，诰训之所不可，礼义之所不及，外而不内，疏而不戚，来则御之，去则备之，前代达识之士亦已言之详矣。"[②]就杜佑的态度而言，与白居易如出一辙。两人所有论述可总结为一个"防"字，清晰地表现出两点，可用杜佑的十六个字概括。一是"外而不内，疏而不戚"，即首先明确华夷之分，划出边界与亲疏。二是"来则御之，去则备之"，无论和、战，始终有防备之心。在此观念的影响下，胡乐作为异文化的一部分，也自然被划入需严防之列。通过"乐与政通"这一桥梁，才真正使这种出于政治考虑的防备转变为基于音乐观念的评判。

---

① 白居易《御戎狄 徵历代之策陈当今之宜》，见董诰等《全唐文》，北京：中华书局，1983年，6840页。
② 杜佑《通典》，北京：中华书局，1984年，4980页。

二、"乐与政通"的原义

白居易的《新乐府》诗歌以及《复乐古器古曲》一文在诠释"乐与政通"这一概念时，引用了《礼记·乐记》中对"乐与政通"的讨论。《乐记》中对这一概念的讨论承接于对音乐本身、音乐与情感之关系的讨论之后。

> 凡音之起，由人心生也，人心之动物使之然也。感于物而动，故形于声……乐者，音之所由生也，其本在人心之感于物也，是故其哀心感者，其声噍以杀，其乐心感者，其声啴以缓，其喜心感者，其声发以散，其怒心感者，其声粗以厉，其敬心感者，其声直以廉，其爱心感者，其声和以柔，六者非性也，感于物而后动。是故先王慎所以感之者。[1]

此段引文从音乐的基本构成要素——声音开始，表明了音乐与情感关系中的一方面：音乐反映情感。对于音乐所反映的情感，引文区分了哀、乐、喜、怒、敬、爱六个方面，同时详细列出与之对应的不同乐声特点。最后一句"是故先王慎所以感之者"道出其中的逻辑先后，即以物为起始，不同情感是对外物的反映，声音、音乐又是对情感的反映。因而以上引文强调的是外物影响情感，情感影响音乐的逻辑顺序。在以上逻辑中，音乐具有双重属性。对于表演者，音乐是其情感的反映，是内心情感的一部分；而于听众而言，当音乐被演奏出来，即变成外物的一部分。音乐的双重属性使得上述逻辑从单向转化为双向，使《乐记》对"音乐影响情感"的论述成为可能。《乐记》以对情感与音乐的论述为基础，将政治作为影响人情感的因素引入讨论，详文如下：

> 凡音者，生人心者也，情动于中故形于声，声成文谓之音，是故治世之音安以乐，其政和，乱世之音怨以怒，其政乖，亡国之音哀以思，其民困，声音之道与政通矣。[2]

---

[1]　孙希旦《礼记集解》（下册），北京：中华书局，1989年，976页。
[2]　孙希旦《礼记集解》（下册），978页。

此段引文在段首重申音乐反映情感的论点，从治世、乱世、亡国三种不同的政治状态列举了与之对应的不同乐声的特点。最后，引文以"声音之道与政通"总结对政治、音乐、情感三者关系的探讨。此条引文中音乐与政治相通的结论是基于音乐能够反映情感的观点，将政治作为影响人感情的外物，放在逻辑链条的起始端，即不同的政治状态引发不同的情感，不同的情感又反映在不同特征的乐声中，所以音乐能够与政治相对应。这种对应关系即是"通"。进而，《乐记》为乱世和亡国之政各举一例如下。

> 郑卫之音，乱世之音也，比于慢矣。桑间濮上之音，亡国之音也，其政散，其民流，诬上行私而不可止也。……审声以知音，审音以知乐，审乐以知政，而治道备矣。①

以上引文中"郑卫之音"与乱世之政治状态、"桑间濮上之音"与亡国之政治状态的对应进一步阐释了"音乐反映政治"的主张。更重要的是，这种对应说明音乐本身的特征和情感种类与政治状态之间的对应关系是固定的，亦即郑卫之音不可能反映出安稳清明的政治状态。而后文将详细讨论的白居易对"乐与政通"的新诠释，则旨在打破这种固定的对应，弱化音乐的功能。对于以上"乐与政通"中音乐反映政治的逻辑，《乐记》总结为"审乐以知政"，即通过研究音乐的特征来判断政治的状态。然而，《乐记》对这一概念的讨论并不局限于音乐反映政治的单向关系，同时也强调音乐影响感情和政治的逆向逻辑，其行文如下。

> 是故志微噍杀之音作，而民思忧。啴谐慢易繁文简节之音作，而民康乐。粗厉猛起奋末广贲之音作，而民刚毅。廉直劲正庄诚之音作，而民肃敬。宽裕肉好顺成和动之音作，而民慈爱。流辟邪散狄成涤滥之音作，而民淫乱。②

---

① 孙希旦《礼记集解》(下册)，981 页。
② 孙希旦《礼记集解》(下册)，998 页。

上文从六个方面列举了不同音乐特征对人情感的影响，旨在说明对听众来说，音乐不仅是情感的反映，也能同时影响人的情感。同时，不同的声音与其所承载的文化意义会不断提醒人们营造良好政治氛围所需的品质。

> 钟声铿，铿以立号，号以立横，横以立武。君子听钟声则思武臣。石声磬，磬以立辨，辨以致死。君子听磬声则思死封疆之臣。丝声哀，哀以立廉，廉以立志。君子听琴瑟之声则思志义之臣。竹声滥，滥以立会，会以聚众。君子听竽笙箫管之声，则思畜聚之臣。鼓鼙之声欢，欢以立动，动以进众。君子听鼓鼙之声，则思将帅之臣。君子之听音，非听其铿锵而已也，彼亦有所合之也。[1]

此段引文中，不同材质的乐器所发出的乐声均被赋予了文化含义，如钟声与威武的武臣，石磬之声与忠心耿耿、至死守护疆土的封疆之臣，等等。这些乐声与品质的对应关系不仅说明了乐声通过其所承载的文化含义对政治产生影响，更确立了乐声特质与文化含义之间的对应关系。综观《乐记》中关于"乐与政通"这一观念的材料，音乐与政治的关系是双向的。通过情感的中介，音乐可反映出政治状态，同时音乐不仅能影响情感，更能通过乐声承载的文化含义塑造人的品质，从而影响政治的状态。

三、白居易《新乐府》对"乐与政通"的应用和诠释

（一）《新乐府》组诗对"音乐影响政治"的强调

白居易对"乐与政通"的应用清晰地表现在元和四年（809 年）白居易的组诗《新乐府》中。[2]此组回应元稹和李绅的诗歌"为君、为臣、为民、为事而作，不为文而作也"[3]，旨在言理，针砭时弊，故诗中以"乐与政通"的思想为基础，对

---

① 孙希旦《礼记集解》（下册），1018—1020 页。
② 陈寅恪《元白诗笺证稿》，上海：上海古籍出版社，1978 年，119 页。
③ 朱金城《白居易集笺校》，上海：上海古籍出版社，1988 年，136 页。

胡乐多有批判。首先《五弦弹》道出胡乐与雅正之声在美学标准上的差异，强调了胡乐与正声的区别。

《五弦弹》一诗首句明旨，以"恶郑之夺雅也"将五弦乐声归为"郑音"。因其乐声悲愁，情感表达强烈，不同于正音雅声中对情感的节制。对五弦的乐声白居易有非常形象的描写，"第一第二弦索索，秋风拂松疏韵落。第三第四弦泠泠，夜鹤忆子笼中鸣。第五弦声最掩抑，陇水冻咽流不得。五弦并奏君试听，凄凄切切复铮铮。铁击珊瑚一两曲，冰写玉盘千万声。"①从每根弦的音色特征写到其对应情景，形象展现出乐器特征在听众心中引起的强烈情绪共鸣。其中索索形容声音细碎；泠泠指声音清幽；掩抑则指声音低沉；五弦合奏时，在清幽凄切的乐声中夹杂棱角分明、刚劲有力的乐声，似铁击珊瑚、冰泻玉盘，层次分明。细琐低沉的背景和刚劲有力的乐声可以说是音色表现力的两个极端。诗中描写的这种五弦乐声是受到时人推崇的，其演奏者赵璧也得到白居易"唯忧赵璧白发生，老死人间无此声"的赞赏。另《乐府杂录》中五弦条有"贞元中有赵璧妙于此伎"②，《唐国史补》亦记赵璧奏五弦时"不知五弦之为璧，璧之为五弦也"③。可见诗中描写的五弦乐声是五弦演奏的典范。

但这种美学标准，与中国传统音乐理论中所称颂的"正声"完全不符，白居易也写到正声的标准，即"正始之音其若何？朱弦疏越清庙歌。一弹一唱再三叹，曲淡节稀声不多。融融曳曳召元气，听之不觉心平和。"④可见诗人所认同的正声，是在乐声风格上表现为淡雅舒缓，听后不引起强烈的情绪波动，使人舒散和乐之音乐。五弦与正声若同处于一条线段，正声要求乐音特色和与之对应的情感共鸣都稳定于一条线段的中点，而五弦中两种不同特点的乐声却在音色和与之对应的情感上，都以向线段的两个端点靠拢为美学追求之目标，如果偏向中点，则不能够充分表现此乐器特色和音乐风格，也是对演奏者技术的否定，故二者之间以美学标准为基础的区分颇为清晰。

---

① 朱金城《白居易集笺校》，188 页。
② 段安节《乐府杂录》，沈阳：辽宁教育出版社，1998 年，32 页。
③ 李肇《唐国史补》，见《丛书集成初编》，北京：中华书局，1991 年，151 页。
④ 朱金城《白居易集笺校》，188 页。

基于将胡乐归于郑声的结论，白居易在《胡旋女》《法曲》与《华原磬》中展现出对"乐与政通"这一观念的诠释。《华原磬》一诗虽然不涉及胡乐，但阐释了"乐与政通"的具体方式，以及白居易在此组诗歌中所强调的"乐"和"政"的逻辑顺序。诗中称"古称浮磬出泗滨，立辨致死声感人。宫悬一听华原石，君心遂忘封疆臣。"①此句化用了《乐记》中讨论乐声与其承载的文化含义的例子："石声磬，磬以立辨，辨以致死，君子听磬声，则思死封疆之臣。"②诗人强调，石制乐器之声音与正义之品德之间的对应并不适用于所有石制乐器，而特别限定于古老的制磬石材——泗滨石。诗人认为，当天宝年间新的石材华原石代替了泗滨石，新的音色便无法代表此乐器原有的文化道德含义，亦即失去了对人精神上的约束和规劝。继而诗人以"果然胡寇从燕起，武臣少肯封疆死"③一句道出安史之乱与更换乐石相对应。最后诗人总结到："始知乐与时政通，岂听铿锵而已矣。"④从全诗的结构和用词可见，在逻辑上诗人不仅将"乐"作为"政"的反映，更强调"乐"对"政"的影响，即音乐的雅正与否会影响政治。基于对"乐与政通"中"乐"影响"政"的强调，白居易在《胡旋女》与《法曲》中对与正声相悖的胡乐多加批判，并将胡乐兴盛作为天宝末年政治动乱的原因之一。在《胡旋女》中，白居易直接将胡旋舞与安禄山叛乱相联系，有"天宝季年时欲变，臣妾人人学圜转。中有太真外禄山，二人最道能胡旋。"继而称"禄山胡旋迷君眼，兵过黄河疑未反。贵妃胡旋惑君心，死弃马嵬念更深。"⑤虽然作为艺术作品的诗歌并不是逻辑严密的论述，但是结合"乐与政通"在《乐记》中的原义，白居易诗歌中"音乐反映并影响政治"这一观点是明显的。在《法曲歌》一诗中，白居易将天宝末年以法曲与胡部新声合作等音乐举措⑥与安史之乱并举，认为音乐中的胡华杂糅不仅反映了政治上胡汉共治的情况，也在一定程度上影响了政治的安定。诗人将法曲作为华夏正声的代表，有"乃知法曲本华风，苟能审音与政通"，认

---

① 朱金城《白居易集笺校》，153 页。

② 孙希旦《礼记集解》（下册），1019 页。

③ 朱金城《白居易集笺校》，153—154 页。

④ 朱金城《白居易集笺校》，154 页。

⑤ 朱金城《白居易集笺校》，161—163 页。

⑥ 《新唐书》（卷 39）《五行二》，北京：中华书局，1975 年，608 页。

为雅正之乐能够使国家兴盛稳定，故有"政和世理音洋洋，开元之人乐且康"的赞叹。诗人继而认为胡乐与华声的相互融合导致了盛世衰颓、战乱四起，故有"一从胡曲相参错，不辨兴衰与哀乐。愿求牙旷正华音，不令夷夏相交侵"。① 在《新乐府》中的这几首诗歌中，白居易基于胡乐的音乐特征将其归为郑卫之音，并本着"乐"的雅正与否能够影响"政"的稳定之观点，将胡乐兴盛作为政治动乱的反映，也将其作为影响政治的因素。

（二）《复乐 古器古曲》一文对"音乐反映政治"的强调

然而《新乐府》组诗中，不同音乐特征与情感或政治状态之间的固定对应关系，以及对音乐影响政治之逻辑的强调并不是白居易一以贯之的观点。在创作《新乐府》前几年，白居易曾试图重新诠释"乐与政通"思想，在打破不同音乐特征与情感或政治状态之间固定联系的同时，强调"乐与政通"中"乐"与"政"双向关系的另一面：音乐反映政治，政治影响音乐。这一尝试显示出他在胡乐兴盛的社会环境下、在对胡乐赞赏有加的个人经历中，对"乐与政通"这一传统理论的重新思考。元和元年（806 年），白居易与元稹共拟《策林》七十五道，其中第六十四道《复乐 古器古曲》② 一文不仅强调了"乐与政通"中政治影响音乐的逻辑关系，更打破了某种音乐特征与政治状态之间的固定联系，弱化了音乐对情感和政治的影响。其全文如下：

> 问：时议者或云："乐者，声与器迁，音随曲变。若废今器，用古器，则哀淫之音息矣；若舍今曲，奏古曲，则正始之音兴矣。"其说若此，以为何如？

> 臣闻乐者本于声，声者发于情，情者系于政。盖政和则情和，情和则声和，而安乐之音，由是作焉；政失则情失，情失则声失，而哀淫之音，由是作焉。斯所谓音声之道，与政通矣。伏睹时议者，臣窃以为不然。何者？夫器者所以发声，声之邪正，不系于器之今古也；曲者所以

---

① 朱金城《白居易集笺校》，145 页。
② 白居易《复乐 古器古曲》，董浩等《全唐文》，北京：中华书局，1983 年，6850 页。

名乐，乐之哀乐，不系于曲之今古也。何以考之？若君政骄而荒，人心动而怨，则虽舍今器用古器，而哀淫之声不散矣；若君政善而美，人心和而平，则虽奏今曲废古曲，而安乐之音不流矣。是故和平之代，虽闻桑间濮上之音，人情不淫也，不伤也；乱亡之代，虽闻咸、濩、韶、武之音，人情不和也，不乐也。故臣以为销郑卫之声，复正始之音者，在乎善其政和其情，不在乎改其器易其曲也。故曰乐者不可以伪，唯明圣者能审而述作焉。臣又闻若君政和而平，人心安而乐，则虽援黄桴击野壤，闻之者亦必融融泄泄矣；若君政骄而荒，人心困而怨，则虽撞大钟伐鸣鼓，闻之者适足惨惨戚戚矣。故臣以为谐神人和风俗者，在乎善其政欢其心，不在乎变其音极其声也。①

　　此文全篇虽仍在论述"乐与政通"思想，但是其中"乐"与"政"的逻辑顺序完全颠倒，政治的清明与否成为雅正之音能否兴盛的原因，更重要的是，文中切断了音乐为因、政治为果的逻辑关系，认为音乐的雅正并不能直接影响或反映人和政兴。文中认为，"声之邪正，不系于器之今古也；……乐之哀乐，不系于曲之今古也"，这就是说音乐的雅正与否，和乐器、乐曲本身并没有必然联系。进而文中提出复兴雅正之乐的方法应为"善其政和其情"，而不在于"改其器易其曲"。在文章最后白居易写到"臣又闻若君政和而平，人心安而乐，则虽援黄桴击野壤，闻之者亦必融融泄泄矣；若君政骄而荒，人心困而怨，则虽撞大钟伐鸣鼓，闻之者适足惨惨戚戚矣"，表明若表演者情绪和乐，即使是村野之乐也会使听者平和喜乐，反之若演奏者情绪愤恨，纵然让他撞钟鸣鼓，演奏传统意义上雅正之乐器，也只会带给听众负面的情绪。这就打破了不同音乐特征与情感之间固定的联系，当某一种音乐风格出现时，也就不再能直接将其作为某种情感或政治状态的对应物。

　　通过强调"乐与政通"中政治影响音乐的逻辑，以及消除音乐特征与情感或政治状态之间的固定联系，之前对音乐本身的限制也就不复存在。因为废今器、舍今曲并不能使哀淫之声息、正始之音兴，从原本强调雅乐淫声到政治教化的内在联系转变为从政治到人情再到音乐的因果逻辑。所谓"乐者本于声，声者发于情，情者

---

① 白居易《复乐 古器古曲》，董诰等《全唐文》，6850 页。

系于政"，是以政治状态作为基础和原因，通过人情以左右音乐之雅正与否。这种新诠释通过消除不同音乐特征与情感或政治状态间的固定联系，弱化了音乐对人情或政治状态的影响。对政治功能的强调和对音乐功能的弱化为不同种类音乐的共存提供了更大的可能性。这样就在理论上论证了胡乐舞与胡乐器这样的"新乐""新器"存在的合理性，并为之拓展出了发展的空间。

在弱化音乐的功能而强调政治对人情感的影响这一点上，白居易与唐太宗之音乐观点①有异曲同工之妙，可见这样的观点并不是偶然出现，而必有其形成的原因。基于白居易诗歌中反映的胡乐在宫廷音乐中的盛况，诗人自己对胡乐器、胡乐舞细致入微的描写和赞叹及其诗歌中反映出的胡乐汉化，可见胡乐的兴盛及汉化，必然在传统中国音乐思想中引起轩然大波，文人雅士或捍卫传统，或重新阐释传统，都要对此做出回应。白居易则因为对胡乐的熟悉和欣赏做出了重新阐释传统观念的尝试。但是从其写作时间可知，此文作于元和元年，仅仅几年之后，创作于元和四年的《新乐府》就清晰地体现出与此文相悖的传统"乐与政通"之逻辑，即音乐影响政治，全然不见此文中新诠释的踪影。同样作为诗人音乐思想的明确表达，《新乐府》中几首论及胡乐的诗歌和《复乐 古器古曲》一文就像一段橡皮筋左右弹晃的两个最远端，反映出诗人在面对胡乐兴盛及汉化这一事件时的徘徊和思考。这种徘徊一方面反映出唐代胡乐在传统音乐思想中所引起的讨论；另一方面也反映出坚持这种新诠释的艰难，想要真正从根本上改变传统理论，在当时是不可能的。白居易后期的诗歌中不再表现此种观点，即可证明这种尝试力量的微弱。

---

① 王溥《唐会要》，北京：中华书局，1955 年，588 页。

方希圣的文人绘画尝试与天主教教义的矛盾

王宇迪

北京大学

———————— * ————————

[摘　要]方希圣是一位比利时传教士，同时也是一位画家，20 世纪初在中国传教时创作了大量的绘画作品，在艺术本土化方面进行了诸多尝试。本文通过对他作品的梳理，选取了几幅典型作品分析，发现他在将天主教教义融入进中国古典文人绘画作品时发生了矛盾的现象，从而使他放弃了这种融合的方式。而产生这种矛盾的原因可以追溯为两种文化中时空观念的不同。

[关键词]天主教艺术本土化　方希圣

19 世纪末 20 世纪初是一个动荡而迷人的时期。此时的东方文化艺术交流空前繁荣。东方艺术尤其是日本风格在欧洲大放异彩，成为上层社会显示身份与地位的品位象征；西方艺术也随基督教而来，虽不是首次入华，但也同时在城市与农村铺落，全面展现了它独特的魅力。两种截然不同的文化碰撞会产生怎样的抉择，如何在抉择中呈现最为卓越的效果，就成为两方参与者共同面临的问题。而每个个体在取舍抉择之间，总会带有自身的多维度属性，比如社会历史环境、民族文化内涵、哲学观等一系列时间与空间上的概念在此交汇，使得个体无法跳出自身局限性对当下作出完全客观的回应。因此，研究这些回应是一个十分有意义的议题，可以直接反映出不同文化间的固有隔阂，在比较中认清自己，从而彰显一个文化自身独特的观念。

随着对这一时期历史研究的深入，已经有不少学者从宗教学与艺术史的角度，在中西对比或者个案研究的基础上对此作出了回应，也积累了相当数量的成果。如聂崇正、莫小也、曹天成、顾卫民、顾长声、褚潇白等学者都为明清中西天主教艺术的交流做了大量的文献收集与整理工作，从清宫外国画家的创作活动个案，到天主教艺术和中国文化冲突与融合问题都有所涉及。澳门的陈惠民，国外的学者如苏立文、钟鸣旦等也对中国天主教艺术有所关注。除却著作，一些关于此时宗教艺术的学术论文也逐年丰富。

在此基础之上，对一些中国天主教画家的个案研究也正引起学界的关注，如陈缘督、王肃达、陆鸿年等。他们独特的身份与其作品背后映射出的历史环境与文化观念值得学者深入探讨。与之相似的，一位比利时传教士兼画家方希圣也应该引起重视，其身份的多样性与经历的丰富性使得他极具研究价值，可以丰富学界对一些问题的认识，但由于资料的匮乏，关于他的研究长期处于盲点之中。新近几年，鲁汶大学出版了一本由 Lorry Swerts 博士撰写、Koen De Ridder 翻译的关于方希圣生平的著作：*Mon Van Genechten（1903-1974）：Flemish missionary and Chinese painter: inculturation of chinese christian art*。书中梳理了他的生活轨迹，收集了他大量的绘画作品，是目前为止对方希圣一生总结最为全面的论述。虽然书中对他评价过于主观并有意抬高他的身份地位，但依然不妨碍对他的作品与生平脉络的客观记述。所以，本文基于此书所载史料，选取了几幅典型作品直接从此出发进行分析研究。

一、天主教本土化潮流

1840 年鸦片战争爆发。随着一系列不平等条约的签订，传教在华夏大地上全面合法化。大量传教士涌入内地深入村庄，在各通商口岸乃至内陆地区建起教堂，百年禁教期间几乎销声匿迹的基督教以另一种强势的方式再次登场。各个国家的天主教会如耶稣会、圣母圣心会等都派出大量传教士来华布道。此时的传教方式也一别于明清之际，由结交上层文人雅士的精英路线改为深入内陆农村腹地直面困苦百姓的基层路线。另外，传教政策也发生了改变。明清之际利玛窦、郎世宁等人虽然学习了中国语言和中国文化，但都只是为了更好地传播教义，本土化行为浅尝辄止，甚至并不受到罗马教会上层人士的支持与认可。至民国初年刚恒毅出任总主教后，总体的传教政策便改变为天主教的本地化尝试，试图尊重并融入中国的固有文化当中。其中被刚恒毅尤为看重的便是艺术领域。

刚恒毅曾于 1906 年晋铎之后编写《艺术史》一书，被采用为中学教科书，后又在意大利米兰创办《圣教艺术》（*Arte Cristiana*）杂志，由此可见他本人对艺术的热爱与对艺术的理解之深。[①]在他的执掌领导下，中国的天主教艺术确实发生了变化。一些天主教建筑采用了中西合璧的样式，视觉形象上也出现了完全中式的视觉艺术。刚恒毅还发现和鼓励了中国画家如陈缘督、陆鸿年等人，在他的倡导下，传教士团体中也出现了懂得中国绘画技法的西洋画家，如方希圣。

这种状况的出现，不只是刚恒毅一人之力，而是遵循了教廷的旨意。1919 年 11 月 30 日，教宗本笃十五世发表《夫至大》通谕，强调了诸多事宜，其中分外重视教会人员在其他文明与地域上的行事规范，力求做到教会的本地化。比如强调培养与任用当地人为司铎，因为"本地司铎与本地人民，世籍、天资、感觉与心思，皆自相投合，谓痛痒相关少隔膜"，所以才能做到"以信德渐摩人心"，令其他人等信服。另外，加上本地人的身份可以随意进出，比外籍司铎多了不少方便。这是用人上强调的改变，另外在其他艺术文化上，通谕中也表示"各种文明之艺术皆有超众之人才"，以示各国间文明的平等性。[②]

当刚恒毅来到中国时，《夫至大》就是其所携带的教宗旨意。虽然整个通谕是面向全世界的传教区，并没有单独指向中国，为了落实通谕的基本思想，刚恒毅还是在此通谕的基础上归纳出了适应中国的五条传教原则。总体上来说，传教政策在原则上是强调教会的独立性，不带有政治色彩，不参与政治，也与各国列强没有任何瓜葛；在方式上强调教会的本地化，主张中国是中国人的，主张帮助中国培养自己的主教。这样的主张很快得到了部分神职人员的声援，国内有英敛之、马相伯等天主教徒的呼吁，国外有比利时传教士雷鸣远神父提出的"中国归中国人"的倡导。由此，《夫至大》通谕的发布可以被看作天主教会中国本地化的重要节点，在

---

① 刘平《中国天主教艺术简史》，北京：中国财富出版社，2014 年，267 页。

② 朱维铮《马相伯文集》，上海：复旦大学出版社，1906 年，384—397 页。

刚恒毅的领导下，中国天主教走向了本地化的道路。

此时不只是中国，整个国际环境也发生了这样的倾向性变化。1885 年至 1914 年，传教士学逐渐成为一个被独立研究的学科，最早出现在 Munster 学院，至 20 世纪 30 年代鲁汶大学逐步占据了这一学科的领先地位。由此，这一学科所提倡的适应性原则逐渐成为这一学科研究的基本共识与方法。在殖民文化中，这一原则也是对非基督教国家文化的尊重。也就是说，本地化这一原则不只是教会内部的单方面政策，也不是刚恒毅一人的行为，更不是只发生在中国本土的独特现象，而是一种国际上大环境的趋势，是基督教国家对于自己行为的反思。

在这样的国际环境和教会政策下，一位名叫方希圣的比利时传教士来到中国，将天主教带进了中国艺术。方希圣本名 Mon Van Genechten，1903 年 10 月 29 日出生于比利时海尔市（Geel）的一个普通农民家庭，1930 年作为传教士被派到中国。在中国，他可能并不被人们所熟知，因为当时来华的传教士数量很大，他只不过是其中不起眼的一员。但是在他的家乡海尔，有一间专门收藏他作品的博物馆，因为他是一名画家，一名传教士画家。方希圣自高中毕业后成为了当时著名的铜板雕刻师 Dirk Baksteen 的学生，1924 年进入圣母圣心会后由于其艺术才能出众，很快被圣心会所赏识，于是被教会派往伦敦和巴黎接受著名大师 Frank Brangwijn 和 Maurice Denis 的指导学习壁画技法。学成之后跟随并服务于远在内蒙古任职的 Edgard De Belser 神父，于 1930 年首次来到中国。

因为比利时圣母圣心会的传教区域主要位于内蒙古至甘肃一带，所以方希圣的主要活动区域也局限于西北方。在内蒙古西湾子传教期间，主教 Celso Costantini 鉴于方希圣出众的艺术才能，便希望他能够多多学习中国传统艺术与工艺技法，便于更好地将福音教义结合中国的艺术传播给大众，使不懂西洋文化的普通百姓更好地接受基督教义。出于对主教传教方式的认同，方希圣将这一任务完成得很好，在此后的时间里他一直通过各种途径不断学习中国文化和中国绘画技法，进行各种尝试，创作了不少作品。

1937 年至 1938 年，他曾为内蒙古六号和山西大同的教堂绘制了一系列壁画作品，画中运用了中国民间佛教壁画的绘制方法。至此以后的绘画作品表明，方希圣此时对于中国艺术技法的运用已炉火纯青。1969 年在《Kerk en Leven》(Church and Life)杂志对他进行的一个采访中，他曾经自豪地表示，当他 1938 年第一次与一众中国艺术家共同举办绘画展览时，因为他署名中文方希圣，所以来往的观者并没有从他的作品中窥探到一点蛛丝马迹，并没有人怀疑这些作品中可能隐藏的创作者身份，没有人认为那件木雕可能为一位非中国人所做，直到一位顾客购买了两件他的木雕作品看到他本人时，才吃惊地不敢相信这些作品竟然出自一位洋人之手。[①]

壁画绘制工作完成后，方希圣出任辅仁大学教授，在此期间方希圣与溥心畬交往甚密，在后者的指导下，他创作了多幅中国传统山水画和墨竹等文人士大夫喜爱的绘画题材，这说明方希圣不仅对中国画，更对中国画背后所彰显的文化传统有了进一步的认识与理解。1939年至1942年间，他以方希圣为名组织了一系列艺术展览，展览颇为成功。随后日军侵略，因为比利时政府于1942年向日本宣战，这使得他同一众圣母圣心会传教士一起被日军限制自由，直到1946年离开中国回到比利时之前，他都被作为犯人关押在山东潍县，后来又被拘禁在北京的圣母圣心会。在此期间，他与著名传教士德日进（Teilhard de Chardin）建立了坚固的友谊，所创作的绘画得到了后者的欣赏与支持。另外，在被关押期间，他还创作了对于他来说具有里程碑意义的作品——《苦难的中国人》（图1）。

在返回比利时之后，他沉寂了一段时间，直到1972年以后才重拾他中国风格的天主教艺术创作。随后他的作品在荷兰、法国和德国等地相继展出。1974年方希圣去世，他的作品被赠与海尔当地政府，他的故乡。

二、民间绘画的倾向

1938年至1939年在北京的这段时间，方希圣所创作的作品大体一致，他的画作叙事倾向严重，带有浓郁的民间审美倾向。如《天使报喜》《耶稣背负十字架》与《圣母升天》，都是以中国民间绘画技法描写《圣经》中的重要场景。可以看出他已经受到中国民间艺术的深刻影响。

早在没有来到中国之前，他就在巴黎学习壁画技法，来到中国之后，为了学习中国壁画技法和中国佛教造像，1931年他特地加入了一个艺术家旅行团，专门

[①] Lorry. S, *Mon Van Genechten(1903-1974): Flemish missionary and Chinese painter: inculturation of chinese christian art*, Leuven: Leuven University Press, 2002, p. 18.

图 1　苦难的中国人

去往云冈石窟学习中国佛像艺术，还去过敦煌观摩壁画。[1]在旅行途中，方希圣不断从这些石窟中学习中国佛教壁画艺术技法和佛教造像规则，也就是在这个时候，他萌生了要将佛教艺术因素融入到天主教主题的艺术创作中的想法。[2]后来他为六号教堂所绘制的壁画则充分展示了他学习的成就。（图2）所有人物呈一字形排开，从仪态到衣饰都如佛教壁画般精准。所以至此，他自然就发展出了一个自己的艺术特点，就是将描绘佛教壁画的技法融入到自己的天主教艺术创作之中。所以到了创作《天使报喜》的这个时期，他自然延续了之前所学。

在1938年创作的《天使报喜》（图3）中，画中的天使右手持象征着圣母圣洁的百合花，左手指向天空，在天空的正中央可以看见有象征性的圣灵正发出光芒要将圣母笼罩，圣母双手交叉合十于胸前，双膝跪地虔诚地接受这样的圣典。但是画中的象征因素除了天使手持的百合花、左手指向天空的姿势、天空中的圣灵与圣母手部合十的形态指向了这是一幅天主教绘画外，其他的任何部分都是完全的中式绘画风格。方希圣将人物与故事发生的场景置身于具有中式趣味的自然风景中，左侧挺拔的松柏与脚下的怪石带有浓浓的文人情趣，环绕湖边的树丛与远处的高山也是中国画中常见的景色，画面右侧的中式凉亭更显示了这是发生在中国语境下的事件。

在1938年创作的《耶稣诞生》（图4）中，人物占据了所有的位置，更像是民间插画，站在云彩上端前来祝贺的天使还带有佛教壁画的风格。另一方面，这样的构图与叙事方式也与西方传统的构图相同，但是人物却被替换成了中国人，穿着中式的服装，使用中式的道具。笔意使用中式的线条描绘法，再加上经常在佛教壁画中运用的吴带当风的飘带，宛如一幅中式画作。只不过故事的叙述背景是基督教《圣经》中的教义，叙述的是耶稣诞生在马厩之中，东方的三博士闻之前来拜贺的场景。这是一幅典型的方希圣所绘的阐释《圣经》福音的画作。与此相同的还有

---

[1] Lorry. S, *Mon Van Genechten(1903-1974): Flemish missionary and Chinese painter: inculturation of chinese christian art*, p. 29.

[2] 方希圣在一次采访中口述。引自：Lorry. S, *Mon Van Genechten(1903-1974): Flemish missionary and Chinese painter: inculturation of chinese christian art*, p. 68。

图 2　教堂圣餐台上方壁画

图 3　天使报喜

图 4　耶稣诞生

图 5　耶稣背负十字架

图 6　圣母升天

《耶稣背负十字架》（图 5）或《圣母升天》（图 6）等作品，其中场景的描绘方式与《耶稣诞生》及《天使报喜》相似，都在图中呈现出中式风格的意趣。

　　除此之外，提及的四幅作品中还可以看到一个现象，即树木和远山总是占据着画面的大部分场景，自然风光成为画面中不可或缺的重要因素。以《天使报喜》为例，在西方传统的宗教绘画中，《天使报喜》一般被置于修道院的真实场景中，如安杰利科的《圣母领报》，两位主角被安置在建筑的穹顶之下，画面的空间也完全按照透视法来设定；《三王来朝》的题材在叙述时也主要描绘马厩一景即可；圣母升天题材的叙述为了着重描绘圣母升天这一过程，只绘出圣母在一片云朵中由众天使与信徒环绕缓缓上升的场面。方希圣这种将事件放置于大自然当中，用浓重笔墨描绘自然风光的特点就是为了迎合中国信徒的审美情趣，并营造出耶稣和圣母与中国信徒同在的时空感。

最后，还值得注意的是，提及的四幅作品中天使脚踩祥云，人物衣带飘飘。但是这种祥云和衣饰的画法主要见于宗教绘画中，用来体现神仙的轻盈感，自吴道子将衣饰处理为此种如风吹拂的飘逸风格之后，人物衣带宛若迎风飘曳的绘画技法就经常出现在中国人物画当中，尤其是对神仙与宗教人物的描绘，例如敦煌中的飞天壁画，建于元代的山西道教宫殿永乐宫壁画，都可以看到明显的相似。另外，这四幅画中都是上下构图，人物与背景的风景呈上下走势，与中国易于悬挂的卷轴画结构一致，而且没有运用透视法，画面及人物都呈平面化和线条化的处理。综上所述，此时方希圣的绘画作品，无论是空间构图的营造、中式元素的应用还是自然风光的呈现都完全贴合了中式的审美情趣。

三、文人绘画的尝试

在刚来到中国传教时，壁画是方希圣所接触到的主要艺术形式，结合他自身的学习经历，创作出如此风格的绘画作品十分合理。但随着方希圣来到北京，接触到中国主流古典艺术传统及一些文人学者的指点之后，他的画作突然发生了转向。这个时期他所创作的作品显露出山水画的味道和文人士大夫的审美情趣。真正使他的画作有了彻底改观，开始使用中国古代主流绘画语言进行创作，则是从《逃亡埃及》开始。

《逃亡埃及》（图7）是方希圣创作的一幅典型的用中国绘画传统表达基督教教义的画作。这一幅作品是方希圣于1939年在北京创作的，此时他已经在中国生活了九年。1938年之前由于隶属于圣母圣心会，他的活动范围大体只在内蒙古圣母圣心会的管辖之内。1938年夏天，方希圣定居北京，出任辅仁大学教授，其间他受到了当时著名画家，有"南张北溥"之称的溥心畬的指导。[①]所以这幅作品所呈现出的中国绘画样式十分鲜明。

"逃亡埃及"是《圣经》中记载的典型的耶稣事迹之一，事迹中的以色列希律王直指真实的历史时间与人物身份，逃亡的目的地更是具体而又明确的埃及。但是

---

① Lorry. S, *Mon Van Genechten(1903–1974): Flemish missionary and Chinese painter: inculturation of chinese christian art*, p. 56.

图 7 逃亡埃及

对于当时的中国信徒来说，这些历史与方位确是全然没有概念。希律王是谁？埃及又在哪里？这是一个对于中国信徒来说十分遥远的宗教世界。但是方希圣还是将这一事迹移植到了中国的语境之下。画中左下角，圣母玛利亚骑在驴子上由约瑟牵引，约瑟手中拿着拐杖一样的东西，两人从左侧缓缓步入，正在通过一座木质的小桥，右侧高耸俊朗的远山占据了画面上方的大部分空间，中景的山石与右下角近处的树木遥相呼应，使得位于画面左侧的人物圣母与圣父显得更加渺小。

从结构上来看，画面中上部的山峰蜿蜒向上，使人联想到北宋山水画的范式，山脉蜿蜒向上，走势与形态和北宋的全景山水如范宽的《溪山行旅图》、郭熙的《早春图》别无二致，都是先向左再往右最后由左侧耸入天际。并且远处的山景与中景的山石间雾气缭绕，用云层升腾的效果制造出若隐若现的留白，将远景与前景分隔得清晰明了，这一点也与宋朝时期的山水画如出一辙，尤其是范宽的《溪山行旅图》，前景与远山同样依靠雾气分成两段，衬托出高山的巍峨挺拔。除此之外，画面下部的景色也与《溪山行旅图》中的中景类似。方希圣的画面中间有一处向左突出的山峰，而范宽作品的中下部是一处长满树木的平台，形状与突出的山石类似。在《逃亡埃及》中，山石右侧是一处低矮的山谷，隐约透出三两处房屋，而在《溪山行旅图》中，右侧同样是三间房屋；另外，山石左侧突出的平台的形状，两幅画也类似，都是两个向左突出的叠加在一起的三角形。再向画面的左侧望去，范宽的画中一处小溪潺潺流过终汇入前方的小河，行人就行走在这小河左方的道路上；而方希圣的画中，左侧也是一处流水，和缓地流过小桥的下方。

从构图上看，方希圣的画作中带有很多范宽《溪山行旅图》的影子。虽然不能就此推定他见过范宽的画作，或者说直接将这幅画与范宽的《溪山行旅图》牵扯在一起过于生硬，但是可以肯定的是，方希圣一定从他人那里见过中国古典山水画作。甚至说见过都过于随意，应该是认真学习和揣摩过，并得到了他人的指点，因为构图毕竟只是表面的文章，除了构图上的相似，从用笔到意境，方希圣的画中透露出的都完全是中国传统山水画的做派。方希圣作为一个外国人，他用毛笔作画，学习皴法，一山一木的形态皆为中国传统技法，并且画面中透露出一种宁静悠远的意境。圣母与圣父在此处并没有出逃的落魄模样，不急不忙地行走在这山谷之中，边走边欣赏着山中的美景，好像是将这一瞬间化作了永恒。如果不是对中国画有足够的理解，一个外国人怎能画出如此意味深长的画作呢！

《逃亡埃及》是方希圣将《圣经》故事融入中国山水画的第一次尝试。这样的大胆尝试以及对中国古典绘画的理解要归功于方希圣的好朋友，满族皇亲溥心畬。溥心畬为恭亲王奕䜣的孙子，善于书画，艺术造诣极高，在当时与张大千并称为"南张北溥"。方希圣曾与溥心畬有交集的消息确实令人吃惊，关于方希圣如何与溥心畬结为挚友并没有确切的记载，但是对于两人的过往经历进行研究之后可以发现一丝端倪。在一份方希圣自述的采访中他提到自己是 1938 年得到辅仁大学的邀请，前往辅仁大学担任艺术家与教师，随后他于同年到达北京。①此时，辅仁大学的校长为陈垣。陈垣自辅仁大学 1929 年立案之时起就出任其校长，直到 1952 年辅仁大学并入北京师范大学，陈垣还一直任校长直至去世。在陈垣出任辅仁大学校长的二十多年里，他聘任多名学者到校任教，不拘泥于是哪个党派属性，哪个大学出

---

① Lorry. S, *Mon Van Genechten(1903—1974): Flemish missionary and Chinese painter: inculturation of chinese christian art*, p. 38.

身，更是不看重宗教信仰，只要是人才，有真本领都可以受聘，所以当时的辅仁大学人才济济，学术氛围浓厚，方希圣就是在此时进入到辅仁大学任教。

作为陈垣的爱徒之一，在书法上颇具造诣的启功，1938 年 9 月正式入职辅仁大学任教，其工作时间与方希圣刚好同时，因此启功与方希圣结交的可能性极大。因为方希圣曾自述，说他逐渐认识到中国天主教艺术必须为纯粹的中国式的，而不要掺杂任何西方的象征主义在里面，[①]所以方希圣到了北京之后一直潜心学习中国画的风格和技法，那么他主动去结交这些会中国书画的文人就极为可能了。另外，在启功口述的历史中他提到，辅仁大学有一间令他印象颇为深刻的教员休息室，虽然只是一间休息室，但是可以被称为真正的学术沙龙，因为大家会自发地在那里组织读书会，或是讨论学术问题发表学术见解，或是将自己的著作请大家指正，甚至有时这里还会变成书画展览室，老师们将自己的作品陈列于此供大家观摩。总之此休息室的氛围轻松自由，也就引得各位学者教师乐得前往。[②]在这个圈子当中有多位颇具影响力与学术造诣的专家，可谓人才济济。方希圣也由此可以结交到当时中国社会的顶尖学者群体。启功与溥心畬同为皇族旧子，溥心畬 1924 年创办松风画会，启功受教于溥心畬，20 世纪 30 年代末也成为画会的成员之一，两人的交情已显而易见。[③]所以，方希圣很有可能是通过启功的引荐结识了溥心畬，在画作方面得到了溥心畬先生的指导。

另外，当时的辅仁大学就位于恭王府之中。清王室覆亡之后，恭亲王奕䜣的孙子溥伟从事复辟活动，为支付足额开支而将恭王府部分府邸抵押给了西什库教堂。后辅仁大学用 108 根金条代偿了债务，府邸的产权遂归属辅仁大学。"七七事变"爆发后，溥儒也就是溥心畬又将恭王府花园变卖给辅仁大学，成为了神职人员居住和活动的地方。[④]而溥心畬作为王府的主人在 1924 年从西山戒台寺迁回花园之后一直居住在此，直到 1938 年将花园卖给辅仁大学后迁出。溥心畬和辅仁大学曾如此

---

① Lorry. S, *Mon Van Genechten(1903-1974): Flemish missionary and Chinese painter: inculturation of chinese christian art*,p. 39.

② 启功《启功口述历史》，北京：北京师范大学出版社，2004 年。

③ 启功《启功口述历史》，2004 年。

④ 陈光《豪邸幽径残梦——一座恭王府折射出半部清朝史》，见《清代王府文化研究文集》（第一辑），北京：文化艺术出版社，2012 年，70—71 页。

相近，那么方希圣与溥心畬的关系不一定只有启功一个中间人。更何况溥心畬19岁时留学德国，获柏林大学天文学及生物学双博士，他的经历和能力完全可以支撑他结交当时北京的外国传教士。

甚至可以说这样的情形未必与个体有关，在20世纪30—40年代的北京画坛交往所涉及的资源远不止如此，画坛交流空前繁茂，像陈缘督等中国基督教画家、文人雅士及外国传教士之间或许都存在各种交集。

在这幅《逃亡埃及》的画中，确实透露出溥心畬的影子。溥心畬从小在宫廷接受书画学习，尤其推崇马远与夏圭，1926年首次举办山水画展就获得黄浚评价："惟有溥心畬自戒台归城中，出手惊人，俨然马夏。"即使没有溥心畬的亲身指导，马夏风格在方希圣绘画中的呈现也不可否认。在方希圣的这幅画作中，左侧一处若隐若现的尖头小山峰俨然一派马远的风格，山体略扁平，棱角突出，充分体现了山体的奇骏。这个山峰出现在画面中，与前景高耸的大山风格迥异，甚至与整体画面构图不太协调。1942年他的另一幅作品《听瀑》（图8）中也出现了同样的风格，远景中三座挺直的山峰与马远《踏歌图》中的山峰同样险峻。另外，一角山石直插云霄的画面也与马远的趣味相同，马远的《月下观梅图》中左侧一山峰和树枝都直插画面中央，一老者与书童面悬臂而坐，直望远方。方希圣的《听瀑》中同是一老者拄拐后跟随一书童走向悬崖临壁，两幅画中所传达的意境同样静谧悠长。如果《逃往埃及》不是题名直接，观者可能丝毫看不出这幅作品与基督教教义的联系。与之前的民间绘画风格不同，事件的叙述不再是画面的重点，而是改为了中国传统山水画的结构布局，开始展露文人士大夫的审美趣味。鉴于溥心畬擅长马夏，又是方希圣的好友，那么在方希圣的作品中处处流露出马远和夏圭的绘画风格就十分合理了。方希圣也从溥心畬、启功甚至更多的画家那里体悟到了中国传统文人绘画的精神所在，使得他得以以此为突破口，进入到中国绘画的主流。

一般来说，并不存在自明的艺术风格，如果不在具体而有机的对比中进行把握，天主教艺术风格、文人绘画风格、壁画风格等无法自我言说。方希圣绘画从民间风格到文人风格转变的讨论如果不事先给予各种风格以明确的定义或者框架，那后续讨论的有效性无法保证。事实上，关于本文的讨论主题与论证核心，给予以上绘画风格进行先在的明确定义并不是不可或缺的部分。仅就方希圣本人的绘画来看，他的两个时期的绘画确实展现出了截然不同的特点，尤其是来到北京之后，画中的文

图 8　听瀑　　　　　　　　　　　　　图 9　养山

人情趣和审美呼之欲出，这是从画面本身出发而无法被否定的现象，两个时期的绘
画也在对比中展现了他自有的特性。因此，本文不需要给于各种艺术风格明确的框
架再来把握主题，仅从画家自身画作的直面感受出发，就拥有了继续讨论的可能性。

　　在此画之后，方希圣的文人绘画意境呼之欲出。1942 年创作的《听瀑》（图 8）
和《养山》（图 9）是两幅纯粹的文人审美情趣作品，画面中不再含有任何关于基
督教福音教义的象征，《听瀑》的画作中有两个人物，但是他们没有指向性的身份，
谁也不是，同马远的《月下观梅图》一样，只是为了突出画中的意境。到了《养
山》时，画中干脆空无一人，甚至连亭台楼阁山村小屋都没有一间，只剩下静谧的
山水直抒胸怀。1941 年他还创作了一幅《竹趣》，完全的士人审美趣味。画作的名
称也不再如《逃亡埃及》一般有明确的基督教含义，而是取意境悠远的名称，处处
显示这是两幅完全中式文人山水画的面貌。

图 10　佛像作品　　　　　　　图 11　基督王　　　　　　　图 12　法海寺壁画

　　这样看来，方希圣的画风似乎在进入辅仁大学得到过一些指点之后发生了转变，刚到北京时的壁画式风格的画风荡然无存。但事实上，一份方希圣平时创作作品的目录①显示，他对壁画风格的创作从来没有停止过，在辅仁大学期间，1940 年和 1941 年的两个夏天，方希圣都化名前往北京西山的法海寺同寺庙的僧侣一起生活，在这里，他为了学习更多的壁画技法，并将法海寺的壁画全部一一摹写。②例如 1942 年创作的《佛像作品》（图 10）和《观音菩萨》就是根据法海寺壁画所作。回到比利时后，他还继续根据摹写的壁画原型创作天主教题材作品，如 1950 年根

---

①　Lorry. S, *Mon Van Genechten（1903−1974）: Flemish missionary and Chinese painter: inculturation of chinese christian art*, pp. 103−108.

②　Lorry. S, *Mon Van Genechten（1903−1974）: Flemish missionary and Chinese painter: inculturation of chinese christian art*, p. 91.

据法海寺的一幅壁画改画而成的《基督王》(图11、图12)。由此可以看出，即使出现了如《逃往埃及》《听瀑》《养山》这样的绘画尝试，方希圣也一直没有停下将宗教题材与中国民间绘画风格融合的脚步。

反倒是山水画，也只是在1941年至1942年间方希圣才时有创作，并且数量也远远不及叙事式画作或者民间绘画风格的作品多。虽然有可能说方希圣在1942年之后就没有山水画的记录是因为在此之后他就被日军关押，他也曾表示看守他的日军十分喜欢他的作品，总是每创作一幅画作就被日军收走，所以这份目录没有记载1942年之后的山水画或许不是因为方希圣不再创作这些作品，而是因为作品在战乱中遗失以致无处可寻而无法收录。但值得注意的是，在这份目录中，从1943年到1946年关押期间，关于他所创作的壁画式风格的作品却还有四幅被收录，方希圣也曾表示他会将喜欢的作品藏起来或随身携带以防被日军收走，他的代表作品《苦难的中国人》就是在此时被创作出来。另外，从目录上来看，1946年他回到比利时之后也没有再创作这种类型的作品，虽然1966年的《渔人图》从意韵上与山水画相似，但构图用笔也已是素描笔意，山水画风格及技法全无。

另外，仅就1941年至1942年间创作的山水画来说，融入宗教题材的山水画作品只有《逃往埃及》这一幅，其他皆为如《听瀑》《养山》等纯粹的文人审美情趣山水画风格。也就是说，在学习到中国传统文人士大夫的审美情趣之后，方希圣使用文人画风格将天主教艺术中国化，创作出《逃往埃及》这一作品。但在这幅作品之后，他的绘画逐渐走向了两个平行方向：一是继续使用中国壁画风格来创作基督教题材作品，完成传教士的使命，并且这样的练习一直延续到他回到比利时之后；二是抛弃了将天主教题材融入文人式绘画传统的尝试，只创作纯粹的文人士大夫审美情趣的山水画，山水画变成了个人意趣，不再承担体现宗教教义的任务。并且，经过了壁画绘制时期和辅仁大学时期之后，这种纯粹的文人山水画创作戛然而止，在接下来的艺术生涯中难觅踪迹。所以，由此可以推定，在《逃往埃及》的尝试之后，方希圣本人放弃了将宗教题材与文人审美情趣山水画相融合的尝试。

四、文人绘画与天主教义的矛盾

那么，方希圣为什么会放弃这样的将天主教题材融入中国文人绘画艺术的方式呢？民间绘画历来都是与文人绘画相对的另一个绘画系统，自宋代以来，由于画工的社会地位、文化修养以及创作方式和风格都与文人画和宫廷画大相径庭，所以一直不被上层的"雅"文化所接受。方希圣在结识了中国本土的文人画家之后，从壁画的技法转向至上层社会所欣赏与接受的雅趣，这种转变纵然是在溥心畬等艺术家及辅仁大学的文人学者的影响之下发生的，但是再多的外力也只能施以助攻，真正的决定者一定是方希圣本人，所以就是说方希圣接受了这样的改变，但在之后却又突然放弃了，为什么？

这种转变的线索可能要从《逃亡埃及》这幅作品中找寻。这是方希圣将教义融入中国山水画的第一个题材，也是唯一的题材，在此后的几年间他又创作了不同的版本，也用木板画雕刻了这个题材。但除此幅画之外，方希圣所创作的就仅为纯粹的文人审美情趣的山水画，画面中再也没有出现过天主教的象征物。鉴于这是方希圣自主选择的结果，我们不禁要猜测，或许方希圣认为这样的山水画实际上不能满足他将天主教教义融入其中的要求。因为方希圣一直在努力践行天主教艺术中国化的道路，所以如果他找到了适合的将教义融入进中国山水画的方法，他一定会如此做，但事实上除了《逃亡埃及》这个题材外，方希圣再也没有创作过任何将天主教教义与山水画结合的题材。与其说是方希圣对此题材情有独钟，倒不如说是因为只有这个题材才能很好地融入中国式山水画。《逃亡埃及》这幅画的叙事性并不强，即使是在西方的绘画中，表达这个题材的作品大都也是只描绘圣母和圣父在自然风景中孤独前行。而在中国山水画中，画面虽然被山水占据大部分版面，但是却一直都有在画中描画出一些行人的传统，如郭熙的《早春图》，可在左下角的临水岸边看到担夫与行人。鉴于方希圣的《逃亡埃及》与中式山水画在结构布局上如此相似，将画中一些行人替换成出逃埃及的圣母与圣父是很容易将天主教教义融入进中国绘画中的一种方式。

但是除了《逃亡埃及》这个题材，《圣经》中的其他事迹在与中国绘画传统相结合时却出现了一定的时空矛盾，以至于方希圣没有将这种方式进行下去。《逃亡埃及》强调的是叙事性，选取的虽然是事件发生过程中的一个点来进行描绘，但综其结果是为了用这一个点来突出整个事件。像莱辛的《拉奥孔》中所论述的一样，视觉艺术是空间的艺术，无法像诗歌一样表达整个事件的时间发展。所以，方希圣虽然将圣母与圣父置于中国山水画的自然风光之中，但是其目的还是强调逃亡埃及这个事件本身。所以，方希圣在描绘人物的时候，特地将人物绘制得十分醒目，仔细观察画中的人物可以发现，圣母与圣父的身材相比于右侧的树木来说身形过于高大。再看方希圣的另一幅《逃亡埃及》，人物更是突出到占据画面的三分之一，人物与景物的比例极不协调，左侧的树木乍看起来粗壮挺拔，枝繁叶茂，但相较于人物来说只有圣父的一只胳膊粗，人物的大小显得远处的高山都渺小了起来，这样就使得人物像是生硬地套进了山水景色之中，人与景分离。再到1943年方希圣创作的一幅木雕的同一题材的作品时，全景式山水已经不见，只剩下左侧一些以中国技法创作的山石用以突出右侧的人物。方希圣在这一个题材上的创作也是风景所占据的画面比重越来越少，最后就只剩下以人物为主题。

这样比较似乎是在用西方的透视原理来评判中国绘画的正确与否，但事实上并不是，只要将方希圣的画与中国本土画家所绘制的山水画相比就能发现，从宋元的山水到清初"四王"，山水画中的人物都极其渺小，要慢慢细品才能发现隐藏于山谷水畔的行人。这样做是因为中国山水画中的人物只是起到一个情趣的作用，活跃山水风景，侧重寄情于景的人文关怀与寄托，而人物本身并不重要。

但是在方希圣的画中，为了突出人物、突出绘画所描述的主题，故意将人物放大。如果人物过于渺小，就不能使观者注意到人物，无法突出人物的主体地位和主题。这样看来就更像是山水画，而很难将这幅山水画与宗教事件相联系。另外，只有人物渺小才能反衬出山水的伟岸与意境悠远，用人物的形态来为山水添情，强调的是一个情字。而方希圣的《逃亡埃及》虽然将人物置于这样的山水之中，但着重的却不是情，也不是山水，而是人物所表达的事件，如果人物不显眼又怎能起到这样的作用呢？所以方希圣在摸索了多年之后还是将目光转回了与天主教绘画相对等的佛教艺术，至此，山水画的创作就是纯粹的山水画，宗教绘画就是宗教绘画，两者不再相关，他认为只有用中国宗教艺术的方式融入天主教的教义才是一个正确的选择。

所以方希圣在创作的时候将人物不断放大再放大，最后甚至丢弃了这样的表达的方式，就是认清了天主教的宗教画与中国文人所推崇的山水画之间存在着不可逾越的时空鸿沟。天主教的绘画因为描绘的都是《圣经》上记载的天主事迹，所以强调的都是发生在此时时空中的事件，就是以我们存在于世的时间方式来衡量过去发生的与未来即将发生的事件，也就是必须选取一个作为在世的人可以感知到的时间点来表达整个事件的发生和状态。就方希圣的《逃亡埃及》来说，圣母与圣父才是表达的核心，他们身上所承载的事件过程才是表达重点，至于身后的风景究竟如何，并不妨碍事件的发生。就是因为逃亡埃及这个事件的发生有确切的历史时间与地点位置，才使得当圣母走进中国的山水风景之后，背后的风光就有了确切的时间含义。熟识《圣经》的信徒们一定清楚，这是一件发生在以色列希律王时代的事件，并且是发生在逃亡埃及的过程中发生的一个时间片段。这样就将事件置入了人类古往今来的整个时空之中，它是发生在过去某一个时间的确切事件。

因为如此，方希圣的整个作品才开始显示出不妥。因为纵观整个画面，背景的山水景色是明显的中国景象，而从以色列通往埃及的道路上也不会有如此险峻的高山，这样的表达显然是违背了《圣经》的事实。虽然这样的改变只是天主教艺术中国化的一种方式，但盲目地移植过来会造成中国山水画从超然于此在的世界中来到现实的世界。而中国的山水画却不是如此，从来没有哪一幅画指明了确切的时间点，反倒是画家们总是在画中极力营造出一种永恒感。想要在山水画中营造出一种超越时间的永恒存在，它是不同于我们所存在的世界的另一种超然物外的精神所有物。并且所描绘的山水风景也不是具体哪一处的山或是哪一处的景，而是站在一个全然的高度从全景山水中抽离出来的抽象所在。就算是赵孟頫《鹊华秋色图》中的两座山被考证出了具体出处，但鹊山和华不注山在地理位置上也相距甚远，本没有可能同处一个画面，赵孟頫还是简化了相隔于两山中的所有存在将其置于一起，这本身也说明中国山水所描绘的不是某一处具体的小景。

综上所述，正是由于方希圣认识到了中国山水画与宗教事件表达上存在的种种不合，所以才放弃了这样的天主教艺术中国化的方式。

编后记

　　中国现代形态的美学研究已有一百多年的历史。伴随着新文化运动、20 世纪 50 年代的美学大讨论以及"文化大革命"之后的思想解放运动，西方美学的基本知识在中国得到了广泛的传播，中国美学以及美学基本理论的研究也取得了一定的进展。然而，由于种种原因，尤其是某些非学术因素的干扰，美学学科在中国的发展历程是很曲折、坎坷的，目前中国的美学研究在许多方面也都还有很大的提升和拓展空间。着眼于此，受有关学术组织及相关活动的启发，并基于对美学学科、美学界及青年美学学者学术活动现状的反思，来自北京大学、北京师范大学、中央美术学院等高校的几位青年学者，于 2015 年底发起成立了"青年美学论坛"（以下简称"论坛"），拟将其打造成为青年美学学者交流思想、辨章学术的一个纯粹、自由、开放的活动平台，从而推动青年美学学者的学术成长、促进美学学科的可持续发展。论坛拟以每年在相关机构或单位召开一次学术研讨会为主要活动方式，也欢迎认同论坛基本理念、有意合作的学人及机构主动与论坛联系（论坛常设联络小组，邮箱：qingnianmeixue@126.com，微信号：Aesthetics Youth Forum），共同商讨举办具体活动。

　　2016 年 8 月 27 日—28 日，在北京师范大学哲学学院、北京师范大学美学与美育研究中心的大力支持下，论坛在北京师范大学举办了首届学术研讨会，来自北京大学、北京师范大学、中国人民大学、中央美术学院、武汉大学、上海交通大学、商务印书馆等高校和学术机构的 20 多位青年学者参会，围绕柏拉图、亚里士多德、康德、梅洛·庞蒂、阿多诺、《周易》《论语》、两汉以前的"文—质"论、汉代咏物赋、唐寅绘画的色空观、天主教艺术中国化进程、艺术设计、文化创意等相关理论问题，进行了深入、热烈的讨论。论坛提倡通过对经典文本的释读和基本问题的考辨，生发出新的学术基点，因此把"返本与开新"确立为首届研讨会的主题。

本次研讨会在学界引起了广泛的关注和积极的反响。北京大学哲学系的章启群、王锦民，北京师范大学哲学学院的吴向东、刘成纪等资深学者到会发言或点评，他们对论坛的学术水准及学术潜力给予了高度赞扬，认为无论是学术训练还是思想触角，与会青年学者都展示了令人印象深刻的锐气和实力。《中华读书报》、"哲学中国网""王逊美术史论坛"等媒体和平台报道了研讨会概况，一些高水平的学术期刊也陆续刊发了部分参会论文。

有鉴于此，论坛把本次研讨会的绝大部分论文汇编为《青年美学论坛》第一辑，正式出版发行，以向学界集中呈现会议研讨的具体情况。同时，也希望以此为开端，不断推出美学界尤其是青年学人的更多优秀成果。广西师范大学出版社美术图书出版分社的负责人张明先生慨允出版本书。北京师范大学为本书提供了部分出版资助。易宝支付公司的唐文先生、王玉慧女士、李珲先生等也帮助筹募出版经费，并得到了一些热心人士的响应和支持。

在本书即将出版之际，谨向关注和支持论坛的学界和各方友好、授权将论文收入辑刊的各位作者致以诚挚的谢意和敬意！

论坛组织者将不忘初心、砥砺前行，恳望得到各界人士和机构的继续关注和支持！

《青年美学论坛》编委会
2018 年 12 月